普通高等教育软件工程专业教材

Java 面向对象程序设计

主　编　张立敏　邹海涛

副主编　赵法信　侯　睿　姜　微　项　立

中国水利水电出版社
www.waterpub.com.cn
·北京·

内 容 提 要

Java 是目前使用最为广泛的网络编程语言之一。本书通过对 Java 语言的全面介绍，引导读者一步一步地学习面向对象编程的基本思想和基础知识，快速掌握面向对象编程的核心内容，并学会灵活运用所学的知识。

本书系统地介绍了 Java 面向对象程序设计语言的语法知识和应用技术，采用浅显易懂的语言和丰富的程序示例完整详细地介绍了 Java 语言的重点和难点。本书共分为 14 章，第 1 章至第 4 章介绍 Java 的基本语法知识，第 5 章至第 9 章介绍面向对象程序设计的基本知识，第 10 章介绍界面设计和事件处理，第 11 章至第 14 章介绍多线程、泛型、数据库编程和网络编程。

本书体系合理、逻辑性强、文字流畅、通俗易懂，是学习 Java 面向对象程序设计的理想教材，既可作为高等院校计算机专业的教材，又可作为职业教育的培训用书和 Java 初学者的入门教材，也可供有一定 Java 编程经验的开发人员参考。

图书在版编目（Ｃ Ｉ Ｐ）数据

Java面向对象程序设计 / 张立敏，邹海涛主编. --
北京 ：中国水利水电出版社，2021.1
普通高等教育软件工程专业教材
ISBN 978-7-5170-9416-6

Ⅰ．①J… Ⅱ．①张… ②邹… Ⅲ．①JAVA语言－程序
设计－高等学校－教材 Ⅳ．①TP312.8

中国版本图书馆CIP数据核字(2021)第029411号

策划编辑：陈红华　责任编辑：陈红华　加工编辑：刘 瑜　封面设计：李 佳

书　　名	普通高等教育软件工程专业教材 Java 面向对象程序设计 Java MIANXIANG DUIXIANG CHENGXU SHEJI
作　　者	主 编　张立敏 邹海涛 副主编　赵法信 侯 睿 姜 微 项 立
出版发行	中国水利水电出版社 （北京市海淀区玉渊潭南路 1 号 D 座　100038） 网址：www.waterpub.com.cn E-mail: mchannel@263.net（万水） 　　　　sales@waterpub.com.cn 电话：（010）68367658（营销中心）、82562819（万水）
经　　售	全国各地新华书店和相关出版物销售网点
排　　版	北京万水电子信息有限公司
印　　刷	三河市鑫金马印装有限公司
规　　格	184mm×260mm　16 开本　18 印张　440 千字
版　　次	2021 年 1 月第 1 版　2021 年 1 月第 1 次印刷
印　　数	0001—3000 册
定　　价	48.00 元

编 委 会

序

为了深入贯彻落实教育部《关于加强高等学校本科教学工作提高教学质量的若干意见》精神，紧密配合《教育部关于国家精品开放课程建设的实施意见》和广东省教育厅关于《广东省高等教育"创新强校工程"实施方案（试行）》，加快发展应用型普通本科院校的计算机专业本科教育，形成适应学科发展需求、校企深度融合的新型教育体系，在有关部门的大力支持下，我们组织并成立了"普通高等教育'十三五'规划教材编审委员会"（以下简称编委会），讨论并实施应用型普通高等院校计算机类专业精品示范教材的编写与出版工作。编委会成员由来自教学科研第一线的教师和软件企业的工程技术人员组成。

按照教育部的要求，编委会认为，精品示范教材应该能够反映应用型普通高等院校教学改革与课程建设的需要，教材的建设以提高学生的核心竞争力为导向，从而培养高素质的计算机应用人才。编委会结合社会经济发展的需求，设计并打造了计算机科学与技术专业的系列教材。本系列教材涵盖软件技术、移动互联、软件与信息管理等专业方向，有利于建设开放共享的实践环境，有利于培养"双师型"教师团队，有利于学校创建共享型教学资源库。教材由个人申报，经编委会评审，由中国水利水电出版社审定出版。

本次规划教材的编写工作遵循以下 3 个基本原则：

（1）突出应用技术，全面针对实际应用。根据实际应用的需要组织教材内容，在保证学科体系完整的基础上，不过度强调理论的深度和难度，更注重应用型人才的专业技能和工程师实用技术的培养。

（2）教材采用项目驱动、案例引导的编写模式。以实际问题引导出相关原理和概念，在讲述实例的过程中将知识点融入，通过分析归纳，介绍解决工程实际问题的思想和方法，然后进行概括总结。教材内容清晰、脉络分明、可读性和操作性强，同时，引入案例教学和启发式教学方法，能够激发学生的学习兴趣。

（3）专家教师共建团队，优化编写队伍。来自高校的一线教师、行业企业专家、企业工程师协同组成编写队伍，跨区域、跨学校交叉研究、协调推进，把握行业发展和创新教材发展方向，融入专业教学的课程设置与教材内容。

本套教材凝聚了众多长期在教学、科研一线工作的老师和数十位软件工程师的经验与智慧。衷心感谢该套教材的各位作者为教材出版所作的贡献！我们期待广大读者对本套规划教材提出宝贵意见，以便进一步修订，使该套规划教材更加完善。

丛书编委会
2020 年 8 月

前　　言

  Java 是一种编程语言，也是一个跨系统的运行平台，目前在软件行业中得到了广泛应用。在历年的 TIOBE 指数排行榜中，Java 始终名列前茅，已成为众多程序员的首选语言，本书正是在这样的背景下诞生的。Java 面向对象程序设计是目前高等院校软件工程专业和计算机科学与技术专业的一门重要骨干课程，同时也是物联网、大数据等专业的必修或选修课程。

  本书的编写目的是让学生在理解 Java 语法特点的基础上，逐步掌握 Java 面向对象程序设计，同时鼓励学生用面向对象的思想来解决实际问题。本书系统地介绍了 Java 面向对象程序设计语言的基本知识，从知识讲解到程序示例，从理论分析到实际运用，一步一步地引导读者掌握 Java 面向对象程序设计的知识体系结构。为了让初学者能轻松学会 Java，本书总结了编者实际的教学经验和开发经验，并采纳了企业软件开发人员的意见。

  本书共 14 章：Java 语言概述，基本数据类型与运算，流程控制结构与实现，数组与字符串，类与对象，继承、抽象类和接口，系统包与常用类，异常处理，输入/输出与文件处理，图形用户界面设计与事件处理，多线程，泛型与容器类，数据库程序设计，网络编程。本书在编写时，尽可能考虑了读者的学习规律，从基础开始，由浅入深，而且在每章中也以简单的例子开始，然后逐步深入讲解，从而使读者循序渐进地学习知识。为巩固和深化学生对所学知识的掌握及综合运用，锻炼学生的编程技能，本书提供了丰富的程序示例，让读者可以轻松地理解所学语法知识，为后续学习打下坚实的基础。

  本书由张立敏、邹海涛任主编，赵法信、侯睿、姜微、项立任副主编。另外，感谢岭南师范学院吴涛、洪伟铭等老师提出宝贵建议，尤其要感谢杨俊杰教授，他中肯的意见和准确的修正对本书起到至关重要的作用。

  本书的出版受广东省一流建设专业"计算机科学与技术"、岭南师范学院精品课程"Java程序设计"（114961700202）等项目经费资助。

  最后，衷心地祝愿读者能够从此书中获益，从而实现自己的开发梦想。本书内容较多，牵涉的知识点较广，由于编者水平有限，书中疏漏甚至错误之处在所难免，恳请广大技术专家和读者批评指正，编者邮箱：limin_chang@126.com。

编　者
2020 年 10 月

目　　录

第 1 章　Java 语言概述

Java 语言是一种结构简单、面向对象的编程语言。它具有分布性、解释性、健壮性、可移植性、多线程性和动态性。本章主要介绍 Java 语言的基本概念和开发环境，为后续的学习打下基础。

1.1　Java 概述

Java 概述

Java 是一门面向对象编程语言，不仅吸收了 C/C++语言的各种优点，还摒弃了 C++语言里难以理解的多继承、指针等概念。近年来，随着云计算技术和安卓开发技术的飞速发展，Java 语言也得到了迅速发展，这也为 Java 平台的发展注入了强大动力。Java 是 Java 语言和 Java 平台的总称。Java 语言作为静态面向对象编程语言的代表，极好地运用了面向对象理论，允许程序员以优雅的思维方式进行编程。

1.1.1　Java 的起源

Java 是 Sun Microsystems 公司（简称 Sun 公司）的 James Gosling 所领导的开发小组设计的。Java 最初的版本是 1991 年的 Oak 语言，其目标是设计独立于平台且能够嵌入到不同的消费类电子产品的程序。独立于平台是指通过该语言生成的代码可以在不同体系结构的 CPU 上运行，也可以在异构的操作系统环境中运行。

随着 Internet 的发展，人们发现 Web 也需要在不同的环境、不同的平台上进行程序的移植，这直接导致了 Oak 的转型和 Java 的诞生。1995 年，Sun 公司的技术人员对 Oak 进行了修改，用于开发 Internet 应用程序，并将其命名为 Java。今天，Java 的多功能性、有效性、平台的可移植性和安全性已经使它成为计算机程序语言领域最完美的技术之一。

1996 年 1 月，Sun 公司发布了 Java 的第一个开发工具包 JDK 1.0，这是 Java 发展历程中的重要里程碑，标志着 Java 成为一种独立的开发工具。

1999 年 6 月，Sun 公司发布了第二代 Java 平台，简称 Java 2，它一共有 3 个版本：J2ME（Java 2 Platform, Micro Edition, Java 平台的微型版），应用于移动、无线及有限资源的环境；J2SE（Java 2 Platform, Standard Edition, Java 平台的标准版），应用于桌面环境；J2EE（Java 2 Platform, Enterprise Edition, Java 平台的企业版），应用于基于 Java 的应用服务器。Java 2 平台的发布标志着 Java 的应用开始普及。

2004 年 9 月，J2SE 1.5 发布，成为 Java 语言发展史上的又一里程碑。为了表示该版本的重要性，J2SE 1.5 更名为 Java SE 5.0（内部版本号 1.5.0），代号为 Tiger，Tiger 包含了从 1996 年发布 1.0 版本以来的最重大的更新，包括泛型支持、基本类型的自动装箱、改进的循环、枚举类型、格式化 I/O、可变参数等。

2006 年 11 月，Sun 公司宣布将 Java 作为免费软件对外发布。Sun 公司正式发布了有关 Java 平台标准版的第一批源代码和 Java 迷你版的可执行源代码。从 2007 年 3 月起，全世界所有的开发人员均可对 Java 源代码进行修改。

2009 年，Oracle 公司宣布收购 Sun 公司。2010 年，Java 编程语言的共同创始人之一 James Gosling 从 Oracle 公司辞职。2011 年，Oracle 公司举行了全球性的活动来庆祝 Java 7 的推出，随后 Java 7 正式发布。

2014 年，Oracle 公司发布了 Java SE 8.0。随后 Java SE 9.0、Java SE 10.0、Java SE 11.0 和 Java SE 12.0 相继发布，截至 2020 年 1 月 1 日，Java 的最新版本为 Java SE 13.0。

关于 Java 的最新发展，有兴趣的读者可以参考 Java 官方网站 https://www.oracle.com/。

1.1.2　Java 技术简介

1. Java 平台的 3 个版本

从诞生到现在，Java 经历了许多变化。1999 年 Sun 公司发布了 JDK 1.2，称为 Java 2 平台，而后 Java 2 被分成 J2SE、J2EE 和 J2ME 三种平台。2005 年，Java 的 3 种版本被相应地更名为 Java SE、Java EE 和 Java ME。

Java SE 主要用于桌面应用软件的编程，包含构成 Java 语言核心的类，如数据库连接、接口定义、输入/输出、网络编程等。

Java EE 主要用于分布式网络程序的开发，如电子商务网站和 ERP 系统。Java EE 包含 Java SE 中的类，还包含用于开发企业级应用的类，如 EJB、servlet、JSP、XML、事务控制。

Java ME 主要用于嵌入式系统的开发，如手机和掌上电脑的编程。Java ME 包含 Java SE 中的一部分类，用于消费类电子产品的软件开发，如智能卡、手机、掌上电脑、机顶盒等。

2. JVM

JVM（Java Virtual Machine，Java 虚拟机）是一种纯软件形式的计算机，它由具体的硬件平台和相应的 Java 解释器组成，解释器的功能是将字节码翻译成目标机器上的机器语言。引入 JVM 后，当 Java 语言在不同平台上运行时不需要重新编译。Java 语言使用 JVM 屏蔽了与具体平台相关的信息，使得 Java 编译器只需生成在 JVM 上运行的字节码，即可不加修改地直接在多种平台上运行。Java 程序的运行过程如图 1.1 所示。

图 1.1　Java 程序的运行过程

JVM 主要分为 5 个模块：类装载器子系统、运行时数据区、执行引擎、本地方法接口和垃圾收集模块。JVM 不是真实的物理机，它没有寄存器，所有指令集都使用 Java 栈来存储中间数据，这样做的目的是保持 JVM 的指令集尽量的紧凑，同时也便于 JVM 在只有很少通用寄存器的平台上实现。另外，JVM 的这种基于栈的体系结构有助于运行时某些虚拟机实现的动态编译器和即时编译器的代码优化。

1.1.3　Java 的特点

Java 的迅速发展和广泛流行要归功于它所具有的基本特点。Sun 公司在 Java 语言白皮书中将 Java 的特点归纳为简单的、面向对象的、分布式的、解释型的、健壮的、安全的、结构中立的、可移植的、高效的、多线程的、动态的等。下面对其中的主要特点进行简要解释。

1. 简单性

Java 语言的程序构成与 C++语言类似，但是为了使语言更简洁，设计者们摒弃了 C++语言中复杂、不安全的特性，例如 Java 不支持 goto 语句。Java 还剔除了 C++的操作符过载和多继承特性，并且不使用主文件，免去了预处理程序。Java 能够自动处理对象的引用和间接引用，实现自动化无用单元收集，使用户不必为存储管理问题烦恼，从而能把更多的时间和精力花在研发上。

2. 面向对象

Java 是一个面向对象的编程语言。对程序员来说，这意味着要注意应用中的数据和操纵数据的方法，而不是严格地用过程来思考。Java 程序是用类来组织的。在一个面向对象的系统中，类（class）是数据和操作数据的方法的集合。数据和方法一起描述对象（object）的状态和行为。每一个对象都是其状态和行为的封装。类是按一定体系和层次安排的，使得子类可以从超类继承行为。在这个类层次体系中有一个根类，它是具有一般行为的类。

Java 还包括一个类的扩展集合，可以组成各种程序包，用户可以在自己的程序中使用。例如，Java 提供产生图形用户接口部件的类（java.awt 包）、处理输入/输出的类（java.io 包）和支持网络功能的类（java.net 包）。

3. 分布式

Java 支持在网络上应用，是分布式语言。Java 既支持各种层次的网络连接，又以 Socket 类支持可靠的流（stream）网络连接，所以用户可以产生分布式的客户机和服务器，使得网络变成软件应用的分布运载工具。Java 程序只要编写一次，就可以到处运行。

4. 编译和解释并存

Java 编译程序生成字节码（byte-code）而不是通常的机器码。Java 字节码提供对体系结构中性的目标文件格式，代码可有效地传送程序到多个平台。Java 程序可以在任何实现了 Java 解释程序的系统上运行。

在一个解释性的环境中，程序开发的标准"链接"阶段大大消失。如果说 Java 还有一个链接阶段，则也只是把新类装进环境的过程，是增量式的、轻量级的过程。因此，Java 支持快速原型，它将导致快速程序开发。这是一个与传统的、耗时的"编译、链接和测试"形成鲜明对比的开发过程。

5. 稳健性

Java 原来是用作编写消费类家用电子产品软件的语言，所以它被设计成编写高可靠和稳健软件的语言。Java 消除了某些编程错误，用它写可靠软件更容易。

Java 是强类型语言，它允许扩展编译时检查潜在类型不匹配的问题。Java 支持显式的方法声明，不支持 C 风格的隐式声明。这些严格的要求保证编译程序能捕捉到调用错误，从而使程序员及时改正，这就使程序变得更可靠了。

可靠性方面最重要的增强之一是 Java 的存储模型。Java 不支持指针，它消除重写存储和讹误数据的可能性。类似地，Java 能够自动地利用无用单元收集来预防存储漏泄和其他有关动态存储分配和解除分配的有害错误。Java 解释程序也执行许多运行时的检查，如验证所有数组和串访问是否在界限之内。

异常处理是 Java 中使得程序更稳健的另一个特征。异常是某种类似于错误的异常条件出现的信号。使用 try/catch/finally 语句程序员可以找到出错的处理代码，这就简化了出错处理和恢复的操作。

6. 安全性

Java 的存储分配模型是它防御恶意代码的主要方法之一。Java 没有指针，所以程序员不能得到隐蔽起来的内幕，并且不能伪造指针去指向存储器。更重要的是，Java 编译程序不处理存储安排决策，所以程序员不能通过查看声明去猜测类的实际存储。编译的 Java 代码中的存储引用在运行时由 Java 解释程序决定实际的存储地址。

Java 运行系统使用字节码验证过程来保证装载到网络上的代码不违背 Java 语言限制。这个安全机制包括类如何从网上装载等。例如，装载的类放在分开的命名空间而不是局部类，预防恶意的小应用程序用它自己的版本来代替标准 Java 类。

7. 可移植性

Java 使得语言声明不依赖于实现的方式。例如，Java 显式说明每个基本数据类型的大小和它的运算行为（这些数据类型由 Java 语法描述）。Java 环境本身对新的硬件平台和操作系统是可移植的。Java 编译程序也用 Java 编写，而 Java 运行系统用 C 语言编写。

8. 高性能

Java 是一种先编译后解释的语言，所以它不如全编译型语言快。但在有些情况下性能也很重要，为了支持这些情况，Java 设计者制作了"即时"编译程序，它能在运行时把 Java 字节码翻译成特定 CPU（中央处理器）的机器代码，也就实现了全编译。Java 字节码格式在设计时考虑了这些"即时"编译程序的需要，所以生成机器码的过程相当简单，它能产生相当好的代码。

9. 多线程

Java 是多线程语言，支持多线程的执行，能处理不同任务，使具有线程的程序设计很容易。Java 的 lang 包提供 Thread 类（支持线程的各种操作），同时提供关键词 synchronized，程序员可以说明某些方法在一个类中不能并发地运行。这些方法在监督程序控制之下确保变量维持在一致的状态。

10. 动态性

Java 语言能够适应环境的变化，是一个动态的语言。例如，Java 中的类是根据需要载入的，甚至有些是通过网络获取的。

1.1.4 Java 程序的分类

Java 语言可以编写两种类型的程序：Application（应用程序）和 Applet（小程序）。这两种程序的开发原理是相同的，但是在运行环境和计算结构上却有着显著的差异。

Application 可以在 Java 平台上独立运行，通常称为 Java 应用程序。Application 是独立完整的程序，在命令行调用独立的解释器软件即可运行。另外，Java 应用程序的主类必须包含有一个定义为 public static void main(String[] args)的主方法，这个方法是 Java 应用程序的标志，同时也是 Java 应用程序执行的入口点，其类名和文件名一致。事实上，一个程序可以有多个入口点，所以可以有多个主类，主类并不一定都是 public 类，且与文件名一致。

Applet 是嵌入在 HTML（超文本标记语言）文档中的 Java 程序，需要在浏览器中运行，因此称为小程序。在运行一个 Applet 时，还要为它编写一个 HTML 文件，然后在 WWW 浏览器中运行这个 HTML 文件即可激活浏览器中的 Java 解释器。另外，也可以调用某些能够模拟浏览器的环境来执行 Applet。由于浏览器受安全控制的限制，所以 Applet 一般使用模拟浏览器环境的软件来执行。

本书只介绍 Application，Applet 请读者自行查阅相关资料。

1.2　Java 开发环境与应用示例

Java 开发环境
与应用示例

程序设计语言都有严格的语法规则，编写程序时必须遵守这些规则，否则就不能被正确地编译。不同的程序设计语言有不同的开发环境，其语法规则也有差异。在开始学习或者使用 Java 之前，要先准备好基本的环境。

1.2.1　JDK 的下载与安装

1. 下载 JDK

一个 Java 程序的开发要经过编辑、编译和运行 3 个过程。Java 程序的编辑可以使用任何一个文本编辑器，编译与运行则通过 Oracle 公司提供的 JDK（Java Development Toolkit，Java 开发工具箱）进行。JDK 是一个简单的命令行工具集，包括软件库、编译 Java 源程序的编译器、执行字节码的解释器等。Oracle 公司一直在升级 JDK，并将其免费提供给用户，最新的 JDK 版本请参看 Oracle 公司网站。JDK 软件包中包括 JRE（Java Runtime Environment）以及用于编译调试 Java 程序的命令行界面的开发工具。JRE 在运行 Java 程序时是必需的，可以单独安装，JDK 软件包可以从 Oracle 公司的官方网站下载，如图 1.2 所示。

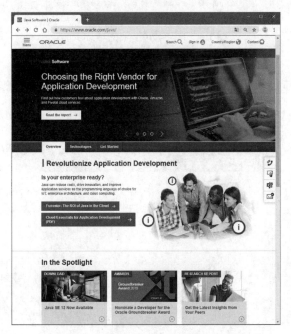

图 1.2　Oracle 公司的官方网站页面

　　JDK 12.0.1 版的下载链接为 https://www.oracle.com/technetwork/java/javase/downloads/index.html，如图 1.3 所示。

图 1.3　JDK 12.0.1 版的下载页面

2. 安装 JDK

　　以 JDK 12.0.1 为例介绍基本安装过程。双击下载好的安装包，在屏幕上显示软件的安装向导界面，单击"下一步"按钮，如图 1.4 所示。

图 1.4　JDK 安装向导界面

JDK 的默认安装位置是 C:\Program Files\Java\jdk-12.0.1\。如果要改变安装位置，可单击"更改"按钮重新设置，建议不要更改。单击"下一步"按钮后软件将执行安装过程，安装完成后显示安装成功界面，如图 1.5 所示。

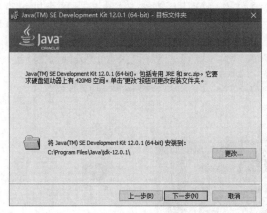
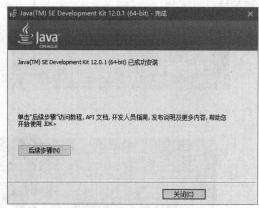

（a）安装位置选择界面　　　　　　　　　　　　（b）安装成功界面

图 1.5　JDK 安装位置选择界面与安装成功界面

JRE（Java Runtime Environment，Java 运行时环境）主要包含两个部分：JVM 的标准实现和 Java 的基本类库。JRE 相对于 JVM 来说，多出来的一部分是 Java 类库。从 JDK 1.8 开始，不提供 JRE 运行环境的安装，如果需要安装 JRE，可以用管理员身份进入安装目录 C:\Program Files\Java\jdk-12.0.1，运行命令 bin\jlink.exe→module-path jmods→add-modules java.desktop→output jre 生成。

3. JDK 环境变量设置

JDK 提供的是命令行用户界面，为了保证在用户工作目录下正常调用 Java 编译器，需要在操作系统中进行路径设置。如果使用图形用户界面的集成开发环境，在安装软件时会自动设置环境变量，无需进行路径设置。

设置环境变量就是在 Path 变量值中加入 JDK 的路径。新建一个变量 JAVA_HOME，变量值为 JDK 的具体安装位置；再新建变量 CLASSPATH 设置类路径，使 Java 程序可以方便地调用 JDK 中的类。具体操作方法如下：

（1）右击"我的电脑"图标，选择"属性"选项，弹出"我的电脑"对话框。

（2）选择"高级"选项卡，单击"环境变量"按钮，弹出"环境变量"对话框。

（3）在系统变量中新建变量 JAVA_HOME，变量值为安装位置 C:\Program Files\Java\jdk-12.0.1。选中系统变量中的 Path 项，在其变量值中增加";%JAVA_HOME%\bin"。再新建变量 CLASSPATH，将其变量值设为";%JAVA_HOME%\lib\rt.jar;%JAVA_HOME%\jre;%JAVA_HOME%\lib\tools.jar"。

1.2.2　Eclipse 的下载与安装

除了 Oracle 的 JDK，市场上还有一些图形用户界面的 Java 开发软件包，如 Eclipse、Intellij IDEA、JCreator 和 JBuilder 等具有编辑、编译和运行功能的集成环境。目前，Java 的开发常使用集成开发环境，本书主要以 Eclipse 作为开发环境。通过网址 https://www.eclipse.org/

downloads/packages/可以下载 Windows 环境下的安装文件。

在浏览器中输入下载地址，打开如图 1.6 所示的页面，选择 Eclipse IDE for Enterprise Java Developers 中的 Windows 64-bit 版本，eclipse-jee-2020-03-R-incubation-win32-x86_64.zip 文件就是下载后得到的压缩包，该文件大小在 400MB 左右，解压后双击 eclipse.exe 图标即可直接运行。

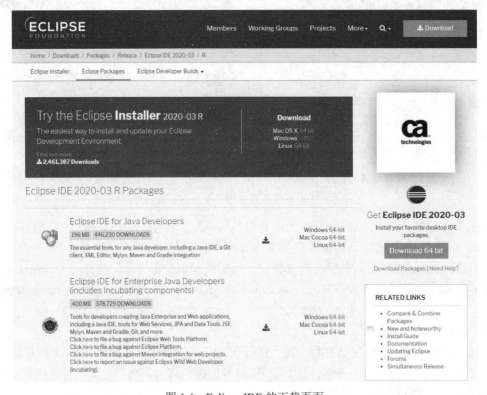

图 1.6   Eclipse IDE 的下载页面

设置 Eclipse IDE 的工作目录界面如图 1.7 所示，建议将解压后的 eclipse 文件夹存储至 C: 盘根目录，在 eclipse 文件夹下创建一个 workspace 文件夹作为工作目录。单击 Launch 按钮弹出 Eclipse IDE 欢迎界面，如图 1.8 所示，至此 Eclipse IDE 安装完成。

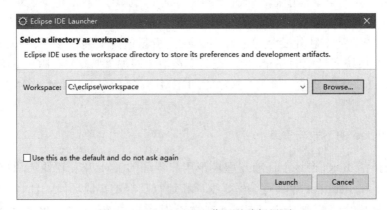

图 1.7   Eclipse IDE 工作目录选择界面

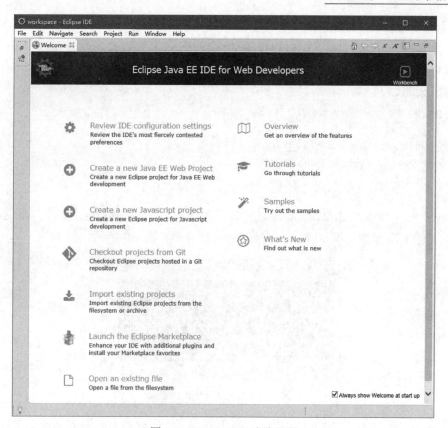

图 1.8　Eclipse IDE 欢迎界面

1.2.3　Application 编程示例

为了理解 Application 的基本结构，本节介绍一个最简单的程序，该程序的功能是在屏幕上显示信息"HelloWorld"。

Application 的开发过程包括编辑、编译和运行。这个过程是反复的，无论是创建源代码，还是编译或者运行，只要出现错误，就必须通过修改程序源代码来纠正，然后再重新编译或者运行。

（1）编辑源程序。编辑源代码可以使用任何一个文本编辑器，但源代码文件的文件名必须与程序中定义的公共（public）类的类名相同，扩展名必须是".java"。

（2）编译源程序。对一个程序进行编译是指通过编译器 javac.exe 将 Java 源代码文件翻译成字节码文件。如果源代码没有语法错误，则编译器会生成一个对应的".class"文件，称为字节码文件。如果有编译错误，则系统会给出提示，需要对源代码进行修改，并再次进行编译。

（3）运行字节码文件。运行 Java 程序实际上就是运行字节码文件。在任何一个平台上，只要安装了 Java 解释器 java.exe，就可以运行字节码文件。在运行字节码文件时，可能出现运行错误，也可能结果不正确，这时需要重新检查并修改源代码文件，将修改后的文件再次编译并运行。

Application 的调试包括两种方法：一种是通过命令行运行，另一种是通过 Eclipse 运行。

1. 命令行运行 Application

在 C:盘创建一个名为 HelloWorld.java 的文件，Windows 系统是无法直接创建.java 文件的，我们可以先创建一个.txt 记事本文件，然后修改其后缀。用记事本打开新建的 HelloWorld.java 文件，输入代码如下：

```
public class HelloWorld
{
    public static void main(String[] args){
        System.out.println("HelloWorld");
    }
}
```

用 javac 命令编译 HelloWorld.java 文件，得到一个 HelloWorld.class 文件，用 java 命令执行字节码文件，输出 HelloWorld，命令控制行执行界面如图 1.9 所示。

图 1.9　命令控制行执行界面

一般情况下，一个 Application 由类、对象和方法等组成。下面结合本程序对这些组成部分进行介绍。

（1）类。类是面向对象程序设计中的基本概念，也是 Application 的基本组成单位。所有 Java 程序都是由一个或者多个类组成的，一个 Java 程序至少包含一个类，子程序都包含在类定义的块内。要编写 Java 程序，必须能够理解、设计并使用类。

在本例中，HelloWorld 就是以 public 修饰的一个类。public 类在程序中最多只有一个，又被称为程序的主类，即含有主方法 main()的类。Java 程序的文件名必须是 public 修饰的主类名。在本例代码中，类定义开始于第 2 行的大括号，结束于最后一行的大括号。注意，Java 是大小写敏感的，例如程序中的 System 如果写成 system 就会出错。

（2）方法与 main()方法。方法是为执行一个操作而组合在一起的语句组。在本例中，System.out.println 是一个方法，其中的 println()是 Java 预先定义的方法，可以直接使用。这个方法的目的是在屏幕上输出字符串，即输出"HelloWorld"。

方法也可以由用户自己定义，但每个 Application 必须有一个用户声明的 main()方法，用来表示 Java 程序的执行入口。Java 程序依次执行 main()方法内的每一条语句，直到方法的结束。

（3）标识符与关键字。编写程序时使用的各种单词或者字符串被称为标识符。关键字是程序设计语言中具有特殊意义的一组标识符，它只能按照预先定义好的方式使用，不能用作其他目的。在输出 HelloWorld 的程序中，出现的标识符有 public、class、HelloWorld、static、void、main、String、args、System、out 和 println，其中 public、class、static、void 是关键字。在程序的第 1 行，当编译器识别到 class 时，就知道其后的标识符 HelloWorld 是一个类的名字。

有些特定的关键字又称为修饰符，Java 用它们来指定数据、方法和类的属性与使用方式。程序中的 public 和 static 就是修饰符。

（4）语句。一条语句可以表示一个操作，也可以表示一系列操作。程序中"System.out.println("HelloWorld");"就是一条语句，Java 中的语句用分号";"结束。

（5）块。将程序中的一些成分组合起来就构成一个块（block）。在 Java 中，块使用"{"和"}"表示其开始与结束。每个类都有一个组合该类的属性和方法的类块，每个方法也有一个组合该方法语句的方法块。块也可以嵌套，即一个块可以放到另一个块内。

（6）注释。为了方便阅读和理解程序，通常的做法是在程序中增加适当的注释。注释语句都是不执行的，编译器在编译源程序时会将其忽略。注释是程序的重要组成部分，一个具有良好风格的程序必须要有清晰而具体的注释。

在 Java 中，注释有两种格式：单行注释和多行注释。单行注释用"//"作引导，多行注释用"/*"和"*/"将注释的内容括起来。此外，Java 还支持一种称为文档注释的特殊注释，它以"/**"开头，以"*/"结尾，主要用于描述类、数据和方法，还可以通过 JDK 的 javadoc 命令将其转为 HTML 文件。

Java 规范中并没有就程序的书写格式提出明确的要求，但为了增加程序的可读性，设计具有良好风格的程序，建议在书写程序时采用缩进格式，即按照程序的层次，下一个层次比上一个层次后退两格。

2．Eclipse 运行 Application

打开 Eclipse，在 Package Explorer 窗格中右击并选择 New→Project 选项，弹出 Select a wizard 对话框。在其中选择创建一个 Java Project 工程，单击 Next 按钮，如图 1.10 所示。

图 1.10　选择向导界面

在 Project name 文本框中输入工程名称 JavaPro（本书中所有示例均放在该工程下），单击 Next 按钮，如图 1.11 所示。

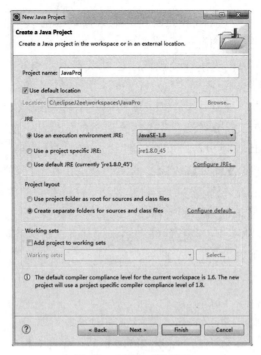

图 1.11　创建工程界面

Source 选项卡中的 src 指出了 Java 源文件的存放位置，Default output folder 指出了字节码文件的存放位置。单击 Finish 按钮完成 Java 工程的创建，如图 1.12 所示。

图 1.12　工程设置界面

接下来新建一个名为 JavaDemo1_1.java 的源文件。右击并选择 New→Class 选项，弹出 Create a new Java class 对话框。该对话框用于创建一个新的 Java 文件，Package 表示 Java 所处的包，输入 chap01，代表第 1 章，Name 表示新建的 Java 类的命名，输入 JavaDemo1_1，如图 1.13 所示。

图 1.13　创建应用程序类的界面

在编辑窗口中输入一段 Java 程序代码，代码如例 1.1 所示。

【例 1.1】第一个 Java 程序示例。

```
package chap01;
public class JavaDemo1_1 {
    public static void main(String[] args) {
        System.out.println("The first Java Program.");
    }
}
```

类编辑和运行界面如图 1.14 所示。

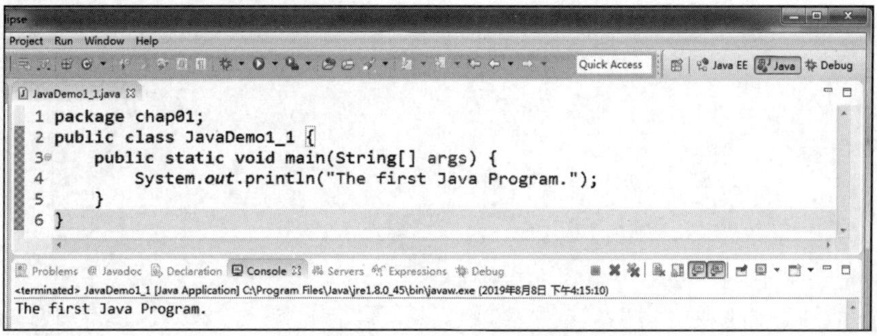

图 1.14　类编辑和运行界面

运行结果在图 1.14 的下方控制台界面 Console 中显示。

注意：Eclipse 中的操作在本书中不再详细介绍，有兴趣的读者可自行查阅相关资料或登录 Eclipse 的官方网站进行学习。

本章小结

Java 于 1995 年诞生，由美国加州的 Sun 计算机公司推出，是一种能够跨平台使用的程序设计语言。Java 分为标准版 Java SE、企业版 Java EE 和精简版 Java ME，本书主要学习 Java SE 中的语法规则。Java 程序必须先经过编译，再利用解释的方式才能运行，即首先要将源程序文件通过编译器转换成与平台无关的字节码文件，然后再通过解释器来解释执行字节码文件。Java 程序可分为 Application 和 Applet 两类，Application 可以通过命令行方式运行，也可以通过 Eclipse 平台进行编辑、编译和运行。

第 2 章　基本数据类型与运算

　　本章主要介绍编写 Java 程序必须掌握的若干语言基础知识，包括基本数据类型、关键字与标识符、变量、常量、数据类型的转换规则、表达式和运算符等，还会介绍从键盘输入数据的方法和语句格式。学习和掌握 Java 语言基本数据类型与运算的基础知识是正确编写 Java 程序的前提，也是学习后续知识的基础。

2.1　基本数据类型

基本数据类型与运算

　　在程序执行的过程中，需要对数据进行运算，也需要存储数据。这些数据可能是由使用者输入的，可能是从文件中获取的，也可能是从网络上得到的。在程序运行的过程中，这些数据通过变量存储在内存中，以便随时取用。数据存储在内存的空间中，为了取得数据，必须知道该内存空间的位置，为了方便使用，程序设计语言用变量名来代表该数据存储空间的位置。将数据指定给变量就是将数据存储到对应的内存空间，调用变量就是将对应内存空间中的数据取出。

　　一个变量代表一个内存空间，数据就存储在这个空间中，使用变量名来取得数据非常方便，然而由于数据在存储时所需要的容量各不相同，不同的数据就必须要分配不同大小的内存空间。因此，需要对不同的数据用不同的数据类型来区分。

　　在程序设计中，数据是程序的必要组成部分，也是程序处理的对象。不同的数据有不同的数据类型，不同的数据类型有不同的数据结构和存储方式，并且其参与的运算也不相同。通常计算机语言将数据按其性质进行分类，每一类称为一种数据类型。数据类型定义了数据的性质、取值范围、存储方式及对数据的运算和操作。程序中的每一个数据都属于一种类型，定义了数据的类型也就决定了数据的性质，同时数据也受到类型的保护，确保对数据不进行非法操作。

　　Java 语言中的数据类型分为两大类：一类是基本数据类型；另一类是引用数据类型，简称引用类型。基本数据类型是由程序设计语言系统所定义的、不可再分的数据类型，每一种基本数据类型的数据所占的内存大小是固定的，与软硬件环境无关，基本数据类型在内存中存放的是数据值本身。而引用数据类型在内存中存放的是指向该数据的地址，不是数据本身，它往往由多个基本数据类型组成。引用数据类型的应用也称为对象引用，引用数据类型也称为复合数据类型，在有的程序设计语言中称为指针。

　　Java 语言的数据类型实际上都是用类实现的，即引用对象的使用方式。同时，Java 语言也提供了类似 C/C++语言中简单类型的使用方式，即声明类型的变量。

　　Java 有 8 种基本数据类型：6 种数字类型（4 种整型、2 种浮点型）、1 种布尔型和 1 种字符型，它们的分类及关键字如下：

　　（1）整型：byte、short、int、long。

（2）浮点型：float、double。

（3）布尔型：boolean。

（4）字符型：char。

2.1.1 整型和浮点型

Java 的数值型数据又分为整数和浮点数两种类型，整数不带小数点，浮点数含有小数点。整数有 byte（字节型）、short（短长整型）、int（整型）和 long（长整型）。Java 语言整型数据的长度和范围如表 2.1 所示。

表 2.1　Java 语言整型数据的长度和范围

类型	数据长度/位	范围
byte（字节型）	8	$-2^7 \sim 2^7 - 1$
short（短整型）	16	$-2^{15} \sim 2^{15} - 1$
int（整型）	32	$-2^{31} \sim 2^{31} - 1$
long（长整型）	64	$-2^{63} \sim 2^{63} - 1$

Java 的浮点型数据有 float（单精度浮点型）和 double（双精度浮点型）两种。Java 语言浮点型数据的长度和范围如表 2.2 所示。

表 2.2　Java 语言浮点型数据的长度和范围

类型	数据长度/位	范围
float（单精度浮点型）	32	负数范围：　-1.4E-45～-3.4028235E+38
		正数范围：1.4E-45～3.4028235E+38
double（双精度浮点型）	64	负数范围：-4.9E-324～-1.7976931348623157E+308
		正数范围：4.9E-324～1.7976931348623157E+308

存储数据要占用一定的存储空间，不同类型的数据所占用的存储空间不同。所有数据类型依据其占用的内存空间大小进行区分。在设计程序的过程中，程序员需要选择大小合适的变量类型，否则有可能造成内存空间的浪费。尽管现在的内存空间资源已经相当丰富，但与日益庞大的程序相比，内存总是不够的。

Java 认为所有的整数都是 int 型，只有在整数值后面加一个 L 或者 l 才可以将其表示成 long 型，如 69L、056L、0xAFL。同样，Java 认为所有的浮点数都属于 double 型的数据。如果需要使用 float 型的数据，需要在数值后面加一个 F 或者 f，如 3.669F 或者 6.123f 等，当然也可以在数值后面加上 D 或 d 表示 double 型，如 3.78d。在实际应用中，特别是在给变量赋值时，一般应该保证数值类型与变量类型的一致。

对于整型数据，我们不仅可以用十进制表示，还可以用八进制、十六进制表示。八进制以 0 开头，如 054 和 036。十六进制以 0x 开头，如 0x78 和 0x3ABC。而对于浮点型数值也有十进制表示法和科学记数法两种。十进制形式由数字和小数点组成，如 305.06、0.0045。科学记数法由数字和 e（或 E）组成，e（或 E）前必须有数字，后面是整数，如 1234.567 可表示为

1.234567E3，0.00654 可表示为 6.54E-3。

2.1.2　布尔型

布尔型（boolean）是一种表示逻辑值的简单数据类型。它的取值只能是常量 true 和 false 中的一个，在存储器中占 8bit。

所有的关系运算的返回值都是逻辑值。布尔型数据一般用于程序中的一些逻辑判断从而对程序的运行进行控制。

2.1.3　字符型

Java 中的字符型数据用 char 表示，它的值用 16bit 来存储，取值范围是 0～65535。它表示的是 Unicode 码表所定义的国际化字符集中所收集的所有字符，根据 Unicode 编码可以比较其大小，类似于 ASCII 码的比较。想要得到一个字符的 Unicode 取值，必须强制将数据类型转换为 int 类型，如(int) 'a'。如果想要将一个 Unicode 数值转换成所代表的字符，必须强制将数据类型转换为 char 型，如(char) 20000。Java 使用单引号来表示字符型数据，如'a'、'A'、'#'、'&' 与'0'。而且，字符型数据的声明只能表示单个字符，且必须使用单引号将字符引上。

2.2　关键字与标识符

无论是类、变量还是方法都必须进行命名，标识符就是编写程序时使用的各种字符序列，就如同我们数学上用 x、y、z 来表示未知数一样。

2.2.1　关键字

关键字是指被系统所保留使用并赋予特定意义的一些单词，只能按照预先定义好的方式使用，不能被编程人员用作标识符，也不能用作其他用途。Java 的关键字对 Java 的编译器有特殊的意义，它们用来表示一种数据类型或者表示程序的结构等。如果它们不作为关键字出现在 Java 程序中，Java 编译器能够识别它们并产生错误信息。Java 语言有 51 个保留关键字，根据它们的意义分为以下 5 种类型：

（1）数据类型：boolean、int、long、short、byte、float、double、char、class、interface。

（2）流程控制：if、else、do、while、for、switch、case、default、break、continue、return、try、catch、finally。

（3）修饰符：public、protected、private、final、void、static、strictfp、abstract、transient、synchronized、volatile、native。

（4）动作：package、import、throw、throws、extends、implements、this、super、instanceof、new。

（5）保留字：true、false、null、goto、const。

Java 中还有一类关键字，或者称为预留关键字，它们虽然现在没有作为关键字，但在以后的升级版本中有可能作为关键字，如 cast、future、generic、inner、operator、outer、rest 和 var 等都是预留关键字，在 Java 中也不能使用它们作为标识符。

2.2.2　标识符

标识符（Identifier）是赋给类、方法或者变量的名称，用以标识它们的唯一性。标识符可以由编程者自由指定，但是需要遵循一定的语法规则。标识符不能使用保留字及已经被其他程序员选用的标识符。标识符可以由字母、数字、下划线、美元符号"$"或汉字按一定的顺序组合，但不能以数字开头。例如，average、table12、$price 等均为有效的标识符，而 5_step 则为非法标识符。

标识符长度不限，但不宜过长。一般遵循"见名知义"的原则，即为标识符取一个能代表其意义的名称。标识符区分字母的大小写，如 Student 和 student 是两个不同的标识符。用 Java 语言编程时，经常遵循以下的命名习惯（非强制性要求）：

（1）类名首字母大写。

（2）变量名、方法名和对象名的首字母小写，包名字母全都小写。

标识符中包含的所有单词都应紧靠在一起，不加空格，而且大写中间单词的首字母，例如 getName、ClassName。若定义常量则大写所有字母，这样可以方便地标识出它们属于编译期的常数。

2.3　常量

在程序中经常要用到这样一类值固定不变的数据，我们称之为常量。Java 中的常量包括整型常量、浮点型常量、布尔型常量、字符型常量和字符串常量。

1．整型常量

整型常量可以用来给整型变量赋值，整型常量可以采用十进制、八进制或十六进制表示。十进制的整型常量采用非 0 开头的数值表示，如 100、-100；八进制的整型常量用以 0 开头的数值表示，例如 020 代表十进制的数字 24；十六进制的整型常量用 0x 或 0X 开头的数值表示，例如 0x2D 代表十进制的数字 45。

整型常量按照所占用的内存长度又可分为一般整型常量和长整型常量，其中一般整型常量占用 32 位，长整型常量占用 64 位，长整型常量的尾部有一个字母 l 或 L，例如 16L、-16L。

2．浮点型常量

浮点型常量表示的是可以含有小数部分的数值常量。根据占用内存长度的不同可以分为单精度浮点常量和双精度浮点常量两种。其中，单精度常量后跟字母 f 或 F，双精度常量后跟字母 d 或 D，双精度常量后的 d 或 D 可以省略。

浮点型常量可以有普通的书写方法，如 3.14f、-2.34d；也可以用指数形式，如 1.23e2 表示 1.23×10^2。

3．布尔型常量

布尔型常量也称为逻辑型常量，包括 true 和 false，分别代表真和假。

4．字符型常量

字符型常量是指 Unicode 字符集中的所有单个字符，包括可以打印的字符和不可打印的控制字符，它的表示形式有如下 4 种：

（1）以单引号引起来的单个字符，如'A'、'h'、'*'、'1'。

（2）以单引号引起来的"\"加三位八进制数，形式为'\ddd'，其中 d 可以是 0～7 中的任意一个数，如'\141'表示字符'a'。ddd 的取值范围只能在八进制数的 000 和 777 之间，因而它不能表示 Unicode 字符集中的全部字符。

（3）以单引号引起来的"\u"加四位十六进制数，如'\u0061'表示字符'a'。这种表示方法的取值范围与 char 型数据相同，因而可以表示 Unicode 字符集中的所有字符。

（4）对于那些不能被直接包括的字符及一些控制字符，Java 定义了若干转义字符，如'\\'代表'\'，'\n'代表换行等。Java 中的转义字符如表 2.3 所示。

表 2.3　Java 中的转义字符

转义字符	含义	转义字符	含义
\'	单引号	\f	换页
\"	双引号	\n	换行
\\	反斜杠	\r	回车键
\b	退格	\t	水平制表符

5. 字符串常量

字符串常量就是用双引号引起来的由零到多个字符组成的字符序列，如"Hello World！"、"I am a programmer.\n"等。字符常量的八进制、十六进制表示法和转义序列在字符串中同样可用。

注意，'A'与"A"是不同的，前者是字符，后者是字符串。同样 12.345 与"12.345"也是不同的，读者应注意加以区分。而字符串常量可以用 String 类来定义。

6. 常量的声明

常量声明的形式与变量的声明形式基本一样，只需用关键字 final 标识，通常 final 写在最前面。其格式如下：

　　final　数据类型　常量名称 = 常量值;

例如：

　　final float PI = 3.1415926f;

上式中的数据类型可以是 Java 中任一合法的数据类型，如 int、float、double、char、String 等。常量名称必须是 Java 的合法标识符，一般采用大写字母单词命名。程序中使用常量有两点好处：一是增强可读性，从常量名可知常量的含义；二是增强可维护性，当程序中多处使用常量时，若要对它们进行修改，则只需在声明语句中修改一处即可。

2.4　变量

变量（variables）是 Java 程序中的基本存储单元，是在程序运行过程中其值可以改变的量。一个变量蕴含有 3 个含义。

（1）变量的名称。变量的名称简称变量名，变量名是用户自己定义的标识符，它表明了变量的存在和唯一性。

（2）变量的属性。变量的属性也就是变量的数据类型，包括简单数据类型和复合数据类型。

（3）变量的初值。变量的初值是指存放在变量名所标记的存储单元中的数据。

Java 中所有的变量必须是先声明后使用。变量的声明方法如下：

　　　　数据类型　　变量名 1[=初值 1][,变量名 2[=初值 2]...];

其中，数据类型必须是 Java 的基本数据类型之一，或者是类、接口类型的名称。变量名可以是任意合法的 Java 标识符，但不能以下划线或"$"开头。变量名命名一般以小写字母开头，如果由多个单词构成，第一个单词的首字母小写，其后单词的首字母大写。变量名的选用应该易于记忆，且具有一定的含义。除了一次性的临时变量外，应尽量避免单个字符的变量名。例如：

```
int i;
String str;
```

声明方法中方括号中的内容是可选项，在声明变量的同时也可以对变量进行初始化，即赋初值，例如：

```
int i=1;
String str="Hello Java";
```

一个变量必须经过声明、赋值之后才能被使用；类型相同的几个变量可以在同一个语句中被声明及被赋初值，相互之间应用","作间隔。例如：

```
int i=1, j=2, k=3;
String str="Hello Java", temp="Hello World";
```

当声明一个变量且没有赋初值或需要重新对变量赋值时，就需要使用赋值语句。Java 语言的赋值语句同其他计算机语言的赋值语句相同，其格式为：

　　　　变量名=值;

例如：

```
int i;
String str;
i=1;
str="Hello Java";
```

下面通过两个例子来说明变量的定义与赋值操作。

【例 2.1】整型变量和浮点型变量的定义和赋值操作程序示例。

```
public class JavaDemo2_1 {
    public static void main(String[] args) {
        short s = 32767;
        int i = 2147483647;
        long l = 9223372036854775807L;
        byte b = 127;
        float f = 1.234F;
        double d = 3.456;
        System.out.println("短整型变量 s 的值="+s);
        System.out.println("整型变量 i 的值="+i);
        System.out.println("长整型变量 l 的值="+l);
        System.out.println("字节型变量 b 的值="+b);
        System.out.println("单精度浮点型变量 f 的值="+f);
```

```
System.out.println("双精度浮点型变量 d 的值="+d);
    }
}
```

运行结果：

```
短整型变量 s 的值=32767
整型变量 i 的值=2147483647
长整型变量 l 的值=9223372036854775807
字节型变量 b 的值=127
单精度浮点型变量 f 的值=1.234
双精度浮点型变量 d 的值=3.456
```

程序分析：程序中定义了数值型的 4 种变量和 float 型的 2 种变量，这 6 种类型变量定义的关键字分别是它们的数据类型。在定义一个整型变量时要注意该变量可存放的数据范围，否则也可能会因溢出而造成错误。double 型变量可以存放精度较高的数据，而 float 型变量则可以节省存储空间。long 型变量和 float 型变量赋值时需要在数值后面加字母"L""l""F"或"f"。

【例 2.2】字符型变量的定义及赋值操作程序示例。

```
public class JavaDemo2_2 {
    public static void main(String[] args) {
        char c1='a';
        char c2='\142';
        char c3='\u0063';
        char c4='\\';
        System.out.println("字符型变量的值：c1="+c1);
        System.out.println("字符型变量的值：c2="+c2);
        System.out.println("字符型变量的值：c3="+c3);
        System.out.println("字符型变量的值：c4="+c4);
    }
}
```

运行结果：

```
字符型变量的值：c1=a
字符型变量的值：c2=b
字符型变量的值：c3=c
字符型变量的值：c4=\
```

程序分析：程序中定义了 4 个字符型变量，用关键字 char 定义，c1 以单引号引起来，c2 以八进制表示，c3 以 Unicode 编码表示，它们分别表示字符"a""b""c"，c4 用转义字符输出"\"。

2.5　数据类型的转换

数据类型的转换

Java 是一种强类型语言，它的每个数据都有特定的数据类型。Java 中所有的数值传递都必须进行类型相容性检查以保证类型兼容。任何类型不匹配都将被报告为错误。因此，我们在进行程序设计时要对一些类型不同的数据进行类型转换。Java 的数据类型转换有两种情况，即自动类型转换和强制类型转换。

2.5.1 自动类型转换

在 Java 表达式中，当涉及两个不同类型的数据运算时，系统会自动把这两个类型转换成相同的类型再进行运算。这种转换是在程序运行过程中不需人为干预而自动进行的，但转换是有条件的，即两种数据类型必须是兼容的，转换规则是把表达式中取值范围小的数据类型转换成另一取值范围大的数据类型。例如：

```
int a;
float b;
double c;
```

若有表达式 a+b+c，则先计算 a+b，a 被转换成 float 型与 b 相加，结果为 float 型；然后结果再被转换成 double 型与 c 相加，结果为 double 型。

可自动进行转换的数据类型如表 2.4 所示。

表 2.4　自动转换的各数据类型间关系

源数据类型	目标数据类型
byte	short、int、long、float、double
short	int、long、float、double
char	int、long、float、double
int	long、float、double
long	float、double
float	double

类型的转换只限该语句本身，并不会影响原先变量的类型定义，且通过自动类型转换，可以保证数据的精确度，不会因为类型转换而丢失数据的内容，这种类型的转换方式也称为扩大转换。

【例 2.3】数据类型自动转换的程序示例。

```
public class JavaDemo2_3 {
    public static void main(String[] args) {
        int a = 100;
        float b = 2.5F;
        System.out.println("a="+a+",b="+b);
        System.out.println("a/b="+a/b);
        System.out.println("a+b="+a+b);
        System.out.println("a="+a+",b="+b);
    }
}
```

运行结果：

```
a=100,b=2.5
a/b=40.0
a+b=1002.5
a=100,b=2.5
```

程序分析：程序中定义了一个整数和一个实数，在进行除法和加法运算时，Java 会把整数转换成单精度浮点数后再进行运算，运算结果也会变成单精度浮点数。也就是说，当表达式中变量的类型不同时，Java 会自动将较小的表示范围转换成较大的表示范围，再进行运算。注意，这个类型的转换只限于运算的语句本身，运算结束后程序再一次输出了 a 和 b 的值，可以发现，a 和 b 的值并没有发生改变。

2.5.2　强制类型转换

对于类型不一致的数据，如果表达式不能进行自动类型转换，这时就要执行强制类型转换。强制类型转换其实就是将较长的数据转换成较短的数据。强制类型转换的一般格式如下：

　　(目标数据类型)变量名;

被转换的数据可以是变量或表达式等。例如，要把 float 型变量 a 的值转换成 int 型，可以使用下面的语句：

　　(int) a;

在进行自动类型转换时，表 2.4 中的转换顺序是从源数据类型向目标数据类型转换，在进行强制类型转换时，表 2.4 中的转换顺序是从目标数据类型向源数据类型转换。强制类型转换是把取值范围大的向取值范围小的类型转换，但结果可能带来两个问题：精度损失或数据溢出。例如，将浮点型数据转换为 int 型数据，其结果是小数部分丢失。此外，无论是自动转换还是强制转换，转换的只是变量或表达式的"读出值"，而变量、表达式自身的类型和值均未被改变。

【例 2.4】数据类型自动转换的程序示例。

```
public class JavaDemo2_4 {
    public static void main(String[] args) {
        int a = 100;
        int b = 3;
        System.out.println("a="+a+",b="+b);
        System.out.println("a/b="+a/b);
        float c,d;
        c = a/b;
        System.out.println("c="+c);
        d = (float)a/b;
        System.out.println("d="+d);
        System.out.println("a="+a+",b="+b);
    }
}
```

运行结果：

　　a=100,b=3
　　a/b=33
　　c=33.0
　　d=33.333332
　　a=100,b=3

程序分析：程序中在进行整数相除时，小数点之后的数字会被截断，运算的结果保持为整数，所以执行 a/b 的结果为 33。当把 a/b 的结果值赋值给一个浮点型数据 c 时，计算结果进行了自动类型转换，此时输出 33.0。当执行(float)a/b 时，整数 a 被强制类型转换为浮点型数据，再与整数 b 相除，此时输出 33.333332。无论是自动转换还是强制转换，转换的只是变量或表达式的读出值，变量 a 和 b 的数值类型均未改变。

2.5.3 字符串与数值型数据的转换

在 Java 程序中经常会遇到字符串与其他各种数值型数据的转换需求，如从键盘读入数据、从文档读入数据等，程序读到的往往是字符串，这时就要求将字符串转换成相应的数值型数据。将由数字符号组成的字符串转换成 byte、short、int、long、float、double 等数值型数据类型，或者将字符串 ture、false 转换成逻辑型数据类型，可以使用表 2.5 中提供的 parseXXX()来完成。

表 2.5　字符串转换成数值型数据的方法

方法	功能说明
Byte.parseByte()	将字符串转换为字节型数据
Short.parseShort()	将字符串转换为短整型数据
Integer.ParseInt()	将字符串转换为整型数据
Long.parseLong()	将字符串转换为长整型数据
Float.parseFloat()	将字符串转换为浮点型数据
Double.parseDouble()	将字符串转换为双精度型数据
Boolean.parseBoolean()	将字符串转换为逻辑型数据

字符串转换成数值型数据的前提条件是，这个字符串本身是由数字符号组成的，如果字符串包含非数字符号，如字母、特殊符号等，转换时将抛出异常。

数值型数据转换成字符串的操作相对简单，在 Java 语言中，字符串可用加号"+"来实现连接操作。只要将空字符串与数值型数据进行连接即可将数值型数据转换成字符串。例如：

```
int temp = 123;
String str = ""+temp;
```

其他数值型数据类型也可以利用同样的方法转换成字符串。

2.6　从键盘输入数据

从键盘输入数据

在 Java 程序设计中，用户交互是非常重要的，需要用户从键盘输入数据，程序读取并操作这些数据。程序读取从键盘输入的数据一般使用 Scanner 类或 BufferedReader 类，二者读取数据的方式略有不同。

2.6.1 Scanner 类输入数据

java.util 类库中的 Scanner 类是一个专门用于输入操作的类，通过 Scanner 类创建的对象可以从键盘上读取数据。

【例 2.5】Scanner 类从键盘读取一个字符串程序示例。

```
import java.util.Scanner;
public class JavaDemo2_5 {
    public static void main(String[] args) {
```

```
        String str;
        Scanner scan = new Scanner(System.in);
        System.out.println("请输入一个字符串");
        str = scan.nextLine();
        System.out.println("您输入的内容是："+str);
    }
}
```

运行结果：

```
请输入一个字符串
Hello Java!
您输入的内容是：Hello Java!
```

程序分析：程序创建了一个 Scanner 对象，然后调用 nextLine()方法读入一行字符串，nextLine()方法的结束符是 Enter 键，即 nextLine()方法返回的是 Enter 键之前的所有字符。我们也可以用 next()方法来读入一行字符串，Scanner 类的 next()方法一定是读取到有效字符后才结束输入，对输入有效字符之前遇到的空格键、Tab 键或 Enter 键等，next()方法会自动将其去掉，只有在输入有效字符之后，next()方法才将其后输入的空格键、Tab 键或 Enter 键视为分隔符或结束符。

Scanner 类有一系列的 nextXxx()方法，可以用来读取各种类型的数据，如 nextByte()、nextDouble()、nextFloat()、nextInt()、nextLong()、nextShort()等。Scanner 类中还有一系列的 hasNextXxx()方法，用于判断读取的数据类型。当从键盘上输入数据时，通常的做法是先调用 Scanner 类对象的 hasNextXxx()方法来判断用户在键盘上输入的是否是相应类型的数据，然后再调用 nextXxx()方法读取数据。

【例 2.6】Scanner 类从键盘读取多个数据程序示例。

```
import java.util.Scanner;
public class JavaDemo2_6 {
    public static void main(String[] args) {
        int i = 0;
        float f = 0.0F;
        boolean b = false;
        Scanner scan = new Scanner(System.in);
        System.out.println("请输入一个整数");
        if(scan.hasNextInt())
            i = scan.nextInt();
        System.out.println("请输入一个实数");
        if(scan.hasNextFloat())
            f = scan.nextFloat();
        System.out.println("请输入一个逻辑值");
        if(scan.hasNextBoolean())
            b = scan.hasNextBoolean();
        System.out.println("您输入的整数是："+i);
        System.out.println("您输入的实数是："+f);
        System.out.println("您输入的逻辑值是："+b);
    }
}
```

运行结果：

    请输入一个整数

    34

    请输入一个实数

    12.34

    请输入一个逻辑值

    true

    您输入的整数是：34

    您输入的实数是：12.34

    您输入的逻辑值是：true

程序请读者自行分析。

2.6.2 BufferedReader 类输入数据

在 java.io 类库中有一系列用于输入输出的类，可以很方便地实现多种输入输出操作，其中 InputStreamReader 和 BufferedReader 可以用来实现键盘输入数据的操作。

BufferedReader 为字符缓冲输入流，用于从字符输入流中读取文本并缓冲字符，从而实现字符、数组和行的高效读取。InputStreamReader 是字节流与字符流之间的桥梁，能将字节流输出为字符流，并且能为字节流指定字符集，可输出一个个的字符。我们可以将 System.in（标准输入设备，即键盘）作为参数构造一个 InputStreamReader 字符输入流对象，然后用该对象构造一个 BufferedReader 字符缓冲输入流来读取键盘输入的数据。由于 BufferedReader 和 InputStreamReader 均来自 java.io 类库，所以在程序代码中需要使用"import java.io.*;"语句进行加载。

【例 2.7】BufferedReader 类从键盘读取多个数据程序示例。

```
import java.io.BufferedReader;
import java.io.IOException;
import java.io.InputStreamReader;
public class JavaDemo2_7 {
    public static void main(String[] args) throws IOException {
        int i;
        String str;
        InputStreamReader is = new InputStreamReader(System.in);
        BufferedReader br = new BufferedReader(is);
        System.out.println("请输入一个字符串");
        str = br.readLine();
        System.out.println("您输入的字符串为："+str);
        System.out.println("请输入一个整数");
        str = br.readLine();
        i = Integer.parseInt(str);
        System.out.println("您输入的整数为："+i);
    }
}
```

运行结果：

　　请输入一个字符串

　　java

　　您输入的字符串为：java

　　请输入一个整数

　　34

　　您输入的整数为：34

　　程序分析：BufferedReader 类对象的 readLine()方法返回的是一个字符串，如果从键盘输入的是数值型数据，则需要调用相应的方法进行转换。

运算符与表达式

2.7　运算符与表达式

　　前面已经用到了一些表达式，如 a+b+c 就是一个算术表达式。其中加号"+"就是一个运算符，a、b、c 本身也是一个表达式。一个常量或一个变量是最简单的表达式。一般的表达式是指由数据和运算符连接在一起的符合 Java 语法规则的式子。这里的数据是常量或变量，表达式中数据的连接符+、-、*、=及<就是运算符。Java 的运算符主要包括算术运算符、关系运算符和逻辑运算符等。

2.7.1　算术运算符

　　Java 中的算术运算符是最基本、最常见的运算符，主要用来对整型及浮点型数据进行运算，也可以对字符型数据进行运算。算术运算符又可以分为单目运算符和双目运算符，也称为一元运算符和二元运算符。

　　1. 单目运算符

　　单目运算符是指只对一个操作数运算的运算符。Java 中的单目运算符有++（加 1）、--（减 1）、+（正值）和-（负值）4 种类型。单目运算符++与--可以位于操作数的左边或右边，但在使用时是有差别的。具体如下：

　　（1）a++：表示先使用 a，再使 a 增加 1。

　　（2）++a：表示先使 a 增加 1，再使用 a。

　　（3）a--：表示先使用 a，再使 a 减小 1。

　　（4）--a：表示先使 a 减小 1，再使用 a。

　　2. 双目运算符

　　双目运算符是指算术运算符的左右两边均要有操作数。Java 中的双目算术运算符有+（和运算）、-（差运算）、*（积运算）、/（除运算）及%（求余运算）。

　　整数除法和实数除法是有区别的，当两个整数之间做除法时，只保留整数部分而舍弃小数部分，也就是说，两个整数相除时其结果仍是整数。另外，%既可以对整数进行操作也可以对浮点数进行操作。a%b 与 a-((int)(a/b)*b)的语义相同，如果是对浮点数取模，其结果是除完后剩下的浮点数部分。

2.7.2　关系运算符

在程序中，运算的执行通常要求在某个条件下，根据条件是否满足来判断运算能否执行。这个判断过程可以使用关系运算或逻辑运算。

关系运算符用来比较两个数值的大小关系。关系运算的结果是布尔型，结果为真（true）或假（false）。

浮点数之间不能进行"=="比较，因为浮点数在表达上有难以避免的微小误差，精确的相等比较无法达到，所以这类比较没有意义。Java 中的关系运算符如表 2.6 所示。

表 2.6　关系运算符

运算符	示例	功能
==	a == b	判断 a 是否等于 b
!=	a != b	判断 a 是否不等于 b
>	a > b	判断 a 是否大于 b
<	a < b	判断 a 是否小于 b
>=	a >= b	判断 a 是否大于等于 b
<=	a <= b	判断 a 是否小于等于 b

2.7.3　逻辑运算符

Java 中共有 6 个逻辑运算符。如果它们的操作数是布尔型的数据，则其结果也是布尔型的。逻辑运算符如表 2.7 所示。

表 2.7　逻辑运算符

运算符	示例	功能
!	!a	a 为真时值为假，反之亦然
&	a&b	a、b 均为真时值为真，否则为假
^	a^b	a、b 同值时值为假，异值时为真
|	a|b	a、b 均为假时值为假，否则为真
&&	a&&b	a、b 均为真时值为真，否则为假
||	a||b	a、b 均为假时值为假，否则为真

表 2.7 中的"&"为逻辑与，"&&"为逻辑简洁与，"|"为逻辑或，"||"为逻辑简洁或，"&"和"|"的运算必须在计算完左右两个表达式之后才可以得到结果，"&&"和"||"却有可能只需要计算左边的表达式而不需要计算右边的表达式。对于"&&"而言，只要左边的表达式为 false，就不需要计算右边的表达式，整个表达式的值为 false，对于"||"而言，只要左边的表达式为 true，就不需要计算右边的表达式，整个表达式的值为 true，我们可以把"&&"和"||"理解为在运算过程中产生了"短路效应"。"^"为逻辑异或，当左右两个表达式的值相同时整个表达式的值为 false，当左右两个表达式的值不同时整个表达式的值为 true。

【例 2.8】关系运算与逻辑运算程序示例。

```
public class JavaDemo2_8 {
    public static void main(String[] args) {
        int a=26,b=7,c=4,d=0;
        boolean x=a<b;
        boolean y=a/c>5;
        System.out.println("x="+x);
        System.out.println("y="+y);
        if(a>0 & b<0)
            System.out.println("c/0="+c/0);
        else
            System.out.println("a%c="+a%c);
        if(d!=0 && a/d>5)
            System.out.println("a/d="+a/d);
        else
            System.out.println("d="+d);
    }
}
```

运行结果：

```
x=false
y=true
a%c=2
d=0
```

程序分析：程序中有两个 if 判断，在第 1 个判断中，计算 a>0 后还需要计算 b<0，在第 2 个判断中，计算 d!=0 后得到值为 false，这时 a/d>5 不会被计算，虽然 a/d 原本会发生除 0 溢出的错误，但在这里不会抛出异常。

2.7.4　条件运算符

Java 中有一种特别的三元运算符构成的条件表达式，其格式如下：

条件表达式?语句 1:语句 2;

其中，"?"和"："称为条件运算符，它们必须一同出现，此运算符需要 3 个操作数。其中语句 1 和语句 2 可以是复合语句。意思是说，当条件表达式的值为 true 时执行语句 1，否则执行语句 2。条件运算符的优先级别很低，仅优先于赋值运算符。条件运算符的结合性为自右向左。例如：

(a>b)?a:(c>d)?c:d;

其中，a=5，b=7，c=3，d=9。根据右结合性，应先计算(c>d)?c:d，因为 3>9 为 false，故取 d=9 为该表达式的结果。再计算(a>b)?a:d，则最终结果为 9。

2.7.5　位运算符

在 Java 中，可以使用位运算直接对整数型和字符型数据的位进行操作。Java 中的位运算符如表 2.8 所示。

表 2.8　位运算符

运算符	示例	功能
~	~a	a 按位取反
<<	a<<b	a 左移 b 位，右边补 0
>>	a>>b	a 右移 b 位，若 a 的最高位为 1，左边补 1，否则补 0
>>>	a>>>b	a 右移 b 位，左边补 0
&	a&b	a 和 b 按位与
^	a^b	a 和 b 按位异或
|	a|b	a 和 b 按位或

Java 的位运算符可分为按位运算符和移位运算符两类。这两类位运算符中，除一元运算符 "~" 以外，其余均为二元运算符。位运算符的操作数只能为整型或字符型数据。&、|、^ 等符号与逻辑运算符的写法相同，但逻辑运算符的操作数为布尔型数据。此外，Java 中的数是以补码表示的。正数的补码就是其原码，负数的补码是其对应的正数按位取反（1 变为 0，0 变为 1）后再加 1。

2.7.6　赋值运算符和赋值表达式

赋值运算符 "=" 在前面已多次用到，如 a=b 就是把变量 b 的值赋给变量 a，即 b 与 a 的值相同，a 原来的值丢弃。赋值运算符两边数据类型可以不相同但必须相容，当数据类型不相同时，若右边数据取值范围小于左边数据，则会自动转换；反之，则必须强制转换。

在赋值运算符 "=" 前加上其他的运算符可以构成扩展赋值运算符。例如，"i+=1;" 等价于 "i=i+1;"，扩展赋值运算符会先进行某种运算，然后再对运算的结果进行赋值操作。扩展赋值运算符不仅可以使程序更简练，还可以提高程序的编译速度。扩展赋值运算符就是把赋值运算符与算术运算符、逻辑运算符或位运算符中的双目运算符结合起来而形成的赋值运算符，如表 2.9 所示。

表 2.9　扩展赋值运算符

运算符	示例	功能
+=	a+=b	a=a+b
-=	a-=b	a=a-b
*=	a*=b	a=a*b
/=	a/=b	a=a/b
%=	a%=b	a=a%b
&=	a&=b	a=a&b
^=	a^=b	a=a^b
|=	a|=b	a=a|b
<<=	a<<=b	a=a<<b
>>=	a>>=b	a=a>>b
>>>=	a>>>=b	a=a>>>b

　　用赋值运算符连接起来的式子就是赋值表达式，表 2.9 第 2 列和第 3 列中的式子都是赋值表达式。赋值表达式再加上分号构成的表达式语句就称为赋值语句。

2.7.7　运算符优先级

　　Java 中的表达式由变量、常量、对象、方法调用和操作符组成，表达式中可能包含多个运算符，运算符运算的优先顺序与数学中的运算规则类似，即具有优先级。运算符的优先级决定了表达式中不同运算执行的先后顺序，一般来讲，从高到低依次为一元运算、算术运算、关系运算和逻辑运算、赋值运算。运算符除了具有优先级外，还具有结合性，运算符的结合性决定了并列的多个同级运算符的先后执行顺序。同级的运算符大都是按从左到右的方向进行，称为左结合性。大部分运算的结合性都是从左向右，而赋值运算、一元运算符则有右结合性。表 2.10 给出了 Java 中运算符的优先级和结合性。

表 2.10　运算符的优先级和结合性

优先级	运算符	含义	结合性
1	[ ]　( )	数组下标、对象成员、计算及方法调用	从左到右
	++　--	先用后增、先用后减	
2	++　--	先增后用、先减后用	从右到左
	+　-	正号、负号	
	~　!	按位非、逻辑非	
3	new　（类型）	对象实例化、强制类型转换	从右到左
4	*　/　%	乘、除、取余	从左到右
5	+　-	加、减	从左到右
6	<<　>>　>>>	左移、带符号右移、无符号右移	从左到右
7	<　<=	小于、小于等于	从左到右
	>　>=	大于、大于等于	
8	==　!=	相等、不等于	从左到右
9	&	逻辑（按位）与	从左到右
10	^	逻辑（按位）异或	从左到右
11	|	逻辑（按位）或	从左到右
12	&&	逻辑与	从左到右
13	||	逻辑或	从左到右
14	?　:	条件运算符	从右到左
15	=	赋值	从右到左
	扩展赋值符	扩展赋值	

【例 2.9】运算符优先级的程序示例。

```
public class JavaDemo2_9 {
    public static void main(String[] args) {
```

```
        int i = 2;
        int j = 4;
        System.out.println(i+++j);
        System.out.println(i);
        System.out.println(j);
    }
}
```
运行结果：
```
6
3
4
```
程序请读者自行分析。

本章小结

Java 的数据类型包括基本数据类型和引用数据类型两种。程序中要用到常量和变量，常量是在程序运行的整个过程中保持其值不变的量,变量是其值在程序运行过程中可能发生改变的量。Java 中的变量使用原则是"先声明后使用"，变量名可以由英文字母、数字、下划线等组成，变量名区分大小写。Java 包括 4 种整数型、2 种浮点型、1 种布尔型和 1 种字符型共 8 种基本数据类型，不同数据类型的数据在进行运算时可能进行数据类型的转换，数据类型的转换分为自动类型转换和强制类型转换两种。Java 中的运算符包括算术运算符、关系运算符、逻辑运算符、条件运算符、位运算符和赋值运算符，运算符有不同的优先级。

第 3 章　流程控制结构与实现

流程控制语句是编写 Java 程序必须要掌握的，只有掌握这些流程控制语句，Java 程序的编写才能更加流畅。流程控制语句能够控制程序中各语句执行的顺序。流程控制语句可以把单个的语句组合成有意义的、能完成一定功能的逻辑模块。Java 语言有 3 种基本的流程结构：顺序结构、分支结构和循环结构。

3.1　语句与复合语句

Java 语言中的语句是指可以完成某种特定操作或运算的命令，一条语句执行完后再执行下一条语句。语句可以是简单语句，也可以是用一对花括号"{}"括起来的复合语句，语句以分号";"结尾。最简单的语句是方法调用语句和赋值语句，它们是在方法调用或赋值表达式后加分号";"构成，分别表示完成相关的任务及赋值。例如：

```
System.out.println("Hello World");
int a = 10;
a = x > y ? x : y;
```

复合语句也称为语句块，是指由一对花括号括起来的若干条简单语句。复合语句定义变量的作用域。一个复合语句可以嵌套另一个复合语句。Java 语言的复合语句与 C 语言的复合语句是不一样的，Java 语言不允许在两个嵌套的复合语句内声明两个同名的变量。

此外，Java 程序可以使用注释语句来提高程序的可读性，系统不会对注释的内容进行编译。Java 语言中有 3 种不同形式的注释。

（1）单行注释。单行注释以"//"开头，注释内容至该行的行尾。其格式如下：

```
//注释内容
```

（2）多行注释。多行注释以"/*"开头，以"*/"结束，注释内容包括"/*"和"*/"之间的所有内容。其格式如下：

```
/*
    注释内容
*/
```

（3）文件注释。文件注释是 Java 语言所特有的文档注释。它以"/**"开头，以"*/"结尾。这种注释主要用于描述类、数据和方法。可以使用 JDK 提供的 javadoc 命令来生成扩展名为"html"的帮助文档，文件注释的内容会出现在帮助文档中为程序提供说明。

流程控制与分支结构

3.2　顺序结构

顺序结构是最简单的流程控制结构，它的执行顺序是自上而下，依次执行，中间没有判断和跳转，直到程序结束。Java 没有为顺序结构定义专门的流程控制语句，在编写程序时只需要按照解决问题的顺序写出相应的语句即可。

3.3　分支结构

顺序结构的程序虽然能解决计算、输出等问题，但不能进行判断。对于要进行判断的问题就要使用分支结构。分支结构又称为选择结构，是在两种或两种以上的多条执行路径中选择一条执行的控制结构。一般来讲，分支结构要先进行判断，然后根据判断的结果来决定执行路径。

选择语句用于判断给定的条件是否满足（条件值为 true 或 false），以决定执行哪个分支程序段。Java 的选择语句包括单分支 if 语句、双分支 if-else 语句、嵌套 if 语句、多分支 switch 语句等。

3.3.1　if 语句

if 语句是 Java 程序中最常见的分支结构，是一种"二选一"的控制结构，即给出两种可能的执行路径供选择。分支前的判断称为条件表达式，简称为条件，它是一个结果为逻辑型量的关系表达式或逻辑表达式，根据这个表达式的值是"真"还是"假"来决定选择哪个分支来执行。

单分支 if 语句的格式如下：
```
if(布尔表达式)
    {语句块;}
```
单分支 if 语句流程图如图 3.1 所示。

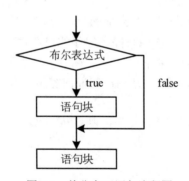

图 3.1　单分支 if 语句流程图

执行过程是，如果布尔表达式的值为 true，则执行语句块，否则不执行语句块，程序执行流程转移到 if 后面的语句。

布尔表达式可以是布尔类型的常量、变量，也可以是关系表达式、逻辑表达式等，如果是其他类型，则编译出错。布尔表达式必须写在"()"中。

语句块的语句可以是 Java 中的任何语句，若只有一条语句，则可以省略"{}"，若为复合语句，则必须使用"{}"。

3.3.2　if-else 语句

单分支 if 语句在指定条件为 true 时执行，否则不执行任何操作。如果要执行双选择操作，则可以应用双分支 if-else 语句来实现。if-else 语句的格式如下：

```
if(布尔表达式)
    {语句块 1;}
else
    {语句块 2;}
```

双分支 if-else 语句流程图如图 3.2 所示。

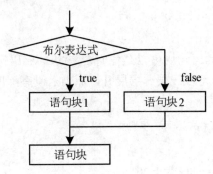

图 3.2　双分支 if-else 语句流程图

执行过程是，如果布尔表达式值为 true，则执行语句块 1，否则执行语句块 2。

例如求绝对值的函数

$$y = \begin{cases} x & (x \geqslant 0) \\ -x & (x < 0) \end{cases}$$

可以用以下程序段实现：

```
if(x>=0)
    y=x;
else
    y=-x;
```

注意：以上程序段也可以用条件表达式 y=(x>=0)?x:-x;来实现。

【例 3.1】if-else 分支语句程序示例。

```java
public class JavaDemo3_1 {
    public static void main(String[] args) throws IOException {
        InputStreamReader isr = null;
        BufferedReader br = null;
        String str = null;
        int i = 0;
        isr = new InputStreamReader(System.in);
        br = new BufferedReader(isr);
        System.out.println("请输入一个整数：");
        str = br.readLine();
        i = Integer.parseInt(str);
        if (i%2==0)
            System.out.println(i+"是一个偶数");
        else
            System.out.println(i+"是一个奇数");
    }
}
```

运行结果：

　　请输入一个整数：

　　34

　　34 是一个偶数

程序分析：从键盘输入一个整数，如果该整数能够被 2 整除，则输出该整数是一个偶数，否则输出该整数是一个奇数。在本例中，输入"34"，输出"34 是一个偶数"。

3.3.3　if 语句嵌套

if 语句或 if-else 语句中的语句块可以是任何合法的 Java 语句，包括 if 或 if-else 语句。我们称之为嵌套 if 语句。嵌套可以一层一层展开，原则上没有深度的限制，但是嵌套的层数不宜过多。例如：

```
if(x>10)
{
    if(x>20)
        System.out.println("x 大于 20");
    else
        system.out.println("x 大于 10，小于等于 20");
}
```

嵌套的 if 语句可以实现多重选择，如例 3.2。

【例 3.2】if 语句嵌套程序示例。

```
public class JavaDemo3_2 {
    public static void main(String[] args) throws IOException {
        BufferedReader br = null;
        br = new BufferedReader(new InputStreamReader(System.in));
        System.out.println("请输入一个 0 和 100 之间的整数：");
        String str = br.readLine();
        int i = Integer.parseInt(str);
        char c;
        if(i>=90) { c='A'; }
        else if (i>=80) { c='B'; }
            else if (i>=70) { c='C'; }
                else if (i>=60) { c='D'; }
                    else { c='E'; }
        System.out.println("成绩评定为: "+ c);
    }
}
```

运行结果：

　　请输入一个 0 和 100 之间的整数：

　　78

　　成绩评定为：C

程序分析：从键盘输入一个 0 和 100 之间的整数，将其转换为对应的字符。执行该程序段时，从第一个 if 语句开始依次判断布尔表达式的值，当某个值为 true 时，就执行其对应的语句；如果所有的布尔表达式的值均为 false，则执行 else 后的语句。只要一个条件满足，执行相应语句后 if 语句就结束，而不再对后面的布尔表达式进行判断。在本例中，输入"78"，输出"成绩评定为：C"。

3.3.4　switch 语句

过多使用嵌套的 if 语句，会增加程序阅读的困难，Java 提供了 switch 语句来实现多重条件选择。switch 语句根据表达式（整型或字符型）的值来选择执行多分支语句，一般格式如下：

```
switch (整型或字符型表达式) {
    case 常量表达式 1: 语句序列;[break;]
    case 常量表达式 2: 语句序列;[break;]
    …
    case 常量表达式 N: 语句序列;[break;]
    [default: 语句序列;]
}
```

执行过程是，计算整型、字符型或字符串表达式的值，并依次与 case 后的常量表达式值相比较，当两者值相等时即执行其后的语句。

说明：

（1）整型或字符型表达式必须为 byte、short、int、char 或 String 类型。

（2）每个 case 语句后的常量表达式的值必须是与表达式类型兼容的常量，重复的 case 值是不允许的。

（3）关键字 break 为可选项，放在 case 语句的末尾。执行 break 语句后，将终止当前 switch 语句。若没有 break 语句，将继续执行下面的 case 语句，直到 switch 语句结束或者遇到 break 语句。

（4）default 为可选项。当指定的常量表达式都不能与 switch 表达式的值匹配时，将选择执行 default 后的语句序列。case 语句和 default 语句次序无关，但习惯上将 default 语句放在最后。

【例 3.3】switch 语句程序示例。

```
public class JavaDemo3_3 {
    public static void main(String[] args) throws IOException {
        BufferedReader br = null;
        br = new BufferedReader(new InputStreamReader(System.in));
        int a = 100, b = 50;
        System.out.println("请输入一个运算符： ");
        char oper = (char)br.read();
        switch (oper){
            case '+':
                System.out.println(a+"+"+b+"="+(a+b));
                break;
            case '-':
                System.out.println(a+"-"+b+"="+(a-b));
                break;
            case '*':
                System.out.println(a+"*"+b+"="+(a*b));
                break;
            case '/':
```

```
            System.out.println(a+"/"+b+"="+(a/b));
            break;
        default:
            System.out.println("您输入的不是运算符！");
        }
    }
}
```

运行结果：

请输入一个运算符：

*

100*50=5000

程序分析：从键盘输入一个字符，根据字符对应的运算符进行加、减、乘、除运算，如果输入的字符不是加、减、乘、除运算符则输出"您输入的不是运算符！"。在本例中，输入"*"，输出"100*50=5000"。

3.4 循环结构

流程控制与循环结构

循环结构是程序设计中实现重复操作的流程控制结构。当给定条件成立时，反复执行某程序段，直到条件不成立。给定的条件称为循环条件，反复执行的程序段称为循环体。Java 提供了 3 种形式的循环结构：while 循环、do-while 循环和 for 循环。

3.4.1 while 循环

while 循环的格式如下：

```
while(布尔表达式){
    循环体;
}
```

while 循环程序执行流程图如图 3.3 所示。

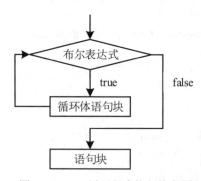

图 3.3 while 循环程序执行流程图

执行过程是，判断布尔表达式的值，当其为 true 时执行循环体，当其为 false 时循环结束。例如下列程序段在同一行中输出 10 个 A：

```
int i=1;
while(i<=10){
```

```
System.out.print ("A");
    i++;
}
```

上面程序段的循环条件是布尔表达式 i<=10，循环体是{}中的两条语句。当程序段执行时，若根据 i 的值判断 i<=10 的值为 true，则执行循环体，否则退出循环。循环体被执行 10 次，当 i=11 时退出循环。

说明：

（1）若循环体的语句为单语句，则{}可以省略，否则不能省略{}。

（2）若首次执行时循环条件为 false，则循环体一次也不执行；若循环条件永为 true，则循环体一直执行，称为死循环。在循环体中应包含使循环结束的语句，以避免出现死循环。

（3）允许 while 语句的循环体包含另一个 while 语句的循环，从而形成循环的嵌套。

【例 3.4】while 循环计算 1-2+3-4+…+99-100 的值。

```
public class JavaDemo3_4 {
    public static void main(String[] args) {
        int i = 1,sum = 0;
        int flag = 1;
        while(i <= 100){
            sum += flag*i;
            i++;
            flag = flag*(-1);
        }
        System.out.println("1-2+3-4+…+99-100="+sum);
    }
}
```

运行结果：

1-2+3-4+…+99-100=-50

程序分析：程序通过 while 循环来进行计算，循环体内每运算一次，运算符就变换一次，当 i 的值为 100 时结束循环体的执行。

3.4.2　do-while 循环

do-while 循环语句的特点是先执行循环体，再判断循环条件是否成立，格式如下：

```
do{
    循环体;
}while(布尔表达式);
```

do-while 循环程序执行流程图如图 3.4 所示。

执行过程是，首先执行一次循环体语句，然后判断布尔表达式的值，当其值为 true 时，返回重新执行循环体语句，如此反复，直到表达式的值为 false，循环结束。

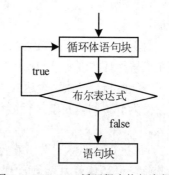

图 3.4　do-while 循环程序执行流程图

do-while 循环首先执行循环体，再判断循环条件。若条件成立，则重复执行循环体；若条件不成立，则结束循环，循环体至少被执行一次。而 while 循环首先判断循环条件，若条件不成立，则循环体一次也不执行，直接退出循环。这是 do-while 循环和 while 循环最大的区别。do-while 循环语句可以组成多重循环，也可以和 while 语句相互嵌套。

【例 3.5】do-while 循环计算 1-2+3-4+…+99-100 的值。

```java
public class JavaDemo3_5 {
    public static void main(String[] args) {
        int i = 1,sum = 0;
        int flag = 1;
        do {
          sum += flag*i;
            i++;
            flag = flag*(-1);
        }while(i<=100);
        System.out.println("1-2+3-4+…+99-100="+sum);
    }
}
```

运行结果：

1-2+3-4+…+99-100=-50

程序分析：程序功能与例 3.4 相同，程序代码请读者自行分析。

注意：在 do-while 语句的 while（表达式）后必须加分号。

通过例 3.4 和例 3.5 我们发现，对同一个问题可以用 while 循环语句处理，也可以用 do-while 循环语句处理。一般情况下，可以用两种语句处理同一问题，但循环控制条件在有些情况下可能不同。

3.4.3 for 循环

for 循环的使用最为灵活，可以用于循环次数已经确定的情况，也可以用于循环次数不确定但循环结束条件已知的情况。它可以取代 while 循环和 do-while 循环。for 循环语句的一般格式如下：

```
for(表达式 1;表达式 2;表达式 3)
{
    循环体;
}
```

说明：

（1）圆括号内的 3 个表达式之间用分号分隔。其中，表达式 1 是 for 循环的初始化部分，一般用来设置循环控制变量的初值。表达式 1 允许并列多个表达式，之间用逗号分隔，表达式 1 仅在循环开始时执行一次。表达式 2 一般为条件表达式，结果为布尔型，当值为 false 时，退出循环；当值为 true 时，重复执行循环体。表达式 3 一般是增量表达式，它决定循环控制变量的变化方式。

（2）每执行循环体一次，就要重新计算表达式 3，然后由表达式 2 判断，决定循环体是否继续执行。循环体若为一条语句，则“{}”可以省略；若为多条语句，则“{}”不可省略。

【例 3.6】for 循环计算 1-2+3-4+…+99-100 的值。

```java
public class JavaDemo3_6 {
    public static void main(String[] args) {
        int flag = 1;
```

```
                int sum = 0;
                for(int i=1;i<=100;i++){
                        sum += flag*i;
                        flag = flag*(-1);
                }
                System.out.println("1-2+3-4+…+99-100="+sum);
            }
        }
```

运行结果：

```
    1-2+3-4+…+99-100=-50
```

程序分析：程序功能与例 3.4 和例 3.5 相同，程序代码请读者自行分析。

for 循环的使用方式比较灵活，可以有以下 6 种形式：

（1）在 for 语句的表达式 1 中允许定义多个变量，这些变量的数据类型相同并且它们的作用域仅限于循环体内。例如，计算 10!，程序代码如下：

```
    for(int i=1,sum=1;i<=10;i++)
        sum*=i;
```

（2）在 for 语句中可以省略表达式 1。例如，计算 10!，程序代码如下：

```
    int i=1,sum=1;
    for(;i<=10;i++)
        sum*=i;
```

（3）在 for 语句中可以省略表达式 2，不对循环条件进行判断，将会造成无限循环。一般可以在循环体内设置转移语句 break 来跳出循环。例如，计算 10!，程序代码如下：

```
    int sum=1;
    for(int i=1;;i++)
    {
        if(i>10)
            break;
        sum*=i;
    }
```

循环体内的 if 语句表示，当 i 的值大于 10 时，则跳出循环。它代替了原来表达式 2 所起的作用。

（4）在 for 语句中可以省略表达式 3，然后循环体内使用增量表达式。例如，计算 5!，程序代码如下：

```
    int sum=1
    for(int i=1;i<=5;)
    {
        sum*=i;
        i++;
    }
```

（5）for 语句中的各表达式都可以为空，但分号不能少。在这种形式中，循环体内外应有相关语句实现各表达式的功能，其具体格式如下：

```
    for(;;)
    {
        循环体;
    }
```

（6）for 循环体可以是空语句，即循环过程什么也不做，仅仅产生一个时间延迟的效果。此时，循环体是存在的，只不过是空语句，空语句的分号不能少，其具体格式如下：

```
for(int i=10;i>=1;i--)
    ;
```

3.4.4　多重循环

如果循环语句的循环体内又有循环语句，则称为多重循环，也称为循环嵌套，常见的有二重循环和三重循环。在实现方法上，可以用相同的循环语句嵌套，也可以用不同的循环语句来构成循环嵌套。while 循环、do-while 循环和 for 循环都允许嵌套，并且可以相互嵌套，构成多重循环结构。

3.5　跳转语句

控制转移可以有条件地改变程序的执行顺序。Java 支持 3 种控制转移语句，即 break 语句、continue 语句和 return 语句。

1. break 语句

break 语句的作用是使程序的执行流程从一个语句块内部转移出去。它只在 switch 语句和循环语句中使用，允许从 switch 语句的 case 子句中跳出，或者从循环体内跳出。break 语句的格式如下：

```
break;
```

【例 3.7】break 语句程序示例。

```
public class JavaDemo3_7 {
    public static void main(String[] args) {
        for(int i=1;i<10;i++){
            if(i%2==0) break;
            System.out.print("   i="+i);
        }
    }
}
```

运行结果：

```
i=1
```

程序分析：在例 3.7 中，进入循环之后，i 的值从 1 开始，当 i=1 时，执行了输入语句，当 i=2 时，if 判断为真，执行 break 语句，直接跳出 for 循环，结束了整个程序的运行。

2. continue 语句

continue 语句只能用在循环语句中，它的作用是终止当前这一轮循环，跳过本轮剩余的语句，直接进入下一轮循环。continue 语句的格式如下：

```
continue;
```

【例 3.8】continue 语句程序示例。

```
public class JavaDemo3_8 {
    public static void main(String[] args) {
        for(int i=1;i<10;i++){
```

```
            if(i%2==0) continue;
            System.out.print("   i="+i);
        }
    }
}
```

运行结果：

　　i=1　i=3　i=5　i=7　i=9

程序分析：在例 3.8 中，进入循环之后，i 的值从 1 开始，当 i 的值为 1、3、4、7、9 时，i%2 的值为 1，不执行 continue 语句，而是执行输出语句；当 i 的值为 2、4、6、8 时，i%2 的值为 0，执行 continue 语句，跳过输出语句，然后转向执行 for 语句中的 i++，开始下一轮循环。

3. return 语句

return 语句用在方法中。当程序执行到 return 语句时，终止当前方法的执行，返回到调用这个方法的位置之后。

return 语句有带参数和不带参数两种格式：

```
return;
return 返回值;
```

当不带参数的 return 语句被执行时，不返回任何值，这种方法的返回值类型通常为 void。带参数的 return 语句后面跟一个返回值或者一个表达式，当程序执行到这个语句时，就将其值（或者计算这个表达式的值）返回到调用该方法的程序中。

本章小结

本章主要介绍了 Java 语言分支结构和循环结构的流程控制，if-else 语句、switch-case 语句、while 语句、do-while 语句和 for 语句的语法和编程实现，以及循环跳转语句 break、continue 和 return 的异同点。流程控制是面向对象编程的基础，也是进一步学习 Java 语言的基础，读者应多练习巩固。

第 4 章　数组与字符串

在程序设计中，数组和字符串是常用的数据结构。无论是在面向过程的程序设计中，还是在面向对象的程序设计中，数组和字符串都起着重要的作用。

4.1　数组的基本概念

数组是指相同数据类型的元素按一定顺序排列的集合。在 Java 语言中，数组元素可以由基本数据类型组成，也可以由对象组成。数组中的所有元素都具有相同的数据类型，用一个统一的数组名和下标来唯一地确定数组中的元素。数组从构成形式上可以分为一维数组和多维数组。

数组是 Java 中的一种复合数据类型，它是由类型相同的数据组成的有序数据集合。集合中的每个数都是一个数组元素。数组元素具有如下特点：

（1）每个数组元素的数据类型都是相同的，在数组声明时定义。

（2）在内存中，数组的各个元素都是连续有序的。

（3）所有数组元素共用一个数组名，利用数组名和下标唯一地确定数组中每个元素的位置。

数组要经过声明、分配内存及赋值后，才能被使用。

一维数组

4.2　一维数组

一维数组是最简单的数组，其逻辑结构是线性表。要使用一维数组，需要经过定义、初始化和应用等过程。在 Java 中要使用数组，一般需要经过 3 个步骤：声明数组、创建数组、创建数组元素并赋值。

4.2.1　声明数组

数组的声明方式有以下两种：

```
数据类型  数组名[ ];
数据类型[ ] 数组名;
```

数组类型既可以是基本数据类型，也可以是复合数据类型，甚至还可以是其他的数组类型。数组名命名规则和变量名相同，遵循标识符命名规则。

3 个数组声明的例子如下：

```
int a[];
double d[];
char c[];
```

以上语句声明了一个整型数组 a，一个双精度型数组 d，一个字符数组 c。

4.2.2　创建数组

数组中元素的个数称为数组大小或数组长度。与其他编程语言不同的是，在声明数组时不能指定它的长度，必须通过创建数组来指定长度。可以利用关键字 new 来为数组分配内存，即创建数组。创建数组的格式如下：

    数组名=new 数据类型[数组长度];

例如，创建一个长度为 10 的整型数组，程序代码如下：

    a=new int[10];

数组被创建后，每个数组元素将获得与定义的数据类型相应大小的内存，同时自动用数据类型的默认值初始化所有的数组元素。各数组元素数据类型的默认值如表 4.1 所示。

表 4.1　数组元素数据类型的默认值

数据类型	默认值
int	0
float	0.0f
double	0.0
char	'\0'
boolean	false
引用型	null

数组创建之后其大小不能改变，但可以利用数组的 length 属性获取其长度。

如果声明了一个数组但没有用 new 来创建它，则数组不指向任何内存空间，其值为默认值。声明一个数组并创建内存空间后，数组名就是指向该内存空间的首地址。

声明数组变量和创建数组可以组合在一条语句中，有以下两种形式：

    数据类型[] 数组名=new 数据类型[数组长度];
    数据类型 数组名[]=new 数据类型[数组长度];

例如：

    int a[] = new int[10];

这条语句声明并创建了一个 int 型的数组 a，该数组包含 10 个元素。语句执行后，数组 a 将获得 10 个连续的内存空间。

4.2.3　数组的内存分配

Java 语言把内存分为两种：栈内存和堆内存。在方法中定义的一些基本类型的变量和对象的引用变量都在方法的栈内存中分配，当在一段程序中定义一个变量时，Java 就在栈内存中为这个变量分配内存空间，当超出变量的作用域后，Java 会自动释放掉为该变量所分配的内存空间。

堆内存用来存放由 new 运算符创建的对象和数组，在堆中分配的内存由 JVM 的自动垃圾回收器来管理。在堆中创建了一个数组或对象后，同时还在栈中定义了一个特殊的变量，让栈中这个变量的取值等于数组或对象在堆内存中的首地址，栈中的这个变量就成了数组或对象的引用变量，引用变量实际上保存的是数组或对象在堆内存中的地址（也称为对象的句柄），以后就可以在程序中使用栈的引用变量来访问堆中的数组或对象。引用变量就相当于是为数组或对象起的一个名称。引用变量是普通的变量，定义时在栈中分配，引用变量在程序运行到其作用域之外后被释放。而数组或对象本身在堆内存中分配，即使程序运行到使用 new 运算符创建数组或对象的语句所在的代码块之外，数组或对象本身所占据的内存也不会被释放，数组或对象在没有引用变量指向它时会变为垃圾，不能再被使用，但仍然占据内存空间，在随后一个特定的时间被垃圾回收器回收并释放掉，这也是 Java 比较占内存的原因之一。

下面以"int[] a=new int[10];"为例来说明数组在内存中的分配情况。

"int[] a;"定义了一个数组 a，这条语句执行完成后的内存空间如图 4.1 所示。

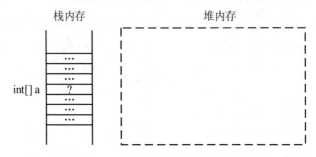

图 4.1　声明数组后的内存空间

"a=new int[10];"创建了数组的空间，这条语句执行完成后的内存空间如图 4.2 所示。

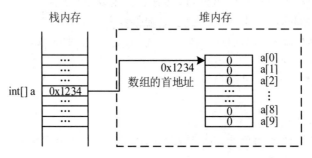

图 4.2　创建数组后的内存空间

执行第 2 条语句"a=new int[10];"后，堆内存里就创建了一个数组对象，为这个数组对象分配了 10 个整数单元的空间，并将该数组对象赋给了数组引用变量 a。引用变量就相当于 C/C++语言中的指针变量，而数组对象就是指针变量指向的那个内存块。因此，在 Java 内部还是有指针的，只是把指针的概念对用户隐藏起来了，而用户所使用的是引用变量。

用户也可以改变 a 的值，让它指向另外一个数组对象，或者不指向任何数组对象。要想让 a 不指向任何数组对象，只需要将常量 null 赋给 a 即可，如"a=null;"执行完后的内存空间如图 4.3 所示。

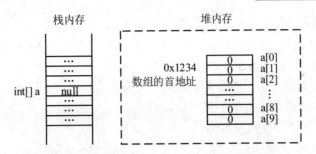

图 4.3　数组引用变量赋值 null 之后的内存空间

4.2.4　数组的赋值及引用

数组声明和创建后，使用数组元素前必须先赋值。下面介绍数组的两种赋值形式。

1. 声明数组的同时初始化数组

数组是引用类型，它们的赋值与基本类型变量的赋值是不同的。

如果已知一组数据元素序列并要保存到数组中，就可以将这一组有序的元素放在花括号中，各元素之间用逗号隔开，并赋给数组，实现声明数组的同时并赋值。其具体格式如下：

　　　　数据类型[] 数组名={第一个元素,第二个元素,第三个元素,... };

例如：

　　　　int[] a={1,2,3,4,5};
　　　　float[] f={1.0f,2.0f,3.0f,4.0f,5.0f};
　　　　char[] c={'a', 'b', 'c', 'd', 'e'};

以上语句分别声明并创建了 int 型数组 a、float 型数组 f、char 型数组 c，大括号中是各数组相对应元素的值。

2. 先声明并创建，再赋值

例如：

　　　　int[] a=new int[10];

声明了包含 10 个元素的整型数组 a 并为该数组分配了存储空间，然后可通过赋值语句给数组中的各个元素赋值。例如：

　　　　a[0]=0;
　　　　a[1]=1;
　　　　a[2]=2;

给数组元素 a[0]、a[1]、a[2]分别赋值 0、1、2。

数组通过以上两种形式被赋值后，就可以被引用了。实际上，在创建数组时，数组元素已被初始化为数据类型的默认值了，但没有任何意义。因此，数组元素在使用时一般会被重新赋值。

数组元素通过其下标引用，下标范围是 0～数组名.length-1。引用格式如下：

　　　　数组名[下标];

例如，a[0]表示引用数组 a 中的第一个元素，a[1]表示引用数组 a 中的第二个元素。下标必须为一个整数或一个整型表达式。引用数组元素时,方括号中的下标不能超出它的取值范围。下面是一个数组引用的程序段。

　　　　for(int i=0;i<a.length;i++)
　　　　　　System.out.println(a[i]);

上面 for 循环实现的功能是依次输出数组 a 中每个元素的值。

通常，Java 会自动进行数组下标越界检查，如果下标超出该范围，会产生 ArrayIndexOutOfBoundsException 异常，即数组下标越界异常。因此，编写程序时最好使用数组的 length 属性获得数组大小，从而使下标不超出其取值范围。在程序编译时，数组下标越界不会有错误提示，但当程序运行时会产生运行错误。

【例 4.1】一维整型数组程序示例。

```java
public class JavaDemo4_1 {
    public static void main(String[] args) {
        int[] a = new int[5];
        for(int i=0; i<5; i++)
            a[i] = i;
        System.out.println("数组 a 的长度为："+a.length);
        for(int i=0; i<5; i++)
            System.out.print("   a["+i+"]="+a[i]);
    }
}
```

运行结果：

```
数组 a 的长度为：5
   a[0]=0   a[1]=1   a[2]=2   a[3]=3   a[4]=4
```

程序分析：声明一个一维整型数组，其长度为 5，利用循环对数组元素进行赋值，然后再利用另一个循环依次输出数组元素的内容。其中，a.length 代表数组 a 中元素的个数。

【例 4.2】一维实数数组程序示例。

```java
public class JavaDemo4_2 {
    public static void main(String[] args) {
        double[] a = {1.0,2.4,-5.7,4.6,-1.3,-7.9,6.8};
        double max = a[0], min = a[0];
        System.out.println("数组元素分别是：");
        for(int i=0;i<a.length;i++)
            System.out.print("   "+a[i]);
        for(int i=1;i<a.length;i++){
            if(a[i]<min)
                min=a[i];
            if(a[i]>max)
                max=a[i];
        }
        System.out.println();
        System.out.println("数组元素最大值是："+max);
        System.out.println("数组元素最小值是："+min);
    }
}
```

运行结果：

```
数组元素分别是：
   1.0   2.4   -5.7   4.6   -1.3   -7.9   6.8
数组元素最大值是：6.8
数组元素最小值是：-7.9
```

程序分析：声明一个一维实数数组，声明时直接初始化并赋值，利用循环依次输出数组元素的值,然后再利用另一个循环依次遍历所有的数组元素并进行比较,记录最大值和最小值，然后输出。

4.3　foreach 语句

Java 软件开发工具包 JDK 5.0 版引入了一种新的 for 循环,它不用下标即可遍历整个数组，这种新的循环称为 foreach 语句。foreach 语句只需提供 3 个数据，即元素类型、循环变量的名字（用于存储连续的元素）和用于从中检索元素的数组。foreach 语句的语法格式如下：

```
for (type element : array)
{
    System.out.println (element);
}
```

foreach 语句的功能是每次从数组 array 中取出一个元素，自动赋给变量 element，用户不用判断是否超出了数组的长度，但需要注意 element 的类型必须与数组 array 中元素的类型相同。例如：

```
int[] a={1,2,3,4,5};
for (int element : a)
    System.out.println(element);      //输出数组 a 中的各元素
```

多维数组

4.4　多维数组

虽然一维数组可以处理一般简单的数据，但是在实际应用中仍显不足，所以 Java 语言提供了多维数组。但在 Java 语言中，所谓的多维数组只是数组的数组。多维数组中最为常见的就是二维数组。

4.4.1　二维数组

二维数组的声明方式和内存分配方式与一维数组类似，格式如下：

```
数据类型[][] 数组名;
数组名 = new 数据类型[行数][列数];
```

二维数组在分配内存时要告诉编译器二维数组行与列的个数,"行数"是告诉编译器所声明的数组有多少行,"列数"是声明每行中有多少列。例如：

```
int[][] a;
a=new int[3][4];
```

上面两行代码声明了一个二维的整型数组 a 并分配一块内存空间，是一个 3 行 4 列的整型数组。与一维数组类似，也可以用较为简洁的方式来声明二维数组，格式如下：

```
数据类型[][] 数组名 = new 数据类型[行数][列数];
```

以这种方式声明的数组，在声明的同时就分配一块内存空间，供该数组使用。例如：

```
int[][] a = new int[3][4];
```

虽然 Java 的二维数组在应用上很像 C 语言中的二维数组，但还是有区别的。在 C 语言中，定义一个二维数组必须是一个 m×n 的二维矩阵块，如图 4.4（a）所示，Java 语言中的多维数组不一定是规则的矩阵形式，如图 4.4（b）所示。

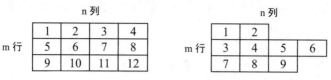

（a）C 语言定义的二维数组　　　（b）Java 语言定义的二维数组

图 4.4　C 语言和 Java 语言的二维数组

例如定义数组：

　　int[][] a;

它表示定义了一个数组引用变量 a，第一个元素为 a[0]，第 n 个元素变量为 x[n-1]。数组 a 中从 a[0]到 a[n-1]的每个元素，其变量正好又是一个整型的数组引用变量。需要注意的是，这里只是要求每个元素都是一个数组引用变量，并没有要求它们所引用数组的长度是多少。也就是说，每个引用数组的长度可以不一样。可以进行如下定义：

　　int[][] a;

　　a = new int[3][];

这两行代码表示数组 a 中有 3 个元素，每个元素都是整型的一维数组，相当于定义了 3 个数组引用变量，分别是 int[] a[0]、int[] a[1]和 int[] a[2]，因此完全可以把 a[0]、a[1]和 a[2]当成普通变量名来理解。

由于 a[0]、a[1]和 a[2]都是数组引用变量，所以必须对它们赋值，指向真正的数组对象，才可以引用这些数组中的元素。可以进行如下定义：

　　a[0] = new int[1];

　　a[1] = new int[2];

　　a[2] = new int[3];

由此可以看出，a[0]、a[1]和 a[2]的长度可以是不一样的，与此同时，数组对象还可以赋空值。不规则二维数组内存分配如图 4.5 所示。

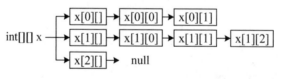

图 4.5　不规则二维数组内存分配

如果数组对象正好是一个 m×n 形式的规则矩阵，则不必像上面的代码一样在创建高维的数组对象后再逐一创建低维的数组对象，完全可以用一条语句在创建高维数组对象的同时创建所有的低维数组对象。例如：

　　int[][] a = new int[3][4];

该语句表示创建了一个 3 行 4 列的规则二维数组，其内存分配如图 4.6 所示。

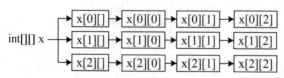

图 4.6　规则的二维数组内存分配

在二维数组中，若要取得二维数组的行数，则只要在数组名后加上"`.length`"属性。若要取得数组中某行元素的个数，则必须在数组名后加上该行的下标，再加上"`.length`"属性。例如：

```
a.length            //计算数组 a 的行数
a[0].length         //计算数组 a 第 1 行元素的个数
a[1].length         //计算数组 a 第 2 行元素的个数
```

二维数组与一维数组相同，当用 new 运算符来为数组申请内存空间时，很容易在数组各维数的指定中出现错误，二维数组要求必须指定高层维数，下面举例说明。

正确的申请方式 1：只指定数组的高层维数，例如：

```
int[][] a = new int[3][];
```

正确的申请方式 2：指定数组的高层维数和低层维数，例如：

```
int[][] a = new int[3][4];
```

错误的申请方式 1：只指定数组的低层维数，例如：

```
int[][] a = new int[][4];
```

错误的申请方式 2：没有指定数组的任何维数，例如：

```
int[][] a = new int[][];
```

如果想直接在声明二维数组时就给数组赋初值，则可以利用花括号，在数组的声明格式后面再加上初值的赋值，格式如下：

```
数据类型[][]  数组名={{第 1 行初值},{第 2 行初值},{...},{第 n+1 行初值}};
```

同样需要注意的是，用户并不需要定义数组的长度，因此在数据类型后面的方括号中并不需要填写任何内容。此外，花括号内无论有几组花括号，每组花括号内的初值都会依次赋值给数组的第 1，2，…，n 行元素。例如：

```
int[][] a={{1,2,3,4},{5,6,7,8}};
```

该语句中声明了一个整型数组 a，该数组有 2 行 4 列共 8 个元素，花括号中的两组初值会分别依次分配给各行的元素，a[0][0]的值为 1，a[1][3]的值为 8。

【例 4.3】二维整型数组程序示例。

```java
public class JavaDemo4_3 {
    public static void main(String[] args) {
        int sum = 0;
        int a[][]=new int[4][4];
        for(int i=0;i<a.length;i++)
            for(int j=0;j<a[i].length;j++)
                a[i][j]=i*4+j;
        System.out.print("二维数组所有元素的值如下：\n");
        for(int i=0;i<a.length;i++){
            for(int j=0;j<a[i].length;j++){
                System.out.print(a[i][j]+"    ");
                sum += a[i][j];
            }
            System.out.println();
        }
        System.out.println("二维数组所有元素的和等于"+sum);
    }
}
```

运行结果：

二维数组所有元素的值如下：

0	1	2	3
4	5	6	7
8	9	10	11
12	13	14	15

二维数组所有元素的和等于 120

程序分析：声明一个二维整型数组，数组中各个元素通过公式 a[i][j]=i*4+j（i 表示行，j 表示列）赋值，用嵌套的双层循环实现赋值功能。第二个嵌套的双层循环实现数组元素的输出并计算各元素值的和，外层 for 语句控制数组 a 的各行，行下标从 0 开始到 a.length-1，内层 for 语句控制数组 a 第 i 行的各列，列下标从 0 开始到 a[i].length-1。

【例 4.4】杨辉三角程序示例。

```java
public class JavaDemo4_4 {
    public static void main(String[] args) {
        int i,j;
        int level=8;
        int[][] y =new int[level][];
        System.out.println("输出一个 8 层的杨辉三角形");
        for (i=0;i<y.length;i++)
            y[i]=new int [i+1];
        y[0][0]=1;
        for (i=1;i<y.length;i++){
            y[i][0]=1;
            for (j=1;j< y[i].length-1;j++)
                y[i][j]= y[i-1][j-1]+ y[i-1][j];
            y[i][y[i].length-1]=1;
        }
        for(int[] row : y){
            for(int col : row)
                System.out.print(col+ "   ");
            System.out.println();
        }
    }
}
```

运行结果：

输出一个 8 层的杨辉三角形

```
1
1  1
1  2  1
1  3  3  1
1  4  6  4  1
1  5  10  10  5  1
1  6  15  20  15  6  1
1  7  21  35  35  21  7  1
```

程序分析：程序首先声明了一个 8 行的二维数组 y，每行的列数逐层递增，由第一个 for

循环来定义，第二个 for 循环用于计算杨辉三角形并存入数组当中，第三个 for 循环用于输出杨辉三角形。

4.4.2　三维以上的多维数组

通过对二维数组的介绍不难发现，要想提高数组的维数，只要在声明数组的时候将下标与中括号再加一组即可，所以三维数组的声明为 "int[][][] a;"，而四维数组的声明为 "int[][][][] a;"，依此类推。

当使用多维数组时，输入输出的方式和一维数组、二维数组相同，但是每多一维，嵌套循环的层数就必须多一层，所以维数越高的数组其复杂度也就越高。

【例 4.5】声明三维数组并赋初值，然后输出该数组的各元素并计算各元素之和。

```java
public class JavaDemo4_5 {
    public static void main(String[] args) {
        int i,j,k,sum=0;
        int[][][] a={{{1,2},{3,4}},{{5,6},{7,8}}};
        for (i=0;i<a.length;i++)
            for (j=0;j<a[i].length;j++) {
                for (k=0;k<a[i][j].length;k++)
                {
                    System.out.print("a["+i+"]["+j+"]["+k+"]="+ a[i][j][k]+"\t");
                    sum+=a[i][j][k];
                }
                System.out.println();
            }
        System.out.println("三维数组所有元素的和等于"+sum);
    }
}
```

运行结果：

```
a[0][0][0]=1      a[0][0][1]=2
a[0][1][0]=3      a[0][1][1]=4
a[1][0][0]=5      a[1][0][1]=6
a[1][1][0]=7      a[1][1][1]=8
三维数组所有元素的和等于 36
```

程序分析：程序利用三层循环来输出三维数组的各元素并计算所有元素之和。

4.5　字符串

字符串

字符串是一系列字符的序列。在 Java 语言中，字符串是用一对双引号引起来的字符序列，如 "Hello" "World" 等都是字符串。字符串是编程中经常要使用的数据结构，从某种程度上说，字符串类似于字符数组。

在 Java 语言中，无论是字符串常量还是字符串变量，都是用类来实现的。程序中用到的字符串可以分为两大类：一类是创建之后不会再修改和变动的字符串变量；另一类是创建之后允许再修改的字符串变量。对于前一种字符串变量，由于程序中经常需要对它进行比较、搜索等，所以通常把它放在一个有名称的对象之中，由程序完成对该对象的操作。在 Java 程序中，存放字符串的变量是 String 类对象。对于后一种字符串变量，由于程序中经常需要对它进行添加、插入、修改等，所以字符串变量一般都存放在 StringBuilder 类的对象之中。本节只讨论 String 类型的字符串变量。

4.5.1　字符串变量的声明与创建

字符串常量与字符常量不同，字符常量是用单引号引起来的单个字符，而字符串常量是用双引号引起来的字符序列，当然用双引号引起来的单个字符也是字符串常量。

声明字符串变量的格式与声明数组变量一样，包括对象的声明与对象的创建两个步骤。要实现这两个步骤，可以用两个独立的语句，也可以用一个语句组合。

格式一：

```
String  变量名;
变量名  = new String("字符串");
```

例如：

```
String str;
str = new String("Hello");
```

第一个语句声明了字符串引用变量 str，此时 str 的值为 null，第二个语句在堆内存中分配了内存空间并将 str 指向了字符串的首地址。

格式二：

```
String  变量名  = new String("字符串");
```

例如：

```
String str = new String("Hello");
```

还有一种非常特殊而常用的创建 String 对象的方法，就是直接利用双引号引起来的字符串为新建的 String 对象赋值，即在声明字符串变量时直接初始化。

格式三：

```
String  变量名  = "字符串";
```

例如：

```
String str = "Hello";
```

由于字符串是引用型变量，所以其存储方式与数组的存储方式基本相同。

前面说过，利用 string 类创建的字符串变量，一旦被初始化或赋值，它的值和所分配的内存容量就不可以再改变。如果一定要改变它的值，则会产生一个新的字符串。例如：

```
String str = "java";
str = "program";
```

这看起来像一个简单的字符串重新赋值的操作，实际上在程序的解释过程中却不是这样的。程序首先产生 str 的一个字符串对象并在内存中申请了一段空间，由于发现需要重新赋值，而原来的空间已经不可能再追加新的内容，因此系统不得不将这个对象放弃，再重新生成第二个新的对象 str 并重新申请一个新的内存空间。

4.5.2　String 类的使用

Java 语言为 String 类定义了许多方法，其调用格式如下：

　　字符串变量名.方法名(参数名);

表 4.2 列出了 String 类的常用方法。

表 4.2　String 类的常用方法

方法名	功能说明
public int length()	返回字符串的长度
public boolean equals(Object anyObject)	将给定字符串与当前字符串相比较,若两个字符串相等,则返回 true，否则返回 false
public String substring(int beginIndex)	返回字符串中从 beginIndex 开始的子串
public String substring (int beginIndex,int endIndex)	返回从 beginIndex 开始到 endIndex 结束的子串
public char charAt(int index)	返回 index 指定位置的字符
public int indexOf(String str)	返回 str 在字符串中第一次出现的位置
public int copareTo(String anotherString)	若调用该方法的字符串大于参数字符串，则返回大于 0 的值；若两字符串相等，则返回 0；若调用该方法的字符串小于参数字符串，则返回小于 0 的值
public String replace (char oldChar,char newChar)	以 newChar 字符替换字符串中的所有 oldChar 字符
public String trim()	去掉字符串的首尾空格
public String[] split(String regex)	根据给定的字符串 regex 拆分调用的字符串，regex 可以是正则表达式字符
public String concat(String str)	把字符串 str 连接在当前字符串的后面,生成一个新的字符串
public String toLowerCase()	将字符串中的所有字符都转换为小写字符
public String toUpperCase()	将字符串中的所有字符都转换为大写字符

字符串不是字符数组，但可以转换为字符数组，反之亦然。字符串和字符数组之间的转换有以下 6 种形式：

（1）使用 toCharArray 方法将字符串转换为字符数组。

例如下面语句将字符串"hello"中的字符转换为数组 charArray 中的数组元素。

　　char[] charArray="hello".toCharArray();

（2）使用 String(char[])构造方法或 valueOf(char[])方法将字符数组转换为字符串。

例如下面语句使用 String 构造方法从数组构造了一个字符串。

　　String str=new String(new char[]{'h','e','l','l','o'});

下面语句使用 valueOf 方法从数组构造了一个字符串。

　　String str=String.valueOf(new char[]{'h','e','l','l','o'});

（3）使用 public String(char c[],int offset,int count)从字符数组 c 的第 offset 位置开始取长度

为 count 个字符来创建字符串。注意，位置计数是从 0 开始的。例如，下面 s5 的值为"program"。

```
char ch2[]={'j','a','v','a','p','r','o','g','r','a','m'};
String s5=new String(ch2,4,7);
```

（4）使用 public String(byte b[])以 byte 数组产生字符串，创建字符串对象。

（5）使用 public String(byte b[],int offset,int count)取出 byte 数组，从数组的第 offset 位置开始长度为 count 来创建字符串。

（6）使用 public String(StringBuffer buffer)以 StringBuffer 对象作为参数创建一个字符串常量。StringBuffer 将在后面介绍。

Java 提供了很多静态方法来实现字符串与基本数据类型的相互转换。例如：

```
public static String valueOf(boolean b);
public static String valueOf(char c);
public static String valueOf(int i);
public static String valueOf(long l);
public static String valueOf(float f);
public static String valueOf(double d);
```

以上 6 个方法由 String 类提供，可将 boolean、char、int、long、float 和 double 六种类型的变量转换为 String 类的对象。

如果想将字符串 s 中以数值开头的字符串转换为相应的数值类型数据可以使用以下 6 个方法来实现：

```
public static int parseInt(String s);              //源自 Integer 类的方法
public static byte parseByte(String s);            //源自 Byte 类的方法
public static short parseShort(String s);          //源自 Short 类的方法
public static long parseLong(String s);            //源自 Long 类的方法
public static float parseFloat(String s);          //源自 Float 类的方法
public static double parseDouble(String s);        //源自 Double 类的方法
```

【例 4.6】一维字符数组应用程序示例：判断一个字符串是否是回文。

```
import java.io.BufferedReader;
import java.io.IOException;
import java.io.InputStreamReader;
public class JavaDemo4_6 {
    public static void main(String[] args) throws IOException {
        BufferedReader br = new BufferedReader(new InputStreamReader(System.in));
        String s = null;
        int i = 0;
        boolean flag = true;
        System.out.println("请输入一串字符：");
        s = br.readLine();
        char[] c = s.toCharArray();
        while(i<s.length()/2) {
            if(c[i]!= c[s.length()-1-i]) {
                flag = false;
                break;
            }
            i++;
```

```
            }
        if(flag)
            System.out.println(s+"是回文");
        else
            System.out.println(s+"不是回文");
        }
    }
```

运行结果：

　　请输入一串字符：

　　abcba

　　abcba 是回文

　　程序分析：程序功能是判断输入的字符串是否为回文。回文是指一个字符串的顺序和逆序相同，如 aba 是回文，abba 也是回文。判断是否是回文的方法很多，在例 4.6 中，将字符串复制给一个字符数组，检查字符数组的第一个元素是否和最后一个元素相同。如果相同，则继续检查第二个元素是否和倒数第二个元素相同。这个过程持续到检查出不相同的元素或字符串中的所有字符都已检查完。一旦检查过程中出现不相同的元素，则该字符串不是回文；若所有元素均比较完成且未出现不相同的元素，则该字符串为回文。

本章小结

　　数组是由若干个相同类型的变量按一定顺序排列组成的数据类型，它们以一个共同的名字表示。数组的元素可以是基本类型或引用类型。数组根据存放元素的复杂程度分为一维数组和多维数组。要使用 Java 语言的数组，必须经过两个步骤：第一步，声明数组；第二步，分配内存给数组。如果想直接在声明时就给数组赋初值，则只要在数组的声明格式后面加上元素的初值。在 Java 语言中要取得数组的长度，也就是数组元素的个数，可以利用数组的".length"属性来完成。在二维数组中，Java 语言允许二维数组中每行的元素个数不相同，要想获得整个数组的行数或者某行元素的个数，也可以利用".length"属性实现。字符串可以分为两大类：一类是创建之后不会再修改和变动的字符串变量；另一类是创建之后允许再修改的字符串变量。

第 5 章　类与对象

面向对象程序设计是使用计算机语言来描述现实世界，是对现实世界的抽象。在面向对象程序设计中，类与对象是面向对象程序设计中最基本、最核心的概念，掌握类与对象的相关概念和语法是学习面向对象编程的基础。本章将介绍类的概念、类的定义和声明、对象的概念、对象的创建与使用、方法的重载、静态成员和静态方法等内容，这些是面向对象编程的基础，也是学习后续章节的前提。

5.1　类的基本概念

Java 的基本思想是面向对象。Java 作为一种纯粹的面向对象程序设计语言，程序构成具有鲜明的特征。面向对象编程的核心是类与对象等相关概念，但仍然涉及面向过程程序设计中的程序结构和数组等概念。

5.1.1　对象

在现实世界中，人们面对的所有事物都可以称为对象，对象是构成现实世界的独立的单位，具有自己的静态特征（属性）和动态特征（方法）。例如，一辆轿车、一个人、一棵树、一座房子等。在 Java 语言中，对象是由数据以及对数据进行操作的方法组成的，是对现实世界中事物的抽象描述。对象是面向对象程序设计的核心，也是程序的主要组成部分。一个程序实际上就是一组对象的组合。

对象可以代表现实世界中明确标识的任何事物。例如一名学生、一位老师、一辆汽车、一间房屋等。对于每一个对象都有两个方面的问题需要考虑，即对象有哪些属性，有哪些行为。属性决定了对象是什么，描述了对象的所有可能的状态；行为决定了对象能够做什么，是对象拥有的外部接口。在具体的程序设计中，对象的属性是一些数据域的集合，对象的行为则是方法的集合。也就是说，对象是数据及其操作的一个封装。

对象是对现实世界的一次抽象。以学生为例，现实世界中的学生很多，如张三、李四，每一个学生都是不一样的，但这些学生又存在一些共性，可以对现实世界中的所有学生进行抽象，从而得到一个学生对象。学生对象中的属性是所有学生的共同属性的集合，如姓名、性别、年龄、身高、专业等；学生对象中的行为也是所有学生共同行为的集合，如选修课程、选修专业、展示爱好等。

关于面向对象的程序设计，Alan Kay 进行了如下总结：

（1）万事万物皆对象。理论上，可以将所有待解决的问题进行分解，变成程序中的对象。对象除了可以存储数据，还具备处理自身数据的操作能力。也就是说，对象不仅存储数据，还能够处理数据。

（2）程序就是对象的集合。一个程序是若干对象的集合，对象之间通过消息的传递请求其他对象进行工作。如果希望向某一对象发出请求，就必须传递消息至该对象。换言之，消息就是发出的请求信息。

（3）每个对象都拥有由其他对象所构成的记忆。可以通过"封装既有对象"产生新的对象，这样新产生的对象就拥有了由其他对象所构成的记忆。

（4）每个对象都有其类型。每个对象都是其类的一个实例，类（class）实际上就是类型的同义词。不同的类之间最重要的区别就是，发送消息的类别。

（5）同一类型的对象所接受的消息都是相同的。

5.1.2　类

对象是对现实世界的一次抽象，类是对一类对象的再一次抽象和描述。类是具有相同属性和相同操作的对象的集合与抽象，类是构成对象的模板，对象是类的具体实例。类就相当于一个模具，用这个模具可以做出一堆产品，也就是一个类可以进行多次实例化，产生多个对象。由于这些产品是由一个模具做出来的，所以它们形状相同。类似地，这些对象由同一个类实例化产生，所以它们具有相同的属性和操作，它们是同一个类型。因此，Java 中的一个类就是一种数据类型。

将客观世界中的一些特定种类的实体放在一起，并抽取它们身上的共性加以描述，就得到了软件系统中的类。因此，通常从以下 3 个方面来描述一个类：

（1）有一个名字来唯一标识它所描述的客观实体。

（2）有一组属性来描述客观实体的共有特征。

（3）有一组方法来描述客观实体的共有行为。

类是组成 Java 程序的基本要素，它封装了一类对象的属性和方法。类是用来定义对象的模板，当使用一个类创建了一个对象时，我们也认为给出了这个类的一个实例。

类是定义一个对象的数据与方法的蓝本。可以从一个类创建许多对象，也可以从一个类派生另一个类。正如有了模具并不意味着就有了产品一样，有了类也不是就有了对象，还需要通过类创建具体的对象。在实际的程序设计中，通常也是先定义类，再由类创建对象。

5.1.3　面向对象特性

面向对象程序设计就是使用对象设计程序，把数据及相关操作封装在一个统一体中，这个统一体就是一个类。对象是类的具体表现。换言之，以面向对象的方法编写的程序是由相互作用的对象组成的。面向对象的方式更加接近现实世界的模型，从而增加了程序设计的直观性，提高了编程效率。所有的面向对象程序设计语言都有 3 个特性，即封装（encapsulation）、继承（inheritance）和多态（polymorphism）。

1. 封装

所有的对象都需要被封装起来。封装是一种将对象的数据及其处理方法组合起来，使其不被外界干扰滥用的程序设计机制，是对象保护并管理自身信息的一种方式。对象通常都是自治的，不会受到外部其他对象的干扰。通过封装，设计人员可以修改对象的内部结构，不用考虑会对编程人员造成影响。改变对象状态的唯一途径是借助该对象的方法。

2. 继承

通过已经存在的一个类定义另一个类，或者说由父类定义子类，就称为继承。当实现继承时，子类可以获得父类的属性和方法。继承是软件复用的一种形式，可以提高编程效率，降低编程的复杂性。

3．多态

多态是指一种允许使用一个接口（一种特殊的类）来访问一类动作的特性。或者说，利用它，开发人员可以在一段时间内以一致的方式引用多个相关的对象。多态性常被描述为"单接口，多方法"，这种特性降低了编程的复杂性。

Java 作为一种主流的软件开发工具，代表了一种新的软件开发思想和技术。同时，Java 也对 Internet 产生了积极而深远的影响。网络程序是动态的，从而产生了安全及可移植方面的问题。Java 解决了这些问题，它提供了一系列开发 Internet 应用的技术，包括 Java Applet、JSP 及基于 Java 的 Web Services 开发技术等。

5.2　类的定义与声明

5.2.1　类的定义

Java 语句中类的定义通常包含两个部分，即类声明和类体。基本格式如下：

```
[类修饰符] class  类名
{
    类体
}
```

其中，"class 类名"是类的声明部分。

class 是关键字，用来定义类。类名指的是类的名称，类名的命名与标识符的命名一致。类名的命名规则是，第一个字母通常大写，如果类名是多个单词连接而成，每个单词首字母都大写，如 FirstTest、HelloDemo 等。类名最好能体现类的功能或作用。

在 Java 语言程序设计中，定义类时除了要使用 class 关键字说明所定义的数据类型是类以外，还可以在 class 之前增加若干类的修饰符来限定所定义类的操作特性，说明类的属性。当定义一个类时，可以在"class 类名"前加 public、abstract 和 final 等修饰符对所定义类的特征进行限制，还可以在其后加 extends <父类名>和 implements <接口名列表>来说明类的继承性。类修饰符分为 4 类，具体如下：

（1）公共类修饰符 public。将一个类声明为公共类，该类的对象可以被任何对象访问。一个 Java 源文件最多只能有一个 public 类，当然也可以一个都没有。如果有 public 公共类，则规定文件名只能与 public 公共类的类名称一致，若没有，则文件名可以任意取。Java 程序入口（JavaSE）的类必须为 public 类。

公共类是指这个类可以被所有的其他类或其他包中的类访问和引用，也就是说这个类作为一个整体，是可见的、可以使用的，程序的其他部分可以创建这个类的对象、访问这个类内部公共的（用可访问控制符 public 定义的）变量和方法。

可定义为公共类的类有如下两种：

- 一个 Java 程序的主类一般都定义为公共类，用 public 修饰。
- 作为公共工具供其他类和程序使用的类应定义为公共类，用 public 修饰。

（2）抽象类修饰符 abstract。将一个类声明为抽象类，抽象类中的方法没有实现，需要子类提供方法的实现，abstract 类不能创建该类的实例。

（3）最终类修饰符 final。将一个类声明为最终类（即非继承类），final 类不能被其他类所继承。被定义为 final 类的通常是一些有固定作用、用来完成某种标准功能的类。例如 Java 系统定义好的用来实现网络功能的 InetAddress、Socket 等类都是 final 类。如果把有继承关系的类用树表示出来，不难看到树的叶节点应该被定义为 final 最终类。将一个类定义为 final 类，就可以把它的属性和功能固定下来，与它的类名形成稳定的映射关系，从而保证引用这个类时能实现其正确的功能。

（4）缺省类修饰符，即不加修饰符。class 前面没有加任何的访问修饰符，通常称为"默认访问模式"，在该模式下，这个类只能被同一个包中的类访问或引用，这一访问特性又称为包访问性。

注意：修饰符 abstract 和修饰符 final 不能同时修饰同一个类，因为 abstract 类是没有具体对象的类，它必须有子类，也就是说，它就是被用来继承的，而 final 类是不可能有子类的类，所以用 abstract 和 final 修饰同一个类是没有意义的。

5.2.2　类体的构成

定义类的目的是描述一类事物共有的属性和功能，即将数据和对数据的操作封装在一起，这一过程由类体来实现。类体通常有以下两种类型的成员：

（1）成员变量：通过变量声明定义描述类创建的对象的属性。

（2）成员方法：通过方法声明定义描述类创建的对象的功能。

封装的思想就是将数据和对数据的操作封装在一起。当一个对象执行自己的操作时，它对外界隐藏了操作的细节。例如当人们驾驶汽车时，通常大部分人都不关心汽车里隐藏的大量的零部件和电子线路，也不关心这些零部件是如何在一起工作的。汽车将自己要处理的事情封装了起来，并对我们隐藏了它的工作过程。那么，如何才能做到对类的合理封装呢？这就要合理地定义类中的成员变量和成员方法。

1. 成员变量

类的成员变量描述了该类的内部信息。一个成员变量可以是简单变量，也可以是对象、数组等其他结构型数据。成员变量的格式如下：

　　　　[修饰符]　变量类型　变量名　[=初值];

例如：

　　　　public　int　flag　=　true;

成员变量的修饰符有访问控制符、静态修饰符、最终修饰符、过渡修饰符和易失修饰符等，其含义如表 5.1 所示。

表 5.1　成员变量修饰符的含义

修饰符	含义
public	公共访问控制符。public 修饰的变量为公共变量，可以被任意对象的方法访问
private	私有访问控制符。private 修饰的变量为私有变量，只能被自己类的方法访问，其他任何类（包括子类）中的方法都不能访问此变量

续表

修饰符	含义
protected	保护访问控制符。protected 修饰的变量只能被自己类及其子类或同一包中的其他类的方法访问，在子类中可覆盖此变量
缺省	缺省访问控制符。没有修饰符修饰的变量只能被自己类及同一包中的其他类的方法访问，其他包中的类的方法不能访问该成员变量
final	最终修饰符。final 修饰的变量的值不能改变
static	静态修饰符。static 修饰的变量被所有的对象共享
transient	过渡修饰符。transient 修饰的变量是一个系统保留的临时性变量
volatile	易失修饰符。volatile 修饰的变量可以同时被几个线程控制和修改

除了访问控制修饰符有多个之外，其他的修饰符都只有一个。一个成员变量可以被两个以上的修饰符同时修饰，但有些修饰符是不能同时定义的。

在定义类的成员变量时，可以同时赋初值，但对成员变量的操作只能放在方法中。

2. 成员变量的初始化

如果成员变量在定义时没有赋值，则其初值是它的默认值。例如，byte、short、int 和 long 型的默认值为 0，float 型的默认值为 0.0f，double 型的默认值为 0.0，boolean 型的默认值为 false，char 型的默认值为 "\u0000"，引用型的默认值为 null。但有时需要变量具有其他初值，那么可以在定义的同时给变量赋值。例如，在定义 Rectangle 类的成员变量时直接给长和宽赋初值：

```
class Rectangle {
    float length = 1.23F;
    float width = 3.21F;
}
```

注意以下的写法是错误的：

```
class Rectangle {
    float length, width;
    length = 1.23F;
    width = 3.21F;
}
```

注意：对成员变量的操作应放在方法中，当程序执行过程中要改变成员变量的值时，应设计相应的方法，在方法体内通过相应的语句来修改成员变量的值。

3. 成员方法

在 Java 中，方法只能作为类的成员，也称为成员方法，用来定义对类的成员变量进行操作，是实现类内部功能的机制，同时也是类与外界进行交互的窗口。在大多数情况下，程序都是通过类的方法与其他类的实例进行交互的。声明成员方法的格式如下：

```
[修饰符] 返回值类型 方法名([参数列表])
{
    方法体
}
```

第一行为方法声明，大括号中的是方法体。方法体可以包含一个或多个语句，每个方法执行一项任务。每个方法只有一个名称，使用这个名称方法才能被调用。方法名一般用小写字母表示，如求长度方法 length()和求面积方法 area()。但当方法名由多个英文单词组成时，一般采用驼峰式命名法，即第一个单词用小写，后面每个单词的首字母都大写，如 getLength()、computeArea()等。

　　返回值类型是方法返回值的数据类型。若方法不返回任何值，则返回值类型为关键字 void。除构造方法外，所有的方法都要求有返回值类型。方法名的定义与标识符的定义一致，最好能够体现方法的含义，达到"见名知义"的程度。

　　方法的参数列表是可选的。列表中的参数称为形式参数，简称形参。当方法被调用时，形参被数据或变量替换，这些数据或变量称为实际参数，简称实参。这种在方法调用时用实参代替形参的形式称为参数传递。

　　如果希望方法有返回值，则在方法体的最后使用 return xxx;语句终止方法并返回一个值给该方法的调用者。

　　成员方法也可加访问权限修饰符，用来限定该方法的使用范围。成员方法的修饰符有访问控制符、静态修饰符、最终修饰符、抽象修饰符和同步修饰符等，其含义如表 5.2 所示。

表 5.2　成员方法修饰符的含义

修饰符	含义
public	公共访问控制符。public 修饰的方法为公共方法，可以被任何对象的方法访问
private	私有访问控制符。private 修饰的方法为私有方法，只能被自己类的方法访问，其他任何类（包括子类）中的方法都不能访问此变量
protected	保护访问控制符。protected 修饰的方法只能被自己类及其子类或同一包中的其他类的方法访问，在子类中可覆盖此方法
缺省	缺省访问控制符。没有修饰符修饰的方法只能被自己类及同一包中的其他类的方法访问，其他包中类的方法不能访问该成员方法
final	最终修饰符。final 修饰的方法不能被重载
static	静态修饰符。static 修饰的方法被所有的对象共享
abstract	抽象修饰符。abstract 修饰的方法只声明方法头，没有方法体，抽象方法需要在子类中实现
synchronized	同步修饰符。在多线程程序中，synchronized 修饰的方法在运行前被加锁，以防止被其他线程访问，在运行结束后解锁
native	本地修饰符。指定 native 修饰的方法的方法体是用其他语言（如 C 语言）在程序外部编写的

　　成员方法与成员变量一样，可以有多个修饰符，当用两个以上的修饰符来修饰一个方法时需要注意，有的修饰符之间是互斥的，不能同时使用。

　　下面是一个矩形类的例子。

```
public class Rectangle {
    public float length;
    public float width;
    public float length()
    {
```

```
                return length*2+width*2;
            }
            public float area()
            {
                return length*width;
            }
        }
```

在这个矩形类的例子中，定义了两个成员变量，分别是长度 length 和宽度 width，两个成员变量的数据类型均为 float 型；同时定义了两个成员方法，分别是求矩形的周长 length()和面积 area()，两个成员方法的返回值均为 float 型。

值得提出的是，Rectangle 类中的 length 和 width 数据类型不一定要定义为 float 型，也可以定义为其他的数据类型，如定义为 int 型也是可以的。成员方法返回值的数据类型定义与成员变量的数据类型定义类似，也可以定义为其他的数据类型。Rectangle 类定义如下：

```
        public class Rectangle {
            public int length;
            public int width;
            public int length()
            {
                return length*2+width*2;
            }
            public int area()
            {
                return length*width;
            }
        }
```

在现实世界中，矩形的长和宽并非总是整数，所以定义为 float 型比定义为 int 型更具有实际意义。在类体中，有一些方法的设置是为了实现类的相应功能，如在矩形类的定义中，length()方法和 area()方法分别用来计算矩形的周长和面积，这些方法往往是类对象的功能体现。

注意：在定义类的时候，成员变量的数据类型和成员方法返回值的数据类型应根据实际情况来确定，不能一概而论。

接下来讨论另一个问题，Rectangle 类中 length 和 width 的定义是否合理呢？public 修饰符修饰的成员变量是一个公共变量，在其他的类和方法中是可以直接访问的，例如：

```
        public class JavaDemoTest {
            public static void main(String[] args) {
                Rectangle r = new Rectangle();
                r.length = 3.5f;
                r.width = 5.3f;
            }
        }
```

从类的封装角度来看，上面的定义并不理想。这就相当于将一台计算机去除了机箱，它的 CPU、内存、硬盘等部件完全暴露在外面，任何人都可以对其进行操作，违反了面向对象的封装性原则，类的数据安全性受到了威胁。

上例的程序代码应修改如下：

```
public class Rectangle {
    private float length;
    private float width;
    public float getLength() {
        return length;
    }
    public void setLength(float length) {
        this.length = length;
    }
    public float getWidth() {
        return width;
    }
    public void setWidth(float width) {
        this.width = width;
    }
    public float length()
    {
        return length*2+width*2;
    }
    public float area()
    {
        return length*width;
    }
}
```

我们通过定义专门操作成员变量的方法，即 getLength()、setLength()、getWidth()、setWidth() 来实现对私有成员变量的操作，这些方法一般命名为 setXxx() 和 getXxx()。由于两个成员变量的访问权限被定义为 private，因此从 Rectangle 类的外部无法对这两个变量进行访问。程序中提供了两组 setXxx() 和 getXxx() 方法，用于对两个成员变量进行读写操作。如果只设置 getXxx() 方法，则该变量对外来说是只读的；如果只设置 setXxx() 方法，则该变量对外来说是只写的。这样的处理使类的封装性得到了极大的改善。

注意： 有同学会产生疑问，通过成员方法来操作成员变量似乎没有太大的意义。大家可以思考一下，如果在成员方法里面增加判断语句会有什么效果呢？

4. 构造方法

构造方法（constructor）是一种特殊的方法，它能在对象被创建时初始化对象的成员方法。Java 程序中的每个类允许定义若干个构造方法，构造方法的名称必须与它所在的类名完全相同，但这些构造方法的参数必须不同。构造方法没有返回值，但在定义构造方法时，构造方法名前不能用修饰符 void 来修饰，这是因为一个类的构造方法的返回值类型就是该类本身。构造方法定义后，创建对象时就会自动调用它，因此构造方法不需要在程序中直接调用，而是在对象产生时自动执行。这一点不同于一般的方法，一般的方法是在需要用到时才调用。

在前面的例子中，创建 Rectangle 类的对象后通过赋值语句为 Rectangle 对象的长和宽赋值，如果我们希望在创建 Rectangle 对象时直接赋值，则修改程序代码如下：

```
public class Rectangle {
    private float length;
```

```
        private float width;
        public Rectangle(float x, float y){
            length = x;
            width = y;
        }
        …
    }
```

在 Rectangle 类中增加了一个构造方法，该方法需要两个参数，分别是长和宽，就可以通过调用这个构造方法来创建 Rectangle 对象，程序代码如下：

```
public class JavaDemoTest {
    public static void main(String[] args) {
        Rectangle r1 = new Rectangle(3.5f, 5.3f);
        Rectangle r2 = new Rectangle(2.4f, 4.2f);
    }
}
```

在上面的程序代码中，创建了两个 Rectangle 对象：r1 和 r2，在创建时对对象的长和宽分别进行了赋值。

在之前的例子中，均没有定义类的构造方法，但依然可以创建类的对象，并能正确执行。这是因为如果省略构造方法，Java 编译器会自动为该类生成一个默认的构造方法，程序在创建对象时会自动调用默认的构造方法。默认的构造方法没有参数，在其方法体中也没有任何代码，即什么也不做。

在 Rectangle 类的例子中，如果没有定义自己的构造方法，则系统会自动为其生成默认的构造方法，如下：

```
Rectangle(){
    …
}
```

由于系统提供的默认构造方法往往不能满足需求，所以程序员可以自己定义类的构造方法，一旦程序员为该类定义了构造方法，系统就不再提供默认的构造方法，这是 Java 的覆盖（overriding）所致。

注意：

（1）如果类前面有 public 修饰符，则默认的构造方法前面也是 public。类中默认构造方法的访问权限和类的访问权限保持一致。当用户自定义构造方法时，也要保证其访问权限与类相同。因此，构造方法一般只用 public 和缺省两种权限的修饰符。当 public 类的构造方法的访问权限缺省时，在不同包的类中是不能用此构造方法来创建对象的。

（2）若在一个类里只定义了有参数的构造方法，但却调用无参数的构造方法创建对象，则编译不能通过，因为此时系统不再提供默认的构造方法了。

（3）public Rectangle()是构造方法，而 public void Rectangle()是一般方法。

5．main()方法

在一般情况下，要使用一个类，就必须创建这个类的对象。那么，对象的创建是应该设计在同一个类中还是设计在另一个类中呢？答案是两者都可以，但最好是在另一个类中。这样，没有对象定义的纯粹的类设计部分就可以单独保存在一个文件中，而不会影响该类的重复使用。

main()方法的定义格式如下：

```
public static void main(String args[])
{
    方法体
}
```

main()方法是每个 Application 执行的入口方法。public 修饰符说明 main()方法可以被所有类访问。static 修饰符表明 main()方法是静态方法。main()方法用于启动 Application，因为是用 static 定义的，当 Application 启动后，实际上系统中并不存在任何对象，可以直接调用。因此，main()方法的主要工作就是创建启动程序所需的对象。它的返回值类型为 void，即无实际返回值。args[]是形式参数。

6. 全局变量与局部变量

由类和方法的定义可知，在类和方法中均可以定义属于自己的变量。类中定义的变量是成员变量，而方法中定义的变量是局部变量，二者的区别如下：

（1）从语法形式上看，成员变量属于类，而局部变量属于方法或者是方法的参数；成员变量可以被 public、private 和 static 等修饰符所修饰，而局部变量则不能被访问控制修饰符及 static 修饰符所修饰；成员变量和局部变量都可以被 final 修饰符所修饰。

（2）从变量在内存中的存储方式上看，成员变量是对象的一部分，对象是存储在堆内存中的，而局部变量则存储在栈内存中。

（3）从变量在内存中的生存时间上看，成员变量是对象的一部分，它因对象的创建而存在，而局部变量因方法的调用而产生，因方法调用的结束而消失。

（4）成员变量若没有被赋初值，则自动初始化为默认值（用 final 修饰的但没有被 static 修饰的成员变量必须显式赋值）；局部变量不会自动赋值，必须显式赋值。

5.3 对象的创建与使用

对象的创建与使用

对象（object）是整个面向对象程序设计的理论基础，它是以类作为"模板"创建的。类是一种复杂的数据类型，是对象定义的前提。类是具有共同特性的实体抽象，而对象又是现实世界中实体的表现。对象是类的实例化，对象和实例（instance）的含义相通，故两个词语通常可以互换。当然，实例也可理解为类的具体实现。类和对象的关系是一般与个别的关系。

5.3.1 对象的创建

对象的创建过程实际上就是类的实例化过程。创建对象必须使用操作符 new，格式有两种。
第一种格式：

```
类名  对象名  = new 类名([参数 1,参数 2,...]);
```

例如：

```
Rectangle r = new Rectangle();
```

第二种格式：

```
类名  对象名;
对象名=new 类名([参数 1,参数 2,...]);
```

例如：

```
Rectangle r;
r = new Rectangle();
```

第一种格式，将对象的声明和创建合并在一起，功能是为对象分配内存空间，然后执行构造方法中的语句为成员变量赋值，最后将所分配存储空间的首地址赋给对象变量。

第二种格式，先声明对象变量，但该对象变量还没有引用任何实体，我们称这时的对象为空对象，空对象必须在用 new 运算符分配实体后才能使用。创建引用变量 r，为 Rectangle 类的对象分配内存空间并让 r 指向该对象的过程如图 5.1 所示。

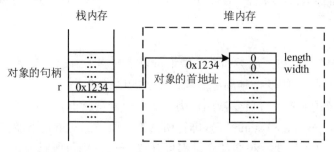

图 5.1　对象的内存模型

使用 new 运算符的结果是返回新创建的对象的一个引用。当 new 为指定的类创建一个对象时，首先为该对象在内存中分配内存空间，然后以类为模板构造该对象，最后把该对象在内存中的首地址返回给对象名。这样我们就可以像使用一个普通变量一样通过对象名来使用对象。同时，使用 new 运算符创建对象也调用了该类的构造方法，从而实现对象的初始化。r 变量是指向由 Rectangle 类所创建的对象，所以可将 r 视为"对象的名称"，简称对象。但事实上，r 只是对象的名称，它是指向对象实体的引用变量，而非对象本身。

一个类使用 new 运算符可以创建多个不同的对象，这些对象被分配有不同的内存空间，因此改变一个对象的内存状态不会影响其他对象的内存状态。例如，使用 Rectangle 类创建两个对象：r1 和 r2，程序代码如下：

```
Rectangle r1 = new Rectangle(3.5f, 5.3f);
Rectangle r2 = new Rectangle(2.4f, 4.2f);
```

r1 和 r2 的内存模型如图 5.2 所示。

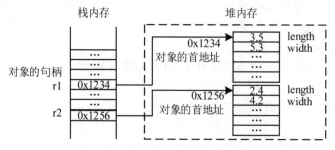

图 5.2　多个对象的内存模型

在一个方法内部的变量必须进行初始化，否则编译无法通过。当一个对象被创建时，如果使用系统提供默认的构造方法，则系统会对其中各种类型的成员变量按表 5.3 自动进行初始化。

表 5.3 成员变量的初始值

成员变量的数据类型	初始值
byte	0
short	0
int	0
long	0L
float	0.0F
double	0.0D
char	'\u0000'（表示为空）
boolean	false
引用类型	null

5.3.2 对象的使用

一旦创建了对象，就可以对对象的成员进行引用。引用对象成员的格式如下：

对象名.对象成员

在对象名和对象成员之间用"."连接，通过这种引用方法可以访问对象的成员。

【例 5.1】定义一个矩形类，创建相应的对象，并对成员变量赋值，然后计算矩形的周长和面积。

```java
public class JavaDemo5_1 {
    public static void main(String[] args) {
        Rectangle r;
        r = new Rectangle();
        r.length = 2.7F;
        r.width = 3.6F;
        System.out.println("矩形周长为："+r.perimeter());
        System.out.println("矩形面积为："+r.area());
    }
}
class Rectangle {
    float length;
    float width;
    float perimeter(){
        return length*2+width*2;
    }
    float area(){
        return length*width;
    }
}
```

运行结果：

矩形周长为：12.6

矩形面积为：9.72

程序分析：程序定义了一个矩形类 Rectangle，该类包括长 length 和宽 width 两个成员变量，同时包括求周长 perimeter()和求面积 area()两个方法。在主类 JavaDemo5_1 类中创建了矩形类的对象 r，设定 r 的长度为 2.7，宽度为 3.6，然后输出矩形的周长和面积。

例 5.1 是创建单个对象的示例，下面来看一个创建多个对象的示例。

【例 5.2】定义一个矩形类，创建相应的多个对象，并对成员变量赋值，然后计算矩形的周长和面积。

```
public class JavaDemo5_2 {
    public static void main(String[] args) {
        Rectangle r1 = new Rectangle();
        Rectangle r2 = new Rectangle();
        r1.length = 2.7F;
        r1.width = 3.6F;
        r2.length = 4.8F;
        r2.width = 5.9F;
        System.out.println("矩形 1 周长为："+r1.perimeter());
        System.out.println("矩形 1 面积为："+r1.area());
        System.out.println("矩形 2 周长为："+r2.perimeter());
        System.out.println("矩形 2 面积为："+r2.area());
    }
}
```

运行结果：
```
矩形 1 周长为：12.6
矩形 1 面积为：9.72
矩形 2 周长为：21.400002
矩形 2 面积为：28.320002
```

程序分析：例 5.2 中矩形类的定义和例 5.1 相同，程序代码请读者自行分析。

说明：

（1）当程序运行到调用方法语句时，程序会暂时跳到该方法中运行，等到该方法运行结束后，才又返回到主方法 main 中继续往下运行。

（2）在类声明之外（如上例的 main 方法中）用到成员名称时，则必须指明是哪个对象变量（r1 还是 r2），也就是用"指向对象的变量.成员名"的语法来访问对象中的成员；相反，若是在类内部使用类自己的成员时，则不必指出成员名称前的对象名称。

5.3.3　类定义内的方法调用

在上一节的例子当中，方法的调用均在主类中进行，也就是在类定义的外部被调用。但实际上，在类定义的内部，方法与方法之间也是可以相互调用的。

【例 5.3】定义一个长方体类，创建相应的对象，并对成员变量赋值，然后计算长方体底部矩形的周长、面积和长方体的体积。

```
public class JavaDemo5_3 {
    public static void main(String[] args) {
        Cuboid c = new Cuboid();
        c.length = 2.7F;
        c.width = 3.6F;
```

```
            c.height = 4.8F;
            System.out.println("长方体底部矩形周长为："+c.perimeter());
            System.out.println("长方体底部矩形面积为："+c.area());
            System.out.println("长方体体积为："+c.volume());
        }
    }
    class Cuboid{
        float length;
        float width;
        float height;
        float perimeter(){
            return length*2+width*2;
        }
        float area(){
            return length*width;
        }
        float volume() {
            return area()*height;
        }
    }
```

运行结果：

```
    长方体底部矩形周长为：12.6
    长方体底部矩形面积为：9.72
    长方体体积为：46.656002
```

程序分析：在长方体类 Cuboid 中有一个求体积的方法 volume()调用了自身类定义的求底部矩形面积的方法 area()。从该例可以看出，在同一个类的定义中，某一方法可以直接调用本类的其他方法，而不需要加上"对象名"。

如果要强调"对象本身的成员"，则可以在成员名前加 this 关键字，即"this.成员名"。此时，this 代表调用此成员的对象。在例 5.3 中，volume()方法可以写成如下形式：

```
        float volume() {
            return this.area()*height;
        }
```

5.3.4　垃圾对象的回收

当对象被创建时，就会在 JVM 的堆区中拥有一块内存，在 JVM 的生命周期中，Java 程序会陆续地创建多个对象，如果所有的对象都永久地占有内存，那么内存有可能很快被消耗净，引发内存空间不足。因此，必须采取措施及时回收那些无用对象占用的内存，以保证内存可以被重复利用。

JVM 提供了一个系统级的垃圾回收器线程，它负责自动回收那些无用对象所占用的内存，这种内存回收的过程被称为垃圾回收。

如果对象的引用变量赋值为 null，则该变量指向的内存空间将成为垃圾内存，JVM 会在特定时间自动回收这个对象空间。

5.3.5 对象数组

Java 中数组元素也可以是对象。数组元素为对象的数组称为对象数组。对象数组先作为数组定义，用 new 为该数组分配内存，然后用 new 为每一个作为数组元素的对象分配内存。对象数组和基本数据类型的数组一样，可以作为方法的参数或方法的返回值。在 main() 方法中，就是一个 String 类的对象数组作为方法参数。

对象数组声明后，不能立刻存放数据。这是因为对象数组的声明只会产生对象的引用，不会产生对象的实例。可以按以下方法使用：

```
Rectangle[] r = new Rectangle[2];
r[0] = new Rectangle();
r[1] = new Rectangle();
```

【例 5.4】对象数组的应用示例。

```
public class JavaDemo5_4 {
public static void main(String[] args) {
        Rectangle[] r = new Rectangle[3];
        for (int i = 0; i < r.length; i++) {
            r[i] = new Rectangle();
            r[i].length = 2.7F + 1.0F;
            r[i].width = 3.6F + 1.0F;
        }
        for (int i = 0; i < r.length; i++) {
            System.out.println("第"+i+"个矩形周长为："+r[i].perimeter());
            System.out.println("第"+i+"个矩形面积为："+r[i].area());
        }
    }
}
```

运行结果：

```
第 x 个矩形周长为：12.6
第 x 个矩形面积为：9.72
```

程序分析：程序的 main 函数中创建了一个矩形对象的数组，在第 1 个 for 循环中为数组的每一个元素创建对象实例并初始化，在第 2 个 for 循环中输出数组的每一个矩形对象的周长和面积。

5.4 访问权限

在 Java 中，类的修饰符有 4 种：public、abstract、final 和缺省修饰符；成员变量的修饰符有 8 种：public、private、protected、缺省修饰符、final、static、transient 和 volatile；成员方法的修饰符有 9 种：public、private、protected、缺省修饰符、final、static、abstract、synchronized 和 native。不同的修饰符对应了不同的访问权限。

1. 私有的变量和方法

如果没有一个机制来限制对类中成员变量和成员方法的访问，则很可能会造成输入的错误。为了防止这种情况的发生，Java 语言提供了私有成员访问控制修饰符 private，用关键字 private 修饰的成员变量和成员方法被称为私有变量和私有方法。也就是说，如果在类的成员声明的前面加上修饰符 private，就无法从该类的外部访问到这些内部的成员，即内部成员只能被该类自身的方法访问和修改，而不能被任何其他类，包括该类的子类来获取或引用，从而达到对数据最高级别保护的目的。私有的成员只在本类中有效，当只在本类中创建该类的对象时，这个对象才能访问自己的私有成员。

【例 5.5】 私有变量的访问示例。

```java
public class JavaDemo5_5 {
    public static void main(String[] args) {
        Rectangle r = new Rectangle(3.7f,4.5f);
        r.length = 2.7F;     //在类的外部不能直接访问类的私有成员
        r.width = 3.6F;      //这两句赋值语句是错误的
        System.out.println("矩形周长为："+r.perimeter());
        System.out.println("矩形面积为："+r.area());
    }
}
class Rectangle {
    private float length;
    private float width;
    public Rectangle(float _length,float _width) {
        length = _length;
        width = _width;
    }
    float perimeter(){
        return length*2+width*2;
    }
    float area(){
        return length*width;
    }
}
```

该程序在进行编译时将给出出错信息，说明无法在类 Rectangle 的外部的任何位置访问该类内的私有成员 length 和 width。

2. 公有的变量和方法

既然在类的外部无法访问到类内部的私有成员，那么 Java 就必须提供另外的机制，使得私有成员可以通过这个机制来供外界访问。解决此问题的办法就是创建公共成员，为此 Java 提供了公共访问控制符 public。如果在类的成员声明的前面加上修饰符 public，则表示该成员可以被其他所有的类访问。由于 public 修饰符会造成安全性和数据封装性下降，所以一般应减少公共成员的使用。公有的变量和方法通常定义在公共类中，不管是否处于同一个包，公共类对象能访问自己的公有的变量和方法。从类的封装性来说，成员变量一般定义为私有，而成员方法往往是类的对外访问接口，一般定义为公有。

【例 5.6】 公有变量的访问示例。

```java
public class JavaDemo5_6 {
    public static void main(String[] args) {
```

```
        Rectangle r = new Rectangle();
            r.setValue(3.7f,4.5f);
            System.out.println("矩形周长为："+r.perimeter());
            System.out.println("矩形面积为："+r.area());
        }
    }

    class Rectangle {
        private float length;
        private float width;
        public void setValue(float _length,float _width) {
            length = _length;
            width = _width;
        }
        float perimeter(){
            return length*2+width*2;
        }
        float area(){
            return length*width;
        }
    }
```

运行结果：

```
        矩形周长为：16.4
        矩形面积为：16.65
```

程序分析：在例 5.6 中，Rectangle 类中有两个私有变量，为了能在 Rectangle 类外部访问这两个私有变量，程序增加了一个公有的方法 setValue()，通过这个公有的方法，主类 JavaDemo5_6 就可以直接对 Rectangle 类中的两个私有变量进行赋值。

程序可以在 setValue()方法中进行赋值之前进行判断，setValue()方法可以写成如下形式：

```
        public void setValue(float _length,float _width) {
            if(_length > 0 && _width > 0){
                length = _length;
                width = _width;
            }
        }
```

通过这样的操作，数据 length 和 width 得到了进一步的保护，有效地过滤了有可能产生错误的赋值操作，提高了程序的安全性和有效性。

3. 友好的变量和方法

不使用任何访问权限修饰符修饰的成员变量和成员方法被称为友好变量和友好方法。这种缺省访问控制符修饰的成员变量和成员方法，表示这个成员只能被同一个包（类库）中的类所访问和调用，如果一个子类与其父类位于不同的包中，则子类也不能访问父类中缺省访问控制符修饰的成员变量和成员方法，也就是说其他包中的任何类都不能访问缺省访问控制符修饰的成员变量和成员方法。例 5.1 中的 Rectangle 类和例 5.3 中的 Cuboid 类所定义的成员变量和成员方法都是友好的成员变量和成员方法。

4. 受保护的变量和方法

用关键字 protected 修饰的成员变量和成员方法被称为受保护的变量和受保护的方法。受保护的成员通常用在父类与子类之间。对于同一个包中的类，受保护的成员的用法与友好成员的用法相同，对于不同包中的类，只有子类对象才能访问受保护的成员。

5.5　重载

方法的重载是实现"多态"的一种方法。在面向对象的程序设计语言中，程序中有一些方法的含义是相同的，但参数却不一样，这些方法使用相同的名字，这就称为方法的重载（Overloading）。重载是指在同一个类内具有相同名称的多个方法，这些同名方法如果参数个数不同，或者是参数个数相同但类型不同，则这些同名的方法就具有不同的功能。方法的重载中参数的类型是关键，仅仅是参数的变量名不同是不行的。也就是说，参数的列表必须不同，即或者参数个数不同，或者参数类型不同，或者参数的顺序不同。

5.5.1　成员方法的重载

成员方法的重载就是在同一个类中定义了多个同名的方法，但有着不同的形参（即形参的个数不同或形参的类型不同）。

【例 5.7】成员方法的重载。

```java
public class JavaDemo5_7 {
    public static void main(String[] args) {
        System.out.println("请输入 3 个整数或者 3 个实数符：");
        Scanner reader = new Scanner(System.in);
        Sum s = new Sum();
        if(reader.hasNextInt()) {
            int a = reader.nextInt();
            int b = reader.nextInt();
            int c = reader.nextInt();
            System.out.println(s.add(a,b,c));
        }
        if(reader.hasNextDouble()) {
            double a = reader.nextDouble();
            double b = reader.nextDouble();
            double c = reader.nextDouble();
            System.out.println(s.add(a,b,c));
        }
    }
}
class Sum{
    public int add(int a, int b, int c) {
        System.out.println("调用了整数求和的方法");
```

```
                return a+b+c;
            }
            public double add(double a, double b, double c) {
                System.out.println("调用了实数求和的方法");
                return a+b+c;
            }
        }
```

运行结果：

```
请输入 3 个整数或者 3 个实数符：
5.6
7.8
9.5
调用了实数求和的方法
22.9
```

程序分析：程序在 Sum 类中定义了两个同名方法 add()，但是两个同名方法的参数和返回值均不一样。在 JavaDemo5_7 类的 main 方法中，从键盘连续接收 3 个整数或 3 个实数，在程序运行时，系统会根据参数的类型来判断和调用相应的 add()方法，不需要人为指定。运行结果显示的是输入 3 个实数的情况，如果输入的是 3 个整数，则会调用相对应的另一个 add()方法来进行计算。

5.5.2　构造方法的重载

在面向对象的程序设计语言中，不仅成员方法可以重载，构造方法也可以重载。在一般情况下，类都有一个或多个构造方法。但由于构造方法与类同名，所以当一个类有多个构造方法时，则这多个构造方法可以重载。由 5.5.1 节可知，只要方法与方法之间的参数个数不同，或者是参数的类型不同，又或者是参数的顺序不同，便可定义多个名称相同的方法，这就是方法的重载。构造方法的重载与成员方法的重载类似，构造方法的重可以让用户用不同的参数来构造对象。

【例 5.8】构造方法的重载。

```
public class JavaDemo5_8 {
public static void main(String[] args) {
        Rectangle r1 = new Rectangle();
        System.out.println("矩形 1 周长为："+r1.perimeter());
        System.out.println("矩形 1 面积为："+r1.area());
        Rectangle r2 = new Rectangle(3.7f,4.5f);
        System.out.println("矩形 2 周长为："+r2.perimeter());
        System.out.println("矩形 2 面积为："+r2.area());
    }
}
class Rectangle {
    private float length;
    private float width;
    public Rectangle() {
        length = 2.3f;
```

```
                width = 4.5f;
        }
        public Rectangle(float _length,float _width) {
                length = _length;
                width = _width;
        }
        float perimeter(){
                return length*2+width*2;
        }
        float area(){
                return length*width;
        }
    }
```

运行结果：

```
        矩形 1 周长为：13.6
        矩形 1 面积为：10.349999
        矩形 2 周长为：16.4
        矩形 2 面积为：16.65
```

程序分析：程序中定义了两个构造方法 Rectangle()，第一个构造方法没有参数，其作用是为私有成员变量 length 和 width 赋值；第二个构造方法接收两个 float 型的数据，然后分别赋值给私有成员变量 length 和 width。该程序创建了两个矩形对象 r1 和 r2，分别调用了 Rectangle 类无参的构造方法和有参的构造方法。

在 Java 语言中，成员方法之间可以相互调用，构造方法之间同样也可以相互调用。Java 语言允许在类内从某一构造方法内调用另一个构造方法，通过构造方法之间的相互调用来缩短程序代码，减少开发程序时间。从某一构造方法内调用另一构造方法是通过关键字 this 来实现的。

【例 5.9】构造方法的相互调用。

```
    public class JavaDemo5_9 {
        public static void main(String[] args) {
                Rectangle r = new Rectangle();
                System.out.println("矩形周长为："+r.perimeter());
                System.out.println("矩形面积为："+r.area());
        }
    }
    class Rectangle {
        private float length;
        private float width;
        public Rectangle() {
                this(2.3f, 4.5f);
                System.out.println("Rectangle 无参的构造方法被调用");
        }
        public Rectangle(float _length,float _width) {
                length = _length;
                width = _width;
```

```
            System.out.println("Rectangle 有参的构造方法被调用");
        }
        float perimeter(){
            return length*2+width*2;
        }
        float area(){
            return length*width;
        }
    }
```

运行结果：

```
Rectangle 有参的构造方法被调用
Rectangle 无参的构造方法被调用
矩形周长为：13.6
矩形面积为：10.349999
```

程序分析：程序中使用无参的构造方法创建了一个矩形对象 r，Rectangle 类中无参的构造方法调用了重载的有参构造方法，在运行结果中首先输出有参的构造方法被调用，然后再输出无参的构造方法被调用。

值得注意的是，在某一构造方法里调用另一构造方法时，必须使用 this 关键字来调用，否则编译时将出现错误。同时，this 关键字必须写在构造方法内第一行的位置。

5.6　静态成员

静态成员

静态成员是指使用 static 静态修饰符修饰的成员变量和成员方法。被 static 修饰的成员被称为静态成员，也称为类成员，而不用 static 修饰的成员则称为实例成员。

5.6.1　实例变量与静态变量

类有两种不同类型的成员变量：实例变量和静态变量。用关键字 static 修饰的成员变量称为静态变量，而没有用关键字 static 修饰的成员变量称为实例变量。

在类定义中，如果成员变量没有用 static 来修饰，则该变量就是实例变量。对实例变量，我们并不陌生，因为在此之前编写的程序中用到的都是实例变量。

例如下面关于类 A 的定义：

```
class A {
    float x;
    static float y;
}
```

其中，x 是实例变量，y 是静态变量。

如果想调用 A 类中的属性 x 和属性 y，就必须通过对象来调用。也就是说，必须先创建对象，再利用对象来调用方法，没有办法不通过对象直接去调用属性 x 和属性 y。

用 static 修饰的成员变量称为"静态变量"，静态变量也称为类变量。静态变量是属于类的变量，而不是属于任何一个类的具体对象。也就是说，对于该类的任何一个具体对象而言，静态变量是一个公共的存储单元，不保存在某一个对象实例的内存空间中，而是保存在类的内存空间的公共存储单元中。对于类的任何一个具体对象而言，静态变量是一个公共的存储单元，当任何一个类的对象访问它时，取得的都是一个相同的数值。同样，当任何一个类的对象去修改它时，也都是在对同一个内存单元进行操作。

　　静态变量在定义时用 static 修饰。静态变量在某种程度上与其他语言的全局变量相似，如果该变量不是私有的，就可以在类的外部引用，而且不需要创建类的实例对象，只需要类名即可。也就是说，静态变量不需要实例化就可以使用。当然也可以通过实例对象来访问静态变量，其使用格式有如下两种：

　　　　类名.静态变量名；
　　　　对象名.静态变量名；

　　类中若含有静态变量，则静态变量必须独立于方法之外，就像其他高级语言在声明全局变量时必须在函数之外一样。

【例 5.10】实例变量和静态变量的使用示例。

```java
public class JavaDemo5_10 {
    public static void main(String[] args){
        Cylinder c1=new Cylinder(2.3,3.4);
        System.out.println("创建了"+Cylinder.num+"个圆柱体");
        System.out.println("圆柱 1 的体积="+c1.volume());
        Cylinder c2=new Cylinder(1.2,2.3);
        System.out.println("创建了"+Cylinder.num+"个圆柱体");
        System.out.println("圆柱 2 的体积="+c2.volume());
    }
}
class Cylinder{
    public static int num=0;
    public static double pi=3.14;
    private double radius;
    private double height;
    public Cylinder(double _radius, double _height) {
        radius = _radius;
        height = _height;
        num++;
    }
    public double area() {
        return pi*radius*radius;
    }
    public double volume() {
        return area()*height;
    }
}
```

运行结果：
　　创建了 1 个圆柱体
　　圆柱 1 的体积=56.47603999999999
　　创建了 2 个圆柱体
　　圆柱 2 的体积=10.399679999999998

程序分析：圆柱类 Cylinder 中定义了两个静态变量，分别是计数器 num 和圆周率 pi，由于每个对象的 pi 值均相同，所以没有必要让每个对象都保存有自己的 pi 值，因此将 pi 声明为静态变量，使之成为所有对象公用的存储空间，所有对象共用 pi 这个变量。计数器 num 用于记录程序中产生的对象的个数，每调用一次构造方法计数器就会加 1，这样相当于每创建一个对象 num 的值就会加 1。由于静态变量是所有对象的公共存储空间，所以使用静态变量的另一个优点是可以节省大量的内存空间，尤其是在创建了大量对象的时候。

实例变量和静态变量的主要区别有以下 3 点：

（1）在内存分配的空间上。不同对象的同名实例变量分配不同的内存空间，变量之间的取值互不影响；不同对象的同名静态变量分配相同的内存空间，也就是说多个对象共享静态变量，改变其中一个对象的静态变量的值就会影响其他对象中相应的静态变量。

（2）在内存分配的时间上。当类的字节码文件被加载到内存时，静态变量就分配了相应的内存空间；实例变量是当类的对象创建时才被分配内存。

（3）访问方式不同。实例变量必须用对象名访问；静态变量可以用类名访问，也可以用对象名访问。

5.6.2　实例方法与静态方法

类有两种不同类型的成员变量：实例变量和类变量。类变量又称为静态变量。用关键字 static 修饰的成员变量称为静态变量，而没有用关键字 static 修饰的成员变量则称为实例变量。在类定义中，如果成员变量或成员方法没有用 static 来修饰，则该成员就是实例成员。对实例成员，我们并不陌生，因为在此之前编写的程序中用到的都是实例成员。

例如下面关于类 A 的定义：

```
class A {
    float x;
    static float y;
    float add (){
        return x+x;
    }
    static float multiply (){
        return y*y;
    }
}
```

其中，x 是实例变量，y 是静态变量，add()是实例方法，multiply()是静态方法。如果想调用 A 类中的属性 x 和方法 add()，就必须通过对象来调用。也就是说，必须先创建对象，再利用对象来调用方法，没有办法不通过对象直接去调用属性 x 和方法 add()。但属性 y 和方法 multiply()不一样，如果想调用 A 类中的属性 y 和方法 multiply ()，不一定要求创建对象，可以直接通过类名来调用。

【例 5.11】实例方法和静态方法的使用示例。

```
public class JavaDemo5_11 {
    public static void main(String[] args){
        Cylinder c1=new Cylinder(2.3,3.4);
        Cylinder.show();
        c1.volume();
```

```
                Cylinder c2=new Cylinder(1.2,2.3);
                c2.show();
                c2.volume();
            }
        }
class Cylinder{
        public static int num=0;
        public static double pi=3.14;
        private double radius;
        private double height;
        public Cylinder(double _radius, double _height) {
            radius = _radius;
            height = _height;
            num++;
        }
        public double area() {
            return pi*radius*radius;
        }
        public void volume() {
            System.out.println("圆柱的体积="+area()*height);
        }
        public static void show() {
            System.out.println("创建了"+Cylinder.num+"个圆柱体");
        }
    }
```

运行结果：

　　创建了 1 个圆柱体

　　圆柱的体积=56.47603999999999

　　创建了 2 个圆柱体

　　圆柱的体积=10.399679999999998

　　程序分析：该程序中，圆柱类 Cylinder 定义了一个静态变量 num 和一个静态方法 show()，静态方法中调用了静态变量。类 JavaDemo5_11 创建了两个对象：c1 和 c2，在调用静态方法时程序先是用类名 Cylinder 来调用，然后是用对象名 c2 来调用，两者的效果是一样的，读者可以把 "c2.show();" 替换成 "Cylinder.show();" 测试一下。对于静态方法的使用，建议采用 "类名.静态方法名();" 的形式。如果想通过对象名来调用静态方法，则必须先创建对象，然后才能进行调用。

　　实例方法和静态方法的主要区别有以下 4 点：

　　（1）在内存分配的时间上。当类的字节码文件被加载到内存中时，静态方法就分配了相应的入口地址；实例方法是当类的对象创建时才会被分配入口地址。实例方法是属于某个对象的方法，当这个对象创建时，对象的方法在内存中拥有属于自己专用的代码段，而静态方法是属于整个类的，它在内存中的代码段将被所有的对象所共用，而不被任何一个对象所专用。

　　（2）访问方式不同。实例方法必须用对象名访问；静态方法一般用类名访问，也可用对象名访问。其格式如下：

　　　　类名.静态方法名();

对象名.静态方法名();

（3）操作的对象不同。由于静态方法是属于整个类的，所以它不能操纵和处理属于某个对象的成员，只能处理属于整个类的成员，即静态方法只能操作静态变量，不能操作实例变量；而实例方法既可以操作静态变量也可以操作实例变量。此外，在实例方法中可以调用实例方法和静态方法，而静态方法中只能调用静态方法，不能调用实例方法。

（4）在静态方法中不能使用 this 或 super 关键字。因为 this 是代表调用该方法的对象，但现在"静态方法"既然不需要对象来调用，this 也自然不应存在于"静态方法"内部。

如果一个类在被 JVM 的解释器装载运行时，由于 Java 程序是从 main()方法开始运行的，所以这个类中必须有 main()方法。由于 JVM 需要在类外部调用 main()方法，所以该方法的访问权限必须是 public；又因为当 JVM 运行时，系统在开始执行一个程序前并没有创建 main()方法所在的类的一个实例对象，所以它只能通过类名来调用 main()方法作为程序的入口，即调用 main()方法的是类而不是由类创建的对象，因此该方法必须是静态的。

5.6.3　静态初始化器

静态初始化器是由关键字 static 修饰的一对花括号"{}"括起来的语句组。它的作用与类的构造方法有些相似，都是用来完成初始化工作的，包括给 static 成员变量赋初值，它在系统向内存加载时自动完成。

例如，例 5.11 中的 Cylinder 类可以添加如下的静态初始化器来执行静态变量 num 和 pi 的重新赋值：

```
class Cylinder{
    public static int num=0;
    public static double pi=3.14;
    private double radius;
    private double height;
    static{
        num = 1;
        pi = 3.1415926;
    }
    …
}
```

静态初始化器与构造方法有很多相似的地方，也有一些不同之处，具体有如下 4 点：

（1）构造方法是对每个新创建的对象初始化，而静态初始化器是对类自身进行初始化。

（2）构造方法是在用 new 运算符创建新对象时由系统自动执行，而静态初始化器一般不能由程序来调用，它是在所属的类被加载入内存时由系统调用执行的。

（3）用 new 运算符创建多少个新对象，构造方法就被调用多少次，但静态初始化器则只在类被加载入内存时执行一次，与创建对象的个数无关。

（4）不同于构造方法，静态初始化器不是方法，因而没有方法名、返回值和参数。如果有多个静态初始化器，则它们在类初始化时会依次执行。

对象的应用

5.7 对象的应用

对象称为"类类型的变量",区别于"基本类型的变量",我们也可以把
对象理解为一种"引用型的变量"。引用型的变量实际上保存的是对象在内存中的地址,也称
为对象的句柄,对象的句柄也可以理解为指向对象的变量。

5.7.1 对象的赋值与比较

相同类型的变量可以互相赋值。如果两个对象有相同的值,那么它们就具有相同的实体,
即指向同一个内存空间。如以下语句:

```
Rectangle r1=new Rectangle(5.5f,3.5f);
Rectangle r2=new Rectangle(2.4f,3.2f);
r2=r1;
```

执行赋值语句"r2=r1;"后,r1 和 r2 引用的对象就一样了,即 r1 和 r2 指向同一个存储空间,
r2 原来引用的存储空间失去了引用对象,变成了一块垃圾内存,其内存模型如图 5.3 所示。此
时 r1 和 r2 的成员完全相同,它们的值也相同。

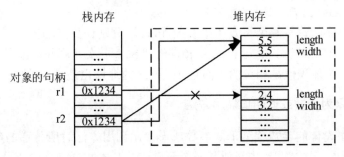

图 5.3 对象赋值后的内存模型

【例 5.12】对象的赋值与比较示例。

```
public class JavaDemo5_12 {
    public static void main(String[] args) {
        Cuboid c1 = new Cuboid(2.7f,3.6f,4.8f);
        Cuboid c2 = new Cuboid(2.4f,1.6f,3.5f);
        System.out.println("长方体 1 体积为: "+c1.volume());
        System.out.println("长方体 2 体积为: "+c2.volume());
        System.out.println("对象 1 和对象 2 的值是否相等: "+(c1==c2));
        c1=c2;
        System.out.println("对象赋值后长方体 1 体积为: "+c1.volume());
        System.out.println("对象赋值后长方体 2 体积为: "+c2.volume());
        System.out.println("对象赋值后对象 1 和对象 2 的值是否相等: "+(c1==c2));
    }
}
class Cuboid{
    float length;
    float width;
```

```
            float height;
            Cuboid(float _length, float _width, float _height){
                length = _length;
                width = _width;
                height = _height;
            }
            float area(){
                return length*width;
            }
            float volume() {
                return area()*height;
            }
        }
```

运行结果：

```
        长方体 1 体积为：46.656002
        长方体 2 体积为：13.440001
        对象 1 和对象 2 的值是否相等：false
        对象赋值后长方体 1 体积为：13.440001
        对象赋值后长方体 2 体积为：13.440001
        对象赋值后对象 1 和对象 2 的值是否相等：true
```

程序分析：程序创建了两个长方体对象 c1 和 c2，分别计算并输出了两个长方体的体积。在执行 "c1=c2;" 语句后，c1 指向了 c2 所指向的对象，再次计算并输出了长方体的体积，这时候我们发现，两个体积值是相等的，而且 c1 和 c2 的地址也是相等的。

5.7.2　以对象为参数或返回值调用方法

在方法声明中设计的参数称为形式参数或形参，调用方法时所传递的参数称为实际参数或实参。实参可以是一个常量，也可以是一个已赋值的基本数据类型的变量，还可以是一个引用类型的对象。调用方法时，实参的值传递给形参。不管参数是何种类型，传递时都是按值传递，下面分两种情况进行说明。对于基本数据类型的参数，实参数据类型的级别不能高于形参的级别。例如，不能向 int 型的形参传递一个 float 型的值，但可以向 double 型的形参传递一个 float 型的值。对于引用类型的参数，实参传递的是对象的引用，而不是对象的内容。当实参的值传递给形参时，实参和形参对象都指向同一个存储空间。如果改变形参所引用实体的内容，实参所引用实体的内容也会跟着变化。

【例 5.13】以对象为参数的程序示例。

```
    public class JavaDemo5_13 {
        public static void main(String args[]){
            Point p=new Point(3,5);
            Circle c=new Circle(5,p);
            c.output();
        }
    }
    class Point {
        int x;
```

```
            int y;
            Point(int _x,int _y){
                 x=_x;
                 y=_y;
            }
        }
        class Circle {
            int radius;
            Point point;
            Circle(int r,Point p) {
                 radius=r;
                 point=p;
            }
            void output(){
                 System.out.println("圆的半径是: "+radius);
                 System.out.println("圆的圆心是: "+"("+point.x+","+point.y+")");
            }
        }
```

运行结果:

圆的半径是: 5

圆的圆心是: (3,5)

程序分析: 程序定义了一个点类 Point、一个圆类 Circle 和一个测试类 JavaDemo5_13。由于 Circle 类的成员变量 point 的类型为 Point,因此其构造方法中必须有相应的参数 Point p 来给成员变量 point 赋初值。测试类 JavaDemo5_13 首先要创建一个 Point 对象 p,然后将 p 作为构造方法 Circle(5,p)的实参去创建 Circle 对象 c。实参 p 传递的是对象变量本身所存储的内容,即所引用对象的内存空间的首地址,而不是所引用的实体的内容。

5.7.3 以数组为参数或返回值调用方法

类中的方法不仅可以传递一般的变量,也可以用来传递数组变量。如果要传递数组到方法中,则只需要指明传入的参数是一个数组。

【例 5.14】以数组为参数的程序示例。

```
        public class JavaDemo5_14 {
            public static void main(String[] args){
                 int[] a={23,9,54,6,12,33};
                 MinArray ma = new MinArray();
                 ma.getMin(a);
            }
        }
        class MinArray{
            public void getMin(int[] array){
                 int temp = array[0];
                 for(int i=1;i<array.length;i++)
                     if(temp>array[i])
                         temp=array[i];
```

```
            System.out.println("数组的最小值为: "+temp);
        }
    }
```

运行结果:

数组的最小值为: 6

程序分析: 类 MinArray 中方法 getMin()的形参是一个整型的一维数组, 在主类 JavaDemo5_14 中首先创建了一个一维数组 a, 然后将数组 a 作为实参传递到方法中。从例 5.14 可知, 如果要将数组传递到方法中, 只需要在方法名后的括号内写上数组的名称, 也就是说实参只给出数组名即可。

二维数组的传递与一维数组的传递相似, 只要在方法里声明传入的参数是一个二维数组即可。

一个方法如果没有返回值, 则在该方法的前面用 void 来修饰; 如果返回值的类型为简单数据类型, 则只需在声明方法的前面加上相应的数据类型。同理, 若需要方法返回一个数组, 则必须在该方法的前面加上数组类型的修饰符。如果要返回一个一维整型数组, 则必须在该方法前加上 int[], 如果是返回二维整型数组, 则必须加上 int[] [], 依此类推。

【例 5.15】以数组为返回值的程序示例。

```java
public class JavaDemo5_15 {
    public static void main(String[] args) {
        int[][] a={{1,2,3},{4,5,6},{7,8,9}};
        int[][] b=new int [3][3];
        TransArray ta = new TransArray();
        b = ta.trans(a);
        for (int i=0;i<b.length;i++){
            for (int j=0;j<b[i].length;j++)
                System.out.print(b[i][j]+ "    " );
            System.out.print("\n");
        }
    }
}
class TransArray{
    int temp;
    int[][] trans(int[][] array){
        for (int i=0;i<array.length;i++)
            for(int j=i+1;j<array[i].length;j++){
                temp=array[i][j];
                array[i][j]=array[j][i];
                array[j][i]=temp;
            }
        return array;
    }
}
```

运行结果:

```
1    4    7
2    5    8
3    6    9
```

程序分析：TransArray 类中的 trans0 方法用于接收二维整型数组，且返回值类型也是二维整型数组。该方法用 array 数组接收传递进来的数组参数，转置后又存入该数组，即用一个数组实现转置，最后用"return array;"语句返回转置后的数组。

Java 语言在给被调用方法的参数赋值时，只采用传值的方式。所以，基本类型数据传递的是该数据的值本身；而引用类型数据传递的也是这个变量的值本身，即对象的引用变量，而非对象本身。通过方法调用，可以改变对象的内容，但对象的引用变量是不能改变的。换句话说，就是当参数是基本数据类型时是传值方式调用，而当参数是引用型的变量时则是传址方式调用。

5.7.4 以对象数组为参数或返回值调用方法

在 5.7.3 节中，我们以数组为参数或返回值进行了程序示例，数组可以存放各种类型的数据，可以是基本数据类型，也可以是引用数据类型。用数组来存放对象即为对象数组，也称之为类类型数组，对象数组也可以用来作为程序的参数或返回值。

【例 5.16】以对象数组为参数的程序示例。

```java
public class JavaDemo5_16 {
    public static void main(String[] args) {
        Cuboid[] c = new Cuboid[3];
        c[0] = new Cuboid(2.7f,3.6f,4.8f);
        c[1] = new Cuboid(2.4f,1.6f,3.5f);
        c[2] = new Cuboid(1.4f,2.6f,4.1f);
        MaxCuboid.maxC(c);
    }
}
class Cuboid{
    float length;
    float width;
    float height;
    Cuboid(float _length, float _width, float _height){
        length = _length;
        width = _width;
        height = _height;
    }
    float area(){
        return length*width;
    }
    float volume() {
        return area()*height;
    }
}
class MaxCuboid{
    public static void maxC(Cuboid[] c) {
        float f = Float.MIN_VALUE;
        for (Cuboid temp : c) {
```

```
                    if (temp.volume() > f)
                        f = temp.volume();
                }
                System.out.println("体积最大的长方体的体积为: "+f);
            }
        }
```

运行结果：

体积最大的长方体的体积为：46.656002

程序分析：程序声明了一个长方体的数组 c，并将其作为参数传递至 MaxCuboid 类的静态方法 maxC()中，计算并输出体积最大的长方体的体积。值得注意的是，传递数组时的实参只需给出其数组名。

本章小结

类与对象是 Java 程序设计的基本思想，对象是对现实世界的一次抽象，类是对一类对象的再一次抽象。有了类与对象，就可以用计算机语言来描述现实世界。类中有成员方法和构造方法。构造方法可视为一种特殊的方法，它的主要功能是帮助创建的对象赋初值。重载是指在同一个类内定义相同名称的多个方法，这些同名的方法或者参数的个数不同，或者参数的个数相同，但类型不同，则这些同名的方法便可具有不同的功能。成员方法可以重载，构造方法也可以重载。类中定义的成员变量和成员方法如果使用 static 静态修饰符修饰则称为静态变量和静态方法，也称为类成员，而不用 static 修饰的成员则称为实例成员。

第6章 继承、抽象类和接口

类的继承就是以已有的类为基础派生出新的类。通过继承的方式就可以设计出新的类，而不需要编写相同的程序代码，所以说类的继承就是程序代码再利用的概念。抽象类与接口都是类概念的扩展。通过继承扩展出的子类，再加上覆盖的应用，抽象类就可以一次创建并控制多个子类。接口是 Java 语言中实现多重继承的重要方法。

6.1 类的继承

类的继承

6.1.1 继承的概念

继承是面向对象程序设计的重要特性。类的继承就是以原有类为基础创建新类，达到代码复用的目的。面向对象程序设计的继承特性使得大型 Application 的维护和设计变得更加简单。继承机制提供了一种重复利用原有程序模块资源的途径。通过新类对原有类的继承可以扩充旧的程序模块功能以适应新的用户需求，既可以方便原有系统的扩充，也可以加快新系统的开发速度。

利用继承，可以先创建一个具有公共属性和方法的一般类，再根据一般类创建具有自己属性和方法的新类。新类继承一般类的属性和方法，并根据需要增加自己的属性和方法。

由继承而得到的类称为子类或派生类，被继承的类称为父类或超类。子类直接的上层父类称为直接父类，否则称为间接父类。父类直接派生的类称为直接子类，否则称为间接子类。Java 不支持多继承，即一个子类只能有一个直接父类。

Java 语言中类的继承是通过关键字 extends 来实现的，在定义类时若使用 extends 指出新定义类的父类则在两个类之间建立了继承关系。新定义的类称为子类，它可以从父类那里继承所有非 private 的成员作为自己的成员。在类的声明时使用关键字 extends 来创建一个类的子类，格式如下：

```
class SubClass extends SuperClass
{
    ...
}
```

把 SubClass 声明为类 SuperClass 的直接子类，如果 SuperClass 又是某个类的子类，则 SuperClass 同时也是该类的间接子类。例如：

```
class A
{
    ...
}
class B extends A
{
```

```
        …
    }
class C extends B
{
        …
    }
```

在类的声明中，class B extends A 中的关键字 extends 表示 B 类继承 A 类，即 B 类是 A 类的子类，C 类是 B 类的子类。因此，A 类是 B 类的直接父类，A 类是 C 类的间接父类；B 类称为 A 类的直接子类，C 类为 A 类的间接子类。

如果一个类的声明中没有使用关键字 extends，则这个类被系统默认为继承了 Object 类的子类，Object 类是所有类的根。

6.1.2　子类继承父类的成员

一个父类可以有多个子类，这些子类都是父类的特例，父类描述了这些子类的公共属性和方法。一个子类可以继承它父类中的属性和方法，这些属性和方法在子类中不必重新定义。但并不是说父类中的所有属性和方法子类都能继承，父类中的哪些成员子类能继承，这和父类成员的访问权限直接相关。

如果子类和父类在同一包中，子类能继承父类中除 private 修饰符修饰的成员变量和成员方法，继承后的成员变量和成员方法的访问权限保持不变。如果子类和父类不在同一包中，那么子类只能继承父类中用 protected 和 public 修饰符修饰的成员变量和成员方法，继承后的成员变量和成员方法的访问权限保持不变。

【例 6.1】子类继承父类的成员变量和成员方法示例。

```
public class JavaDemo6_1 {
    public static void main(String[] args){
        Student stu = new Student();
        stu.show();
    }
}
class Person {
    String name;
    int age;
    public Person() {
        name = "张三";
        age = 20;
        System.out.println("调用了 Person 类的无参构造方法");
    }
    public void show() {
        System.out.println("姓名："+name+"，年龄："+age);
    }
}
class Student extends Person {
    String major;
    public Student() {
```

```
                major = "计算机";
                System.out.println("调用了 Student 类的无参构造方法");
            }
        }
```

运行结果：

　　　调用了 Person 类的无参构造方法
　　　调用了 Student 类的无参构造方法
　　　姓名：张三，年龄：20

　　程序分析：该程序中定义了 3 个类，分别是 Person、Student 和 JavaDemo6_1，其中 Person 是 Student 的父类，Student 是 Person 的子类，二者通过关键字 extends 建立联系。Person 类有两个成员变量 name 和 age、一个无参的构造方法 Person()和一个成员方法 show()。Student 类有一个成员变量 major 和一个无参的构造方法 Student()。

　　程序运行时，创建了一个 Student 类的对象，虽然程序调用的是 Student 类的构造方法，但在运行结果中我们发现，先输出 "调用了 Person 类的无参构造方法"，然后输出 "调用了 Student 类的无参构造方法"。也就是说，是先调用父类的构造方法，然后调用子类的构造方法。事实上，在 Java 语言的继承中，执行子类的构造方法之前会先调用父类中没有参数的构造方法，目的是要帮助继承自父类的成员进行初始化。

　　Student 类并没有 show()方法，但其父类有 show()方法，所以 Student 类从 Person 类那里继承得到了 show()方法，同样的原因，Student 类还从 Person 类那里继承得到了成员变量 name 和 age，所以调用 stu.show()输出的内容为 Person 类中 show()方法的输出内容。

6.1.3　子类访问父类的成员

　　在子类中使用 super 可以访问父类的成员变量和成员方法，但 super 不能访问在子类中添加的成员。子类中访问父类成员的格式如下：

```
        super.变量名;
        super.方法名;
```

　　另外，由于在子类中不能继承父类中的 private 成员，所以无法在子类中访问父类中的 private 成员。如果将父类中的成员声明为 protected，则这些成员不仅可以在父类中直接访问，也可以在其子类中访问。

　　【例 6.2】子类访问父类的成员变量和成员方法示例。

```
        public class JavaDemo6_2 {
            public static void main(String[] args){
                Student stu = new Student();
                stu.showStu();
            }
        }
        class Person {
            String name;
            int age;
            public Person() {
                name = "张三";
                age = 20;
```

```
        }
        public void show() {
            System.out.println("姓名："+name+"，年龄："+age);
        }
    }
    class Student extends Person {
        String major;
        public Student() {
            major = "计算机";
            super.name = "李四";
        }
        public void showStu() {
            super.show();
            System.out.println("专业："+major);
        }
    }
```

运行结果：

```
姓名：李四，年龄：20
专业：计算机
```

程序分析：Student 类的构造方法中通过 super.name 对从父类继承来的成员变量进行了赋值，这里"super.name = "李四";"等价于"name = "李四";"。Student 类的 showStu()方法中通过 super.show()调用了从父类继承来的成员方法，这里"super.show();"等价于"show();"。

6.1.4　子类访问父类中特定的构造方法

构造方法不能被继承，也就是说子类不能继承父类的构造方法。当用子类的构造方法创建一个子类对象时，子类的构造方法总是先调用父类的某个构造方法。如果子类的构造方法没有指明使用父类的哪个构造方法，则子类调用父类不带参数的构造方法，目的是帮助继承自父类的成员进行初始化。但如果父类中有多个构造方法，则 Java 程序可以通过 super()来调用父类中某个特定的构造方法。

【例 6.3】子类访问父类中特定的构造方法示例。

```
public class JavaDemo6_3 {
    public static void main(String[] args){
        Student stu1 = new Student();
        stu1.showStu();
        Student stu2 = new Student("数学");
        stu2.showStu();
        Student stu3 = new Student("王五",30,"英语");
        stu3.showStu();
    }
}
class Person {
    String name;
    int age;
    public Person() {
```

```
                name = "张三";
                age = 20;
                System.out.println("Person 类无参的构造方法被调用");
            }
            public Person(String _name, int _age) {
                name = _name;
                age = _age;
                System.out.println("Person 类有参的构造方法被调用");
            }
            public void show() {
                System.out.println("姓名："+name+"，年龄："+age);
            }
        }
        class Student extends Person {
            String major;
            public Student() {
                major = "计算机";
                System.out.println("Student 类无参的构造方法被调用");
            }
            public Student(String _major) {
                name = "李四";
                age = 25;
                major = _major;
                System.out.println("Student 类有 1 个参数的构造方法被调用");
            }
            public Student(String _name, int _age, String _major) {
                super(_name, _age);
                major = _major;
                System.out.println("Student 类有 3 个参数的构造方法被调用");
            }
            public void showStu() {
                show();
                System.out.println("专业："+major);
            }
        }
```

运行结果：

Person 类无参的构造方法被调用
Student 类无参的构造方法被调用
姓名：张三，年龄：20
专业：计算机
Person 类无参的构造方法被调用
Student 类有 1 个参数的构造方法被调用
姓名：李四，年龄：25
专业：数学
Person 类有参的构造方法被调用
Student 类有 3 个参数的构造方法被调用

姓名：王五，年龄：30
专业：英语

程序分析：该程序中，父类 Person 有两个构造方法：一个无参数，一个有参数；子类 Student 有 3 个构造方法：一个无参数，一个有 1 个参数，一个有 3 个参数。在 Student 类中，无参的构造方法和 1 个参数的构造方法中没有明确调用父类的构造方法，那么 Person 类中无参的构造方法将被调用。在 Student 类中，3 个参数的构造方法利用 super(_name,_age)调用了 Person 类有参的构造方法。程序代码请读者自行分析。

注意： 当父类中仅有带参构造方法时，子类必须调用父类的带参构造方法，否则父类必须提供一个无参的构造方法（可以是一个空方法）。

6.2　多态

多态

封装、继承和多态是面向对象程序设计的三大核心技术，而 Java 语言的多态性体现在方法的重载与覆盖上。多态性是指同一个名字的若干方法，有着不同的实现（方法体中的代码不同）。多态提供了另外一种分离接口和实现（即把"做什么"与"怎么做"分开）的尺度。换句话说，多态是在类体系中把设想（想要"做什么"）和实现（该"怎么做"）分开的手段，它是从设计的角度考虑的。如果说继承性是系统的布局手段，那么多态性就是其功能实现的方法。多态性意味着某种概括的动作可以由特定的方式来实现，这种特定的方式取决于执行该动作的对象。

从面向对象的语义角度来看，多态可以简单理解为"相同的表达式，不同的操作"，也可以说成"相同的命令，不同的操作"。相同的表达式即方法的调用，不同的操作即不同的对象有不同的操作。例如，在软件公司中有各种职责不同的员工（程序员、业务员、网络管理员等），他们"上班"时，做不同的事情，完成不同的工作。每天上班时间一到，相当于发了一条"员工们，开始上班"的命令（同一条表达式），每个员工接到这条命令（同样的命令）后就"开始上班"，但是他们做的是各自的工作，程序员开始"编程"，业务员开始"联系业务"，网络管理员开始"监控管理网络"，即"相同的表达式（方法调用），不同的操作（在运行时根据不同的对象来执行）"。

6.2.1　方法的覆盖

覆盖（overriding）的概念与方法的重载相似，它们均是 Java 多态的实现方式。我们知道，重载（overloading）是指在同一个类内定义多个名称相同，但参数个数或类型不同的方法，因此 Java 可根据参数的个数或类型的不同来调用相应的方法。而覆盖是指在子类中定义名称、参数个数与类型均与父类完全相同的方法，用来重写父类中同名方法的操作。

子类在重新定义父类已有的方法时，应保持与父类完全相同的方法头声明，即应与父类有完全相同的方法名、返回值类型和参数列表，否则就不是方法的覆盖，而是子类定义自己的与父类无关的方法，父类的方法未被覆盖，所以仍然存在。也就是说，当子类继承父类中所有可被访问的成员方法时，如果子类的方法头与父类的方法头完全相同，则不能继承，此时子类的方法将覆盖父类的方法。另外，子类中不能覆盖父类中声明为 final 或 static 的方法。当子类覆盖父类的方法时，可以扩大父类中的方法权限，但不可以缩小父类方法的权限，如果父类的方法权限为 protected，则子类在覆盖该方法时权限可以是 protected 或 public，但不能是 private。

【例 6.4】子类覆盖父类的方法示例。

```java
public class JavaDemo6_4 {
    public static void main(String[] args){
        Student stu = new Student("张三",30,"软件工程");
        stu.show();
    }
}
class Person {
    String name;
    int age;
    public Person(String _name, int _age) {
        name = _name;
        age = _age;
    }
    public void show() {
        System.out.println("姓名："+name+"，年龄："+age);
    }
}
class Student extends Person {
    String major;
    public Student(String _name, int _age, String _major) {
        super(_name, _age);
        major = _major;
    }
    public void show() {
        System.out.println("专业："+major);
    }
}
```

运行结果：

```
专业：软件工程
```

程序分析：程序中，父类 Person 和子类 Student 各自定义了自己的构造方法，并且它们都有各自定义的同名方法 show()。由于方法头完全相同，所以父类的 show()方法不被子类所继承，而是被子类里的同名方法所覆盖，在输出结果中可以看到输出的内容是子类方法的执行结果。

6.2.2　上转型对象

方法的覆盖是当子类和父类中存在同名方法，且两个方法的声明部分完全相同时才能实现。通过方法的覆盖和对象的动态绑定，可以使得上转型对象具有多态性。对象的向上转型又称为对象的动态绑定，是指父类的对象引用可以与其子类对象进行绑定，绑定后父类对象就称为子类对象的上转型对象。

【例 6.5】上转型对象程序示例。

```java
public class JavaDemo6_5 {
    public static void main(String args[]){
```

```
                SuperClass a;
                SubClassFirst b = new SubClassFirst();
                SubClassSecond c = new SubClassSecond();
                a = b;
                a.show();
                a = c;
                a.show();
                b = c;
                b.show();
        }
    }
    class SuperClass {
        void show() {
            System.out.println("This is SuperClass");
        }
    }
    class SubClassFirst extends SuperClass {
        void show() {
            System.out.println("This is SubClassFirst");
        }
    }
    class    SubClassSecond extends SubClassFirst{
        void show() {
            System.out.println("This is SubClassSecond");
        }
    }
```

运行结果：

```
This is SubClassFirst
This is SubClassSecond
This is SubClassSecond
```

程序分析：程序中定义了父类 SuperClass 和子类 SubClassFirst，以及 SubClassFirst 的子类 SubClassSecond，相对 SubClassSecond 而言 SubClassFirst 是父类，相对 SuperClass 而言 SubClassFirst 是子类，同样相对 SuperClass 而言 SubClassSecond 是间接子类。当语句 "a=b;" 被执行后，我们说父类对象 a 与子类对象 b 进行了绑定，也就是说子类对象 b 向上转型为父类对象 a。当语句 "a=c;" 被执行后，我们说父类对象 a 与间接子类对象 c 进行了绑定，也就是说子类对象 c 向上转型为间接父类对象 a。同样的情况，当语句 "b=c;" 被执行后，我们说父类对象 b 与子类对象 c 进行了绑定，也就是说子类对象 c 向上转型为父类对象 b。

上转型对象已经将子类的类型转变为父类的类型，因此，上转型对象只能引用父类中的成员，但当父类中的方法被子类方法覆盖时，上转型对象调用的是子类中的覆盖方法，如执行 "a=b;" 和 "a.show();" 两条语句后，a 对象引用的是 SubClassFirst 类中的 show()方法，而不是 SuperClass 类中的 show()方法。需要注意的是，对象不能向下转型，即父类对象不能绑定到子类对象上。

6.3　Object 类

Object 类

在面向对象程序设计语言中有一个特殊类 Object，该类是 java.lang 类库中的一个类，所有的类都是直接或间接地继承该类而得到的。如果某个类没有使用关键字 extends，则该类默认为 java.lang.Object 类的子类。表 6.1 给出了 Object 类常用的方法。

表 6.1　Object 类常用的方法

方法	功能说明
public String toString()	将调用该方法的对象转换成字符串
public final Class getClass()	返回运行该方法的对象所属的类
public boolean equals(Object obj)	判断两个对象引用所指向的是否为同一个对象
protected Object instanceof()	返回调用该方法的对象的一个副本

1. toString()方法

Object 类中 toString()方法的功能是将调用该方法的对象的内容转换成字符串，并返回其内容，但实际上该方法返回的是一个没有意义的字符串。因此，如果想要用 toString()方法返回对象的内容，可以重新定义该方法以覆盖父类中的同名方法。

2. getClass()方法

getClass()方法是 Object 类中所定义的方法，而 Object 类是所有类的父类，所以在任何类里均可调用这个继承而来的方法。该方法的功能是返回运行时对象所属的类。

【例 6.6】getClass 方法使用程序示例。

```java
public class JavaDemo6_6 {
    public static void main(String[] args){
        Person p = new Person();
        Class c1 = p.getClass();
        System.out.println(c1);
        Student s = new Student();
        Class c2 = s.getClass();
        System.out.println(c2);
    }
}
class Person {
    String name;
}
class Student extends Person {
    String major;
}
```

运行结果：

```
class chap06.Person
class chap06.Student
```

程序分析：getClass()方法的返回值是 Class 类型，在程序中使用 Class 类型的变量 c1 和 c2

来接收 getClass()方法的返回值。从运行结果可知，输出"class"字符串代表 Person 和 Student 是一个类。

3. equals()方法

equals()方法是 Object 类中所定义的方法，而 Object 类又是所有类的父类，所以在任何类中均可以直接使用该方法。判断两个对象是否相等可以使用 equals()方法，也可以使用比较运算符"=="。

【例 6.7】equals 方法使用程序示例。

```java
public class JavaDemo6_7 {
    public static void main(String[] args) {
        Person p1 = new Person();
        Person p2 = new Person();
        String s1 = "abc";
        String s2 = "abc";
        String s3 = new String("abc");
        String s4 = new String("abc");
        System.out.println("p1==p2 的值是"+(p1==p2));
        System.out.println("p1.equals(p2)的值是"+(p1.equals(p2)));
        System.out.println("s1==s2 是"+(s1==s2));
        System.out.println("s1.equals(s2)是"+(s1.equals(s2)));
        System.out.println("s1==s3 是"+(s1==s3));
        System.out.println("s1.equals(s3)是"+(s1.equals(s3)));
        System.out.println("s3==s4 是"+(s3==s4));
        System.out.println("s3.equals(s4)是"+(s3.equals(s4)));
    }
}
class Person {
    String name;
}
```

运行结果：

```
p1==p2 的值是 false
p1.equals(p2)的值是 false
s1==s2 是 true
s1.equals(s2)是 true
s1==s3 是 false
s1.equals(s3)是 true
s3==s4 是 false
s3.equals(s4)是 true
```

程序分析：对于非字符串类型的变量来说，"=="运算符和 equals()方法都用来比较其所指对象在堆内存中的首地址，换句话说，"=="运算符和 equals()方法都是用来比较两个类类型的变量是否指向同一个对象。从运行结果可知，无论是判断 p1==p2 还是判断 p1.equals(p2)，值都是 false，因为在内存中 p1 和 p2 分别指向两个完全不同的内存地址。

对于字符串变量来说，"=="运算符用于比较两个变量本身的值，即两个对象在内存中的首地址，而 equals()方法是比较两个字符串中所包含的内容是否相同。

这里需要说明一下 Java 中字符串的存放方式。对于字符串的操作，Java 程序在执行时会维护一个字符串池（string pool）。当使用赋值运算符 "=" 来创建 String 对象时，对于一些可共享的字符串对象，会先在 String 池中查找是否有相同的字符串内容（即字符是否相同），如果有就直接返回，而不是直接创建一个新的 String 对象，以减少内存的占用。程序中 s1 先创建，在创建 s2 时字符串池中已存在 "abc"，所以 s2 直接指向 s1 创建的这个 "abc"，无论判断 s1==s2 还是判断 s1.equals(s2)，值都是 true。当使用 new 运算符来创建 String 对象时，Java 程序会在堆内存中直接新建一个 String 对象，在判断 s3==s4 时，显然二者所指向的内存地址是不一样的，输出 false，但 s3 和 s4 指向的字符串的内容都是 "abc"，所以判断 s3.equals(s4)时输出 true。

4. instanceof()方法

Object 类的 getClass()方法返回的是运行时对象所属的类，除此之外，也可以利用对象运算符 instanceof 来测试一个指定对象是否是指定类或它的子类的实例，如果是，则返回 true，否则返回 false。

getClass()方法返回运行时对象所属的类，返回值是 Class 类型。Class 类中的 getName()方法可以返回这个类的名称，返回值是 String 类型。由于所有类都是 Object 类的子类，根据继承的 "即是" 原则，所有类的对象即是 Object 类的对象。通过当前对象 this 调用 Object 类中的 getClass()方法得到当前对象所对应的类，再调用 Class 中的 getName()方法得到 this 的类名字符串。另外，还可以用 getSuperclass()方法获得父类。

【例 6.8】instanceof 方法使用程序示例。

```
public class JavaDemo6_8 {
    public static void main(String[] args) {
        Person p = new Person("张三",30);
        p.show();
    }
}
class Person {
    String name;
    int age;
    public Person(String _name, int _age) {
        name = _name;
        age = _age;
    }
    public void show() {
        System.out.println(this.getClass().getName());
        System.out.println(this.getClass().getSuperclass().getName());
    }
}
```

运行结果：

```
chap06.Person
java.lang.Object
```

程序请读者自行分析。

6.4　this、super 和 final

this、super 和 final

6.4.1　关键字 this

this 是 Java 中的关键字，代表本类对象，下面从两个方面介绍它的应用。

1. 使用 this 区分成员变量和局部变量

在方法体中声明的变量和方法的参数称为局部变量，方法的参数在整个方法内有效，方法内定义的局部变量从它定义的位置之后开始有效。成员变量在整个类内有效。

在一个类中，如果局部变量的名字与成员变量的名字相同，则成员变量被隐藏，即这个成员变量在这个方法内暂时失效。例如：

```
class Rectangle {
    private double length;
    private double width;
    Rectangle(double length,double width) {
        length= length;
        width=width;
    }
}
```

如果希望成员变量 length 被成功赋值，则必须在成员变量前加关键字 this。this.length 表示当前对象的成员变量 length，而不是局部变量 length。例如：

```
class Rectangle {
    private double length;
    private double width;
    Rectangle(double length,double width) {
        this.length= length;
        this.width=width;
    }
}
```

2. 使用 this 调用本类中的其他构造方法

在构造方法中用 this 调用本类中的其他构造方法，调用时要放在构造方法的首行。例如：

```
class Rectangle {
    private double length;
    private double width;
    public Rectangle(){
        this(5.5,3.5);        //调用了带参数的构造方法
    }
    Rectangle(double length,double width) {
        this.length= length;
        this.width=width;
    }
}
```

3. 静态方法中不可使用 this

在实例方法中，使用 this 来引用的成员表示是当前对象的成员，通常情况下省略不写，其含义相同。类方法中不可使用 this，因为类方法可以通过类名直接调用，这时可能还没有创建任何对象。例如：

```
class Rectangle {
    private double length;
    private double width;
    public void setValue(){
        this.length = 5.5;          //实例方法中使用 this
        this.width = 3.5;
    }
    public void show(){
        this.setValue();            //实例方法中使用 this
        System.out.println(this.length+this.width);
    }
}
```

6.4.2 关键字 super

super 是 Java 语言的关键字，用来表示父类对象。关键字 super 有两种用法：一种是子类使用 super 调用父类的构造方法，另一种是子类使用 super 调用父类中被隐藏的成员变量和被覆盖的方法。

1. 使用 super 调用父类的构造方法

子类不能继承父类的构造方法。子类如果想使用父类的构造方法，可以使用关键字 super，而且 super 必须是构造方法中的第一条语句。

2. 使用 super 调用父类中被隐藏的成员变量和被覆盖的方法

如果子类中定义了与父类同名的成员变量，不管其类型是否相同，父类中的同名成员变量都要被隐藏，子类无法继承该变量。如果子类中定义了一个方法，且这个方法的声明部分与父类的某个方法完全相同，即方法名、返回类型、参数个数、参数类型完全相同，那么父类中的这个方法将被子类的方法覆盖。子类如果想使用父类中被隐藏的成员变量和被覆盖的方法，则必须使用关键字 super，例如：

```
super.父类成员变量;
super.父类成员方法;
```

【例 6.9】super 使用程序示例。

```
public class JavaDemo6_9 {
    public static void main(String[] args){
        Student stu = new Student();
        stu.show();

    }
}
class Person {
    String name;
```

```java
        int age;
        public Person() {
            name = "张三";
            age = 20;
        }
        public void show() {
            System.out.println("姓名："+name+"，年龄："+age);
        }
    }
    class Student extends Person {
        String name;
        int age;
        String major;
        public Student() {
        name = "李四";
            age = 30;
            major = "计算机";
        }
        public void show() {
            System.out.println(super.name+"    "+super.age);
            System.out.println(name+"    "+age+"    "+major);
            super.show();
        }
    }
}
```

运行结果：

```
张三    20
李四    30    计算机
姓名：张三，年龄：20
```

程序请读者自行分析。

6.4.3　关键字 final

final 修饰符可以修饰类、成员变量和成员方法。

1. 用 final 修饰符定义的最终类

通过关键字 extends 可以实现类的继承。但在实际应用中，出于某种考虑，当创建一个类时，希望该类永不需要做任何变动，或者出于安全因素，不希望它有任何子类，这时可以使用关键字 final。在类的定义时，使用 final 修饰符，意味着这个类不能再作为父类派生出其他的子类，这样的类通常称为最终类。例如：

```java
    final class A{

    }
```

A 就是一个最终类，不能派生子类。有时候出于安全因素考虑，将一些类定义为最终类。例如，Java 提供的 String 类，它对于编译器和解释器的正常运行有很重要的作用，对它不能轻易改变，因此将它定义为 final 类。

2. 用 final 修饰符定义的常量

如果一个类的成员变量前加 final 修饰符，则该成员变量就是常量，常量的名字习惯用大写字母表示，例如：

```
final double PI=3.14159;
```

常量不占用内存，这意味着在声明常量时必须初始化。对象可以使用常量，但不能更改它的值。

3. 用 final 修饰符定义的最终方法

final 修饰符也可以修饰一个方法，这样的方法不能被覆盖，即子类可以继承，但不允许子类重写的方法，这样的方法称为最终方法。例如：

```
class A {
    final void a(){


    }
}
```

上面的程序中，a()方法就是一个最终方法，任何 A 类的子类都不能对 a()方法进行覆盖。

在程序设计中，最终类可以保护一些关键类的所有方法，保证它们在以后的程序维护中不会由于不经意地定义子类而被修改；最终方法可以保护一些类的关键方法，保证它们在以后的程序维护中不会由于不经意地定义子类而被修改。

6.5 抽象类

在 Java 语言中，可以创建专门的类来作为父类，这种类被称为"抽象类"（Abstract class）。抽象类有些类似"模板"，目的是根据它的格式来创建和修改新的类。但是并不能直接由抽象类创建对象，只能通过抽象类派生出新的子类，再由其子类来创建对象。也就是说，抽象类不能用 new 运算符来创建实例对象的类，它可以作为父类被它的所有子类所共享。例如，系统包 java.lang 中的 Number 类代表了"数"这个抽象的概念，但不能创建一个 Number 类的对象。

抽象类是以修饰符 abstract 修饰的类，定义抽象类的语法格式如下：

```
abstract class 类名 {
    声明成员变量;
    返回值的数据类型 方法名(参数表){
        方法体
    }
    abstract 返回值的数据类型 方法名(参数表);
}
```

抽象类中的方法可以分为两种：一种是以前介绍的一般方法，另一种是抽象方法，它是以关键字 abstract 开头的方法，此方法只声明返回值的数据类型、方法名称和所需的参数，但没有方法体。也就是说，抽象方法的声明不需要实现，即用"；"结尾，而不是用"{}"结尾。当一个方法为抽象方法时,意味着这个方法必须被子类的方法所覆盖,否则子类仍然是抽象类。换句话说，抽象类的子类必须实现父类中的所有抽象方法，或者将自己也声明为抽象的。

例如，定义一个抽象类 Animal：

```
public abstract class Animal {
    String name;
    int age;
    public abstract void go();
}
```

Animal 类是抽象类，不能用 new 创建它的实例，但 Animal 类可以被继承，抽象方法 go() 只有方法声明部分，没有实现，它的实现由子类完成。由于抽象类不能用来实例化一个对象，因此只能通过继承来实现它的方法。

抽象类中不一定包含抽象方法，但包含抽象方法的类一定要声明为抽象类。抽象类本身不具备实际的功能，只能用于派生子类，而定义为抽象的方法必须在子类派生时被覆盖。抽象类可以有构造方法，且构造方法可以被子类的构造方法所调用，但构造方法不能被声明为抽象的。由于不能用抽象类直接创建对象，因此在抽象类内定义构造方法是多余的。

由于抽象类是需要被继承的，所以 abstract 类不能用 final 来修饰。也就是说，一个类不能既是最终类，又是抽象类，即关键字 abstract 与 final 不能合用。同样，abstract 不能与 private、static、final 或 native 并列修饰同一个方法。

【例 6.10】抽象类及其子类使用程序示例。

```
public class JavaDemo6_10 {
    public static void main(String[] args){
        Student s = new Student("张三",20,"计算机");
        s.show();
        Teacher t = new Teacher("李四",40,"信息学院");
        t.show();
    }
}
abstract class Person {
    String name;
    int age;
    public abstract void show();
}
class Student extends Person {
    String major;
    public Student(String name, int age, String major) {
        this.name = name;
        this.age = age;
        this.major = major;
    }
    public void show() {
        System.out.println("这是一名学生，姓名："+name+"，年龄："+age+"，专业："+major);
    }
}
class Teacher extends Person {
    String department;
    public Teacher(String name, int age, String department) {
```

```
                this.name = name;
                this.age = age;
                this.department = department;
            }
            public void show() {
                System.out.println("这是一名教师，姓名："+name+"，年龄："+age+"，部门："+department);
            }
        }
```

运行结果：

  这是一名学生，姓名：张三，年龄：20，专业：计算机

  这是一名教师，姓名：李四，年龄：40，部门：信息学院

程序分析：程序首先定义抽象类 Person，包含一个抽象方法 show()，并分别定义了 Person 的两个子类 Student 和 Teacher，继承了 name 和 age 两个属性，在两个子类中实现了父类的 show()方法，Student 类中的 show()方法输出了学生的专业信息，Teacher 类中的 show()方法输出了教师的部门信息。之所以在 Person 类中定义抽象的 show()方法是由于每个不同角色的信息是不一样的，Person 类可以有很多的子类，这些子类既有共同的属性，又有特定的属性。每个子类显示信息是不一样的，通过抽象方法，每个子类具备了相同的方法头，又具备了不同的方式实现。

6.6　接口

接口是方法定义和常量值的集合。引入接口的目的是克服 Java 单继承机制带来的缺陷，从而实现类的多继承的功能。Java 的接口在语法上是类似于类的一种结构，但是接口与类有很大的区别。接口只有常量定义和方法声明，没有变量和方法的实现。

接口的数据成员都是静态的，并且必须初始化。接口中的方法必须全部声明为 abstract 的，也就是说，接口不能像抽象类一样拥有一般的方法，而必须全部是抽象方法。JDK 8 之后，接口中可以定义静态方法和默认方法，读者可以自行查阅相关文献。

6.6.1　定义接口

接口是一种特殊的类，只定义了类中方法的原型，而没有直接定义方法的内容。接口的定义包括接口声明和接口体两部分，格式如下：

```
    [public] interface 接口名 [extends 接口列表]{
        [public] [static] [final] 数据类型 成员变量名 = 常量;
        [public] [abstract] 返回值的数据类型 方法名(参数表);
    }
```

其中，interface 前的 public 修饰符可以省略，若省略，则接口使用默认的访问控制，即接口只能被与它处在同一包中的成员访问。当修饰符声明为 public 时，接口能被任何类的成员所访问。

一个 Java 源文件中最多只能有一个 public 类或接口，当存在 public 类或接口时，Java 源文件名必须与这个类或接口同名。

就像 class 是定义类的关键字，interface 是定义接口的关键字。其后的接口名应符合 Java 对标识符的规定。

接口中所有变量的修饰符只能是 public、final 和 static，所以在定义时可以不用显式地使用修饰符。也正是由于接口中的修饰符只能是 public、final 和 static，所以在接口中定义的属性都是常量，在定义时必须给定初值。接口可以用来实现不同类之间的常量共享。

接口中定义的方法只有方法头而不能有方法体，abstract 缺省也有效。与抽象类一样，接口不需要构造方法。

例如：

```
public interface Shape {
    float width=9.8f;
    float height=6.6f;
    public float length();
    public float area();
}
```

上述程序段定义了一个名为 Shape 的接口，其中有两个常量 width 和 height，以及两个抽象方法 length ()和 area()。

6.6.2　接口实现

接口中只是声明了提供的功能和服务，而功能和服务具体的实现需要在实现接口的类中定义。在类中实现接口的格式如下：

[类修饰符] class 类名 [extends 父类名] [implements 接口名列表]

其中，接口名列表包括多个接口名称，各接口间用逗号分隔。implements 是实现接口的关键字。实现接口的类，如果不是抽象类，就必须实现接口中定义的所有方法，并给出具体的实现代码，当然还可以使用接口中定义的任何常量。

【例 6.11】接口的实现与引用程序示例。

```
public class JavaDemo6_11 {
    public static void main(String args[]){
        Rectangle r = new Rectangle(2.5,3.6);
        System.out.println("矩形的周长是：  "+r.perimeter()+"  面积是：  "+r.area());
        Circle c=new Circle(2.5);
        System.out.println("圆形的周长是：  "+c.perimeter()+"  面积是：  "+c.area());
    }
}
interface Shape {
    public static final double PI=3.14;
    public double perimeter();
    public double area();
}
class Rectangle implements Shape{
    double length;
    double width;
    public Rectangle(double length, double width) {
        this.length = length;
        this.width = width;
    }
```

```
            public double perimeter(){
                return length*2+width*2;
            }
            public double area(){
                return length*width;
            }
    }
    class Circle implements Shape {
        double radius;
        public Circle(double radius) {
            this.radius = radius;
        }
        public double perimeter(){
            return 2*PI*radius;
        }
        public double area(){
            return PI*radius*radius;
        }
    }
```

运行结果：

　　矩形的周长是：12.2　　面积是：9.0

　　圆形的周长是：15.700000000000001　　面积是：19.625

　　程序分析：程序中定义了一个接口 Shape，其包含常量 PI 及方法 perimeter()和 area()，然后定义了矩形类 Rectangle 和圆类 Circle，两个类都实现接口 Shape 及接口中定义的方法。

　　实现接口时需要注意以下问题：

　　（1）如果实现接口的类不是 abstract 修饰的抽象类，那么在类的定义部分必须实现接口中定义的所有方法，并给出具体的实现代码。这是因为非抽象类中不可以存在抽象方法。

　　（2）如果实现接口的类是 abstract 修饰的抽象类，那么它可以不实现该接口的所有抽象方法。

　　（3）在实现接口方法时，必须将方法声明为公共方法，而且方法的参数列表、名称和返回值都要与接口中定义的完全一致。

　　（4）如果在实现接口的类中所实现的方法与抽象方法有相同的方法名称和不同的参数列表，则该类只是重载了一个新的方法，并没有实现接口中的抽象方法。

　　（5）接口中抽象方法的访问修饰符默认为 public，类在实现这些抽象方法时必须显式地使用 public 修饰符，否则系统提示出错警告。

　　（6）如果接口中方法的返回类型不是 void，则类在实现该方法时，方法体中至少要有一条 return 语句。

6.6.3　接口的继承

　　与类一样，接口也具有继承性。定义接口时可以使用关键字 extends 声明该新接口是某个已经存在的父接口的派生接口，它将继承父接口的所有属性和方法。如果在子接口中定义了与父接口同名的常量或者相同的方法，则父接口中的常量被隐藏，方法被覆盖。

  Java 语言只支持类的单重继承机制，不支持类的多重继承，即一个类只能有一个直接父类。单继承性使得 Java 程序结构简单、层次清楚、易于管理、更加安全可靠，从而避免了 C++ 语言中因多重继承而引起的难以预测的冲突。但 Java 语言中接口的主要作用是帮助实现类似于类的多重继承功能。多重继承是指一个子类可以有一个以上的直接父类，该子类可以继承它所有直接父类的成员。Java 语言虽然不支持类的多重继承，但可以利用接口间接地解决多重继承问题，并能实现更强的功能。

  一个类只能有一个直接父类但是它可以同时实现若干个接口。当一个类实现多个接口时，在 implements 子句中用逗号分隔各个接口名。在这种情况下，如果把接口理解成特殊的类，那么这个类利用接口实际上就获得了多个父类，即实现了多重继承。

  【例 6.12】利用接口实现多重继承程序示例。

```java
public class JavaDemo6_12 {
    public static void main(String[] args) {
        Cylinder c = new Cylinder(2.5,2.5);
        System.out.println("圆柱体底部周长是："+c.perimeter());
        System.out.println("圆柱体底面积是："+c.area());
        System.out.println("圆柱体体积是："+c.volume());
    }
}
interface Face1 {
    final double PI=3.14;
    abstract double perimeter();
}
interface Face2 {
    abstract double area();
}
interface Face3 extends Face1,Face2 {
    abstract double volume();
}
class Cylinder implements Face3 {
    double radius;
    double height;
    public Cylinder(double radius, double height) {
        this.radius = radius;
        this.height = height;
    }
    public double perimeter() {
     return 2*PI*radius;
    }
    public double area() {
        return PI*radius*radius;
    }
    public double volume() {
        return area()*height;
    }
}
```

运行结果：

圆柱体底部周长是：15.700000000000001

圆柱体底面积是：19.625

圆柱体体积是：49.0625

程序分析：程序定义了 3 个接口，Face3 同时继承了 Face1 和 Face2，圆柱体类 Cylinder
虽然只实现了 Face3，但同样要重写 Face1、Face2 和 Face3 中所有的抽象方法。

Java 接口和 Java 抽象类有很多相似之处，但也有很多不同的地方。Java 接口和 Java 抽象
类最大的区别就在于 Java 抽象类可以提供非抽象方法的实现，而 Java 接口中的所有方法都是
抽象的。所以，如果向一个抽象类里加入一个新的具体方法，那么它所有的子类都能很快得到
这个新方法，而 Java 接口做不到这一点。如果向一个 Java 接口里加入一个新方法，那么所有
实现这个接口的类就无法成功通过编译了，因为必须让每一个类都再实现这个方法才可以。

6.7　内部类与匿名类

内部类（inner class）是定义在类中的类，内部类的主要作用是将逻辑上
相关的类放到一起。匿名类（anonymous class）是一种特殊的内部类，它没有类名，在定义类
的同时就生成该类的一个实例，由于不会在其他地方用到该类，所以不用取名字，因此又被称
为匿名内部类。

6.7.1　内部类

类可以嵌套定义，即在一个类的类体中可以嵌套定义另外一个类。被嵌套的类称为内部
类，它的上级称为外部类。内部类中还可以再嵌套另一个类，在最外层的类被称为顶层类。内
部类的创建方法与外部类相似。

定义内部类时只需将类的定义置于一个用于封装它的类的内部即可。但需要注意的是，
内部类不能与外部类同名，否则编译器将无法区分内部类与外部类。如果内部类中还有内部
类，则内部类的内部类不能与它的任何一层外部类同名。

在封装它的类的内部使用内部类，与普通类的使用方式相同，但在外部引用内部类时，
必须在内部类名前冠以其所属外部类的名称。在用 new 运算符创建内部类时，也要在 new 前
面冠以对象变量的名称。

【例 6.13】内部类使用程序示例。

```
public class JavaDemo6_13 {
    public static void main(String args[]) {
        Outer outer = new Outer();
        outer.show();
    }
}
class Outer{
    private int index = 100;
    class Inner {
        private int index = 50;
        void show() {
```

```
                        int index=30;
                        System.out.println(index);              //输出内部类局部变量
                        System.out.println(this.index);         //输出内部类成员变量
                        System.out.println(Outer.this.index);   //输出外部类成员变量
                    }
                }
                void show() {
                    Inner inner = new Inner();
                    inner.show();
                }
            }
```

运行结果：

```
    30
    50
    100
```

程序分析：在外部类 Outer 中定义了一个内部类 Inner，外部类对象 outer 调用的 show() 方法是自己的方法。调用内部类的 show()方法时，程序应先构造内部类对象 inner。

6.7.2　匿名类

当一个对象被创建之后，在调用该对象的方法时，也可以不定义对象的引用变量，而直接调用这个对象的方法，这样的对象叫做匿名对象。例如：

```
    Cylinder c = new Cylinder(2.3,3.4);
    c.volume();
```

可以改为：

```
    new Cylinder(2.3,3.4).volume();
```

这里的 new Cylinder(2.3,3.4)就是一个匿名对象，在这个语句中没有声明任何对象的引用，而是直接用 new 运算符创建了一个 Cylinder 类的对象，并直接调用了该对象的 volume()方法。这个语句的执行结果与前面两行代码的执行结果是一样的。值得注意的是，这个语句执行完后，这个匿名对象也就成为了垃圾，因为没有任何一个对象的引用是指向这个刚刚创建的对象的。

【例 6.14】匿名内部类使用程序示例。

```
    public class JavaDemo6_14 {
        public static void main(String[] args) {
            (
                new Inner() {
                void setName(String _name) {
                    name = _name;
                    System.out.println("姓名："+name);
                    }
                }
            ).setName("张三");
        }
        static class Inner{
            String name;
        }
    }
```

运行结果：

姓名：张三

程序分析：程序声明了一个内部类 Inner，该类只定义了一个成员变量 name，外部类的主函数中补充定义了 Inner 类的 setName()方法，这里用 new 运算符创建的就是一个匿名对象，程序并没有创建这个内部类的对象引用，所以说是匿名的。

使用匿名对象通常有以下两种情况：

（1）如果对一个对象只需要进行一次方法调用。

（2）将匿名对象作为实参传递给一个方法调用。

说明：在文件管理方面，内部类在编译完成之后会产生两个字节码文件，以例 6.13 为例，将生成 JavaDemo6_13.class、Outer.class 和 Outer$Inner.class 三个字节码文件。而对于匿名内部类而言，产生的字节码文件除了外部类对应的字节码文件之外，匿名内部类所产生的文件名称为"外部类名$编号.class"，其中编号为 1，2，3，…，n，每个编号为 n 的文件对应于第 n 个匿名内部类，以例 6.14 为例，将生成 JavaDemo6_14.class 和 JavaDemo6_14$1.class 两个字节码文件。

匿名内部类的应用主要是简化程序代码。在 Java 的窗口程序设计中，常会利用匿名内部类来编写"事件"的程序代码。

本章小结

本章主要介绍了继承、抽象类和接口。Java 中的继承是代码重用的重要手段，通过子类和父类之间的关系来完成对现实世界的抽象。通过继承，子类可以对父类的方法进行覆盖，从而实现多态。通过关键字 this 和 super 来实现对自身对象和父类对象的访问，通过关键字 final 来实现最终类和最终方法。抽象类和接口都可以用于派生新的子类，利用接口 Java 实现了多重继承。内部类是定义在类中的类，匿名内部类则是一种特殊的内部类，使用匿名内部类可以创建不具名称的对象，并利用这个对象访问类里的成员。

第 7 章　系统包与常用类

在利用面向对象技术开发一个实际的系统时，通常需要设计许多类来共同工作，由于 Java 编译器会为每个类生成一个字节码文件，且 Java 语言要求文件名与类名相同，这就导致将多个类放在一起时很容易产生重名问题。为了更好地管理工程应用中的这些类，Java 语言引入了包（package）的概念，package 也称为类库。本章主要介绍 Java 提供的用于语言开发的类库及几个重要的常用类。

7.1　包

在工程应用中，类名冲突的可能性是很大的，这就需要利用合理的机制来管理类名。为了更好地管理工程应用中的这些类，Java 语言引入了包（package）的概念，就像文件夹把各种文件组织在一起使硬盘更有条理一样。

7.1.1　包的概念

包（package）是 Java 提供的类的组织方式。一个包对应一个文件夹，一个包中可以放置许多类文件和子包。Java 语言可以把类文件存放在不同层次的包中，目的是在设计软件系统时，如果系统中的类较多，就可以分类存放不同的类文件，从而方便软件的维护和资源的重用。Java 语言规定，同一个包中的文件名必须唯一，不同包中的文件名可以相同。包的组织方式和表现方式与 Windows 中的文件和文件夹的完全相同。

当源程序中没有声明类所在的包时，Java 将类放在默认的包中，这意味着每个类使用的名字必须互不相同，否则就会发生名字冲突，就像在一个文件夹中文件名不能相同一样。一般不要求处于同一包中的类有明确的相互关系，如包含、继承等，但是由于同一包中的类在默认情况下可以相互访问，所以为了方便编程和管理，通常把需要在一起工作的类放在一个包里。本书的源文件就是按章节分别放在不同的包里。JDK 中提供了许多系统包，只要正确安装了 JDK 文件，就可以在 Java 环境下使用系统包中的文件。

7.1.2　创建和使用包

定义包语句的格式如下：

    package　<包名>;

其中，package 是包的关键字，<包名>是包的标识符。package 语句指出该语句所在的 Java 源文件中的所有类编译后所存放的位置。

Java 文件规定，如果一个 Java 源程序中有 package 语句，那么 package 语句必须写在 Java 源程序的第一行，例如：

```
package packagename;
public class classname {

        …

    }
```

如果源程序中省略了 package 语句，那么源文件中的类经编译后放在与源程序相同的无名包中。

一个包中还可以定义子包，可由标识符加"."分隔而成，例如：

```
package lingnan.edu.cn;
```

```
package sun.com.cn;
```

如果在 lingnan.edu.cn 包中存放一个名为 Person 的类，则该类的完整路径名应为 lingnan.edu.cn.Person。

程序员可以通过 import 语句导入包中的类，从而直接使用导入的类。

import 语句的使用分以下两种情况：

（1）导入某个包中的所有类。

```
import packagename.*;
```

（2）导入某个包中的一个类。

```
import mypackage.Student;
```

导入的类是要占用内存空间的，当某包中的类很多，而用到的类也很多时，就用第一种方式导入；当某包中的类很多，而要用的类却很少时，就用第二种方式导入。当用第一种方式导入类时，如果包中还有子包，则子包中的类不会被导入。

7.1.3　Java 的程序结构

Java 源文件一般包括以下 5 个部分：

（1）package：包的声明，0 个或 1 个。

（2）import：包的导入，0 个或多个。

（3）public class：公有类的声明，0 个或 1 个。

（4）class：类的声明，0 个或多个。

（5）interface：接口的声明，0 个或多个。

注意，Java 程序中只能有一个声明包的语句，且必须是第一条语句，声明为 public 的类最多只能有一个，且文件名必须与该类名相同。

7.2　Java 系统包

在 Java 语言中，开发人员可以自定义包，也可以使用系统包。Java 系统根据功能的不同，将类库划分为若干个不同的系统包，每个包中都有若干个具有特定功能和相互关系的类和接口。这些系统包也就是平时所说的 Java 类库，Java 类库是系统提供的已实现的标准类的集合，是 Java 编程的 API。只要我们在程序中使用 import 语句把包加载到程序中就可以使用该包中的类与接口。

Java 中常用的系统包如表 7.1 所示。

表 7.1　Java 中常用的系统包

包名	功能
java.lang	语言包
java.io	输入/输出包
java.util	实用包
java.awt	抽象窗口工具包
java.swing	轻型组件工具包
java.net	网络功能包
java.sql	数据库工具包
java.text	显示对象格式化包
java.security	安全包

1.　java.lang

java.lang 包是 Java 语言的核心类库，包含了运行 Java 程序必不可少的系统类，如基本数据类型、基本数学函数、字符串处理、异常处理和线程，以及 System、Math 等常用类。由于该包几乎在每个程序中都会用到，所以当 Java 程序运行时系统会自动加载该包，无需用户自己引入，方便编程。

2.　java.io

java.io 包提供输入/输出流控制类，凡是有输入输出操作的 Java 程序，如基本输入/输出流、文件输入/输出、过滤输入/输出流等，都需要引入该包。如果需要使用该包中所包含的类，应该将此包加载到程序中。

3.　java.util

java.util 包提供高级数据类型及操作以实现各种不同的实用功能，主要包括日期类（Date、Calendar 等）、集合类（LinkedList）、向量类（Vector）、随机数（Random）、数据输入类（Scanner）、栈类（Stack）和树类（TreeSet）等。

4.　java.awt

抽象窗口工具包 java.awt 是 Java 语言中用来构建图形用户界面（GUI）的类库，包括低级绘图操作 Graphics 类、图形界面组件和布局管理（如 Checkbox 类、Container 类、LayoutManger 接口等），以及用户界面交互控制和事件响应（如 Event 类）。

5.　java.swing

java.swing 包提供图形窗口界面扩展的应用类，比 AWT 更强大、更灵活。Swing 组件是用纯 Java 语言编写的，不直接使用本地组件。Java.swing 主要包括组件类、事件类、接口、布局类、菜单类等，为了区别 Swing 组件类和 AWT 组件类，Swing 组件类的名字开头都有前缀字母 "J"。

6.　java.net

Java 是一门适合分布式计算环境的程序设计语言，java.net 正是为此设计的，其核心就是支持 Internet 协议。网络功能包 java.net 是 Java 语言用来实现网络功能的类库，主要包括 URL、Socket、ServerSocket、DatagramPacket、DatagramSocket 等类。

7. java.sql

应用系统几乎都需要数据存储，而数据存储多使用数据库完成，java.sql 包提供了驱动数据库链接、创建数据库连接、SQL 语句执行、事务处理等操作接口和类。

8. java.text

java.text 包提供以与自然语言无关的方式来处理文本、日期、数字和消息的类和接口。这些类能够格式化日期、数字和消息，分析、搜索和排序字符串，以及迭代字符、单词、语句和换行符。java.text 包主要包括用于迭代文本的类、用于格式化和分析的类，以及用于整理字符串的类。

9. java.security

java.security 包提供安全性方面的有关支持。

Java 常用类

7.3 Java 常用类

在系统开发和编程学习中，一些操作和数据处理是经常用到的，如字符处理、开平方等，这些类在 Java 标准包中已经提供，我们称之为 Java 常用类。Java 程序员可以直接引用，从而方便、快捷地开发 Java 程序。

7.3.1 基本数据类型类

Java 语言定义了多种基本数据类型，但是为了与面向对象程序设计的思想相符合，Java 又提供了对这些基本数据类型的封装类，这些数据类型类都位于 java.lang 包中，对应如表 7.2 所示。

表 7.2 基本数据类型与封装类对应表

基本数据类型	封装类
byte	Byte
short	Short
int	Integer
float	Float
double	Double
boolean	Boolean
char	Character
long	Long

数据类型类有以下共同特点：

（1）类中都定义了对应基本数据类型的常数，如最大值与最小值。

（2）都提供了基本数据类型与字符串的相互转化方法，如 valueOf(String)方法将字符串转换为相应的数据类型，toString()方法将相应的数据类型转换为字符串。

（3）对象中封装的值是不能改变的，若需要改变，则需要重新创建一个新的对象。

下面以 Integer 为例介绍其主要属性和方法。

1. Integer 构造方法

Integer(int value)：构造一个新分配的 Integer 对象，它表示指定的 int 值。

Integer(String s)：构造一个新分配的 Integer 对象，它表示 String 参数所指示的 int 值。

2. Integer 属性

static int MAX_VALUE：返回 int 型的最大值。

static int MIN_VALUE：返回 int 型的最小值。

3. Integer 常用方法

intValue()：以 int 类型返回该 Integer 的值。

parseInt(String s)：将字符串参数作为有符号的十进制整数进行分析。

parseInt(String s, int radix)：使用 radix 指定的基数将字符串参数解析为有符号的整数。

toString()：返回一个表示该 Integer 值的 String 对象。

toString(int i)：返回一个表示指定整数的 String 对象。

valueOf(int i)：返回一个表示指定的 int 值的 Integer 实例。

valueOf(String s)：返回保持指定的 String 的值的 Integer 对象。

toBinaryString(int i)：以二进制无符号整数形式返回一个整数参数的字符串表示形式。

equals(Object obj)：比较此对象与指定对象。

floatValue()：以 float 类型返回该 Integer 的值。

doubleValue()：以 double 类型返回该 Integer 的值。

【例 7.1】Integer 类使用程序示例。

```
public class JavaDemo7_1 {
    public static void main(String args[]) {
        String str1 = "999";
        Integer i = Integer.parseInt(str1);
        int j = i.intValue();
        String str2 = i.toString();
        String str3 = Integer.toString(j);
        System.out.println(i+"      "+j);
        System.out.println(str2+"      "+str3);
        System.out.println(Integer.MAX_VALUE);
        System.out.println(Integer.MIN_VALUE);
    }
}
```

运行结果：

```
999    999
999    999
2147483647
-2147483648
```

程序分析：程序功能是整型数据与字符型数据的转换。其他基本数据类型类的使用请读者查阅相关的 Java API。

7.3.2 StringBuffer 类

前面介绍的 String 类处理的字符串常量是不可更改的，也就是说，String 类不能修改、删除或替换字符串常量中的某个字符。而 StringBuffer 类处理的是字符串变量，它的对象是可以扩充和修改的，即串的值和长度都可以改变。

1. StringBuffer 类的构造方法

StringBuffer 类有 3 个构造方法：

```
public StringBuffer();
public StringBuffer(int length);
public StringBuffer(String str);
```

第 1 个构造方法创建一个空的 StringBuffer 类的对象，该对象的初始容量为 16 个字节。第 2 个构造方法创建一个长度为 length 的 StringBuffer 类的对象。注意，如果参数 length 小于 0，将产生 NegativeArraySizeException 异常。第 3 个构造方法用一个已存在的字符串常量来创建 StringBuffer 类的对象，其初始容量为参数字符串 str 的长度再加上 16 个字节。

2. StringBuffer 类的常用方法

（1）public StringBuffer append(Object obj)。将其他 Java 类型的数据转化为字符串后再追加到 StringBuffer 对象中。可以将 boolean、char、char[]、double、float、int、long、String、StringBuffer 和其他对象转换成字符串追加到当前字符序列后。例如：

```
StringBuffer append(String s);
```

将一个字符串对象追加到当前 StringBuffer 对象中并返回当前 StringBuffer 对象的引用。

```
StringBuffer append(int n);
```

将一个整型数据追加到当前 StringBuffer 对象中并返回当前 StringBuffer 对象的引用。

（2）public char charAt(int n)。返回参数 n 指定位置上的字符。注意，字符串中的第一个字符的位置为 0，第二个字符的位置为 1，依此类推，并且 n 是一个小于字符串长度的非负数。

（3）public void setCharAt(int n,char ch)。将 StringBuffer 对象的第 n 个位置上的字符替换为字符 ch。

（4）StringBuffer insert(int index,String s)。将一个字符插入另一个字符串中，并返回当前对象的引用。

（5）public StringBuffer reverse()。将 StringBuffer 对象中的字符翻转，并返回当前对象的引用。

（6）StringBuffer delete(int start,int end)。将 StringBuffer 对象中从下标 start 开始到下标 end 的前一个字符的子字符串删除，并返回当前字符串的引用。

（7）StringBuffer replace(int start,int end,String s)。将 StringBuffer 对象中的字符串的一个子字符串用参数 s 指定的字符串替换。被替换的子字符串从下标 start 开始到下标 end 结束，并返回当前字符串的引用。

【例 7.2】StringBuffer 类使用程序示例。

```java
public class JavaDemo7_2 {
    public static void main(String args[]){
        char[] c = {'p','r','o','j','e','c','t'};
        StringBuffer s = new StringBuffer();
        s.append("Java");
        s.append(c);
        System.out.println(s.toString());
        System.out.println(s.charAt(4));
```

```
                s.setCharAt(4,'P');
                System.out.println(s.toString());
                s.delete(7,11);
                System.out.println(s.toString());
            }
        }
```
运行结果：
```
        Javaproject
        p
        JavaProject
        JavaPro
```
程序请读者自行分析。

7.3.3　Math 类

编写程序时，有时需要进行数学运算，如求某数的平方、绝对值、对数，或者生成一个随机数等。java.lang 包中的 Math 类提供了许多进行科学计算的方法，这些方法都是静态类型的方法，所以在使用时不需要创建 Math 类的对象，可以直接用类名作为前缀调用这些方法。Math 类中的常量和常用方法如表 7.3 和表 7.4 所示。

表 7.3　Math 类中的常量

变量名	意义
public static final double PI	圆周率
public static final double E	自然对数

表 7.4　Math 类中的常用方法

方法名	说明
public static long abs(double a)	返回 a 的绝对值
public static double max(double a,double b)	返回 a 与 b 中较大的值
public static double min(double a,double b)	返回 a 与 b 中较小的值
public static double random()	生成一个 0 和 1 之间的随机数（不含 0 和 1）
public static double pow(double a,double b)	返回 a 的 b 次方
public static double sqrt(double a)	返回 a 的平方根
public static double log(double a)	返回 a 的对数
public static double sin(double a)	返回 a 的正弦值
public static double cos(double a)	返回 a 的余弦值
public static double asin(double a)	返回 a 的反正弦值
public static int round(float a)	返回离 a 最近的整数，即四舍五入
public static int floor(double a)	返回比 a 小的最大整数，即取整

【例 7.3】Math 类使用程序示例。
```
        public class JavaDemo7_3 {
            public static void main(String args[]){
```

```
        System.out.println("90 度的正弦值：  "+Math.sin(Math.PI/2));
        System.out.println("0 度的余弦值：  "+Math.cos(0));
        System.out.println("1 的反正切值：  "+Math.atan(1));
        System.out.println("-8 的绝对值：  "+Math.abs(-8));
        System.out.println("16 开方值：  "+Math.sqrt(16));
        System.out.println("返回四舍五入值："+Math.round(6.53));
        System.out.println("返回最小整数值："+Math.floor(-3.6));
        System.out.println("返回一个随机数："+Math.random());
        System.out.println("返回 5 和 8 中的较大值："+Math.max(5,8));
        System.out.println("返回 5 和 8 中的较小值："+Math.min(5,8));
    }
}
```

运行结果：

```
90 度的正弦值：1.0
0 度的余弦值：1.0
1 的反正切值：0.7853981633974483
-8 的绝对值：8
16 开方值：4.0
返回四舍五入值：7
返回最小整数值：-4.0
返回一个随机数：0.9592151053546839
返回 5 和 8 中的较大值：8
返回 5 和 8 中的较小值：5
```

程序请读者自行分析。

7.3.4　Random 类

Java 实用工具类库中的 java.util.Random 随机数生成器类提供了丰富的随机数生成方法。它可以产生 boolean、int、long、float、byte 数组以及 double 类型的随机数。这也是它与 java.lang.Math 中的方法 random()最大的不同之处，后者只能产生 double 型的 0 和 1 之间的随机数。

1. Random 类的构造方法

```
public Random();
public Random(long seed);
```

Java 产生随机数需要一个种子数 seed。第一个构造方法没有参数，它以系统时间作为种子数 seed。

2. Random 类的常用方法

Random 类产生的随机数在其最大值范围内按照概率均匀分布。当调用次数足够大时，就会发现每个随机数出现的次数基本相同。Random 类的常用方法如表 7.5 所示。

表 7.5　Random 类的常用方法

方法名	说明
public int nextInt()	产生一个 32 位整型随机数
public int nextInt(int bound)	产生一个大小在 0 和 bound 之间的整型随机数
public long nextLong()	产生一个 64 位长整型随机数

方法名	说明
public float nextFloat()	产生一个单精度类型的随机数
public double nextDouble()	产生一个双精度类型的随机数

【例 7.4】Random 类使用程序示例。

```
import java.util.Random;
public class JavaDemo7_4 {
    public static void main(String[] args){
        Random r = new Random();
        int a = r.nextInt();
        int b = r.nextInt(100);
        int c = 50 + r.nextInt(50);
        System.out.println("a = "+a);
        System.out.println("b = "+b);
        System.out.println("c = "+c);
    }
}
```

运行结果：

```
a = 1309253375
b = 49
c = 60
```

程序分析：程序如果多次运行，则每次的运行结果都不相同。整数 c 其实是产生了一个 50 和 100 之间的随机整数。

7.3.5　日期类

Java 提供了 3 个日期类，即 Date、Calendar 和 DateFormat。Date 和 Calendar 类来自 java.util 包，DateFormat 类来自 java.text 包。在程序中，对日期的处理主要是如何获取、设置和格式化。Java 的日期类提供了很多方法以满足程序员的各种需要，请读者参考 Java API 文档。其中，Date 类主要用于创建日期对象并获取日期，Calendar 类可以获取和设置日期，DateFormat 类主要用来对日期进行格式化，实现各种日期格式的输出。

Java 语言规定的基准日期为格林威治（GMT）标准时，即 1970.1.1 00:00:00。当前日期都是由基准日期所经历的毫秒数转换而来的。

1. Date 类

Date 类在 java.util 包中，用来描述日期和时间。Date 类的构造方法和常用方法如表 7.6 和表 7.7 所示。

表 7.6　Date 类的构造方法

方法名	说明
public Date()	用系统日期时间数据创建 Date 对象
public Date(long date)	用长整型数 date 创建 Date 对象，date 表示从 1970 年 1 月 1 日 00:00:00 时刻开始到该日期时刻的微秒数

表 7.7　Date 类的常用方法

方法名	说明
public long getTime()	返回从 1970 年 1 月 1 日 00:00:00 时刻开始到当前时刻的微秒数
public boolean after(Date when)	日期比较，日期在 when 之后返回 true，否则返回 false
public boolean before(Date when)	日期比较，日期在 when 之前返回 true，否则返回 false

Date 对象表示时间的默认顺序是星期、月、日、时、分、秒、年。如果希望按年、月、日、时、分、秒、星期的顺序显示时间，可以使用 java.text.DateFormat 类的子类 java.text.SimpleDateFormat 来实现。SimpleDateFormat 类有一个常用的构造方法 public SimpleDateFormat(String pattern)，该构造方法可以用参数 pattern 创建一个指定格式的对象，该对象调用 format(Date date)方法来格式化时间对象。参数 pattern 应当含有如下一些有效的字符序列：

（1）y 或 yy 表示用 2 位数字输出年份，yyyy 表示用 4 位数字输出年份。

（2）M 或 MM 表示用 2 位数字或文本输出月份，若要用汉字输出月份，pattern 中应连续包含至少 3 个 M。

（3）d 或 dd 表示用 2 位数字输出日。

（4）H 或 HH 表示用 2 位数字输出小时。

（5）m 或 mm 表示用 2 位数字输出分。

（6）s 或 ss 表示用 2 位数字输出秒。

（7）E 表示用字符串输出星期。

（8）a 表示输出上下午。

另外，在 Java 中，为了与数据库 SQL 操作的日期类型相一致，提供了 Date 的子类 Date，区别是标准日期类在 java.util 包中，子类在 java.sql 包中。

2．Calendar 类

Calendar 类在 java.util 包中，是描述日期时间的抽象类，它通常用于需要将日期值进行分解的情况，Calendar 类中声明了 YEAR、MONTH、HOUR、MINUTE 等常量，分别表示年、月、日等日期中的单个部分值。Calender 类的常用常量和常用方法如表 7.8 和表 7.9 所示。

表 7.8　Calendar 类的常用常量

常量名	说明
public static final int YEAR	表示对象日期的年
public static final int MONTH	表示对象日期的月，0～11 分别表示 1～12 月
public static final int DAY_OF_MONTH	表示对象日期的日
public static final int DATE	与 DAY_OF_MONTH 意义相同
public static final int DAY_OF_YEAR	表示对象日期是该年的第几天
public static final int WEEK_OF_YEAR	表示对象日期是该年的第几周
public static final int HOUR	表示对象日期的时

常量名	说明
public static final int MINUTE	表示对象日期的分
public static final int SECOND	表示对象日期的秒

表 7.9　Calendar 类的常用方法

方法名	说明
public int get(int field)	返回对象属性 field 的值，属性是表 7.8 中描述的静态常量
public int set(int field, int value)	设置对象属性 field 的值为 value
public boolean after(Object when)	日期比较，日期在 when 之后返回 true，否则返回 false
public boolean before(Object when)	日期比较，日期在 when 之前返回 true，否则返回 false
public static Calendar getInstance()	获取 Calendar 对象
public final Date getTime()	由 Calendar 对象创建 Date 对象
public long getTimeInMillis()	返回从 1970 年 1 月 1 日 00:00:00 时刻开始到当前时刻的微秒数
public void setTimeInMillis(long millis)	以长整型数 millis 设置对象日期，millis 表示从 1970 年 1 月 1 日 00:00:00 时刻开始到该日期时刻的微秒数

Calendar 类对象的获得一般不采用 new 运算符来创建，而是通过该类的 getInstance()方法创建日历对象，得到当前系统的日期时间。例如，创建日历对象可采用如下语句：

```
Calendar now = Calendar.getInstance();
```

在获得 now 这个对象后，就可以使用 now 对象调用方法 get(int field)来获取有关年份、月份、小时、星期等信息，参数的有效值由 Calendar 类的静态常量指定。例如：

```
int year = now.get(Calendar.YEAR);
int month = now.get(Calendar.MONTH);
```

当然，也可以利用 now 对象调用相应的 set()方法将日历设定为任何时间。

【例 7.5】日期类 Date 使用程序示例。

```
import java.util.Date;
import java.text.SimpleDateFormat;
public class JavaDemo7_5 {
    public static void main(String[]args){
        Date date = new Date();
        SimpleDateFormat sdf = new SimpleDateFormat("yyyy 年 MM 月 dd 日 HH 时 mm 分");
        System.out.println (sdf.format(date));
    }
}
```

运行结果：

2020 年 04 月 18 日 23 时 21 分

程序请读者自行分析。

【例 7.6】日期类 Calendar 使用程序示例。

```
import java.util.Calendar;
public class JavaDemo7_6 {
```

```java
public static void main(String[] args) {
    Calendar rightNow = Calendar.getInstance();
    int year = rightNow.get(Calendar.YEAR);
    int month = rightNow.get(Calendar.MONTH);
    int date = rightNow.get(Calendar.DATE);
    int hour = rightNow.get(Calendar.HOUR_OF_DAY);
    int ap = rightNow.get(Calendar.AM_PM);
    System.out.print(year + "年" + (month + 1) + "月" + date + "日");
    if(ap==1)
        System.out.println("下午"+hour+"时");
    else
        System.out.println("上午"+hour+"时");
    }
}
```

运行结果：

2020 年 5 月 2 日下午 20 时

程序请读者自行分析。

7.4　Java 语言的垃圾回收

Java 语言的垃圾回收

在 Java 程序的生命周期中，Java 运行环境提供了一个系统的垃圾回收器线程，自动回收那些没有引用与之相连的对象所占用的内存，这种清除无用对象进行内存回收的过程就称为垃圾回收（garbage-collection）。垃圾回收是 Java 语言提供的一种自动内存回收功能，可以极大地减轻程序员的内存管理负担，也会减少程序员犯错的机会。当一个对象被创建时，JVM 会为该对象分配一定的内存空间，调用该对象的构造方法并开始跟踪该对象。当该对象停止使用时，JVM 将通过垃圾回收器回收该对象所占用的内存。

Java 中任何对象都有一个引用计数器，一个对象被引用一次，则该对象的引用计数器为 1，被引用两次，则引用计数器为 2，依此类推，当一个对象的引用计数器减到 0 时，说明该对象成为垃圾对象，可以被回收。使用垃圾回收可以把程序员从复杂的内存追踪、监测、释放等工作中解放出来，同时防止系统内存被非法释放，从而使系统更加稳定。

Java 语言的垃圾回收具有以下特点：

（1）只有当一个对象不被任何引用类型的变量使用时，即对象的引用计数器为 0 时，它的内存才可能被垃圾回收器回收。

（2）垃圾回收器负责释放没有引用与之关联的对象所占用的内存，但是回收的时间对程序员是透明的，在任何时候，程序员都不能通过程序强迫垃圾回收器立即执行。但可以通过调用 System.gc()或者 Runtime.gc()方法提示垃圾回收器进行内存回收操作，但是这也不能保证调用该方法后垃圾回收器立即执行。

（3）对象的回收是由系统进行的，但有一些任务需要在回收时进行，如清理一些非内存资源、关闭打开的文件等。这可以通过覆盖 Object 中的 finalze()方法来实现，因为系统在回收时会自动调用对象的 finalze()方法。当一个对象将要退出生命周期时，可以通过 finalze()方法来释放它所占的其他相关资源。但是，JVM 有很大的可能不调用对象的 finalze()方法，因此也很难保证使用该方法来释放资源是安全有效的。

本章小结

本章介绍了 Java 语言中包的概念、常见的系统包和常用的类。包是 Java 提供的类的组织方式，通常把需要在一起工作的类放在同一个包里。Java 语言根据功能的不同，将类库划分为若干不同的系统包，常用的系统包有语言包 java.lang、输入/输出包 java.io、实用包 java.util、抽象窗口工具包 java.awt、轻型组件工具包 java.swing、数据库工具包 java.sql 等。Java 语言中还有一些常用的类在编程中会经常用到，包括基本数据类型的封装类、字符串变量类 StringBuffer、数学运算类 Math、随机数类 Random、日期类 Date、日期时间抽象类 Calendar 和日期格式化类 DateFormat 等。Java 运行环境还提供了一个系统垃圾回收器线程，用来自动回收那些没有引用的垃圾对象，这个回收的过程称为垃圾回收。

第8章 异常处理

程序在运行的过程中出现错误或异常是不可避免的，程序设计语言需要提供应对错误或异常的处理策略和机制。Java 语言中的异常处理机制就是用来处理程序错误的一种有效机制，而异常的处理过程把程序运行时错误的管理带到了面向对象的世界中。

8.1 异常的基本概念

异常（exception）是指在程序运行中代码产生的一种错误。在不支持异常处理的程序设计语言中，每一个运行时错误都必须由程序员手动控制，这样不仅会增加程序员的工作量，而且处理过程也相对麻烦。

在软件开发过程中，程序出现错误或异常是不可避免的。程序中的错误按不同的性质可以分为不同的种类，有些错误能够被系统在编译时或运行时发现，而有些错误则不能被系统发现。作为程序员，必须及时发现并改正这些程序中的错误或异常，并且对不同的错误采取不同的处理方式。

程序中出现的错误按不同的性质可分为语法错误、语义错误和逻辑错误。语法错误是指因违反 Java 语言的语法规则而产生的错误，如语句末尾缺少分号、变量数据类型的声明和赋值不匹配、变量未定义等，这类错误通常在编译时就能被发现，并能给出错误的位置和性质，所以又称为编译错误。语法错误由 Java 语言的编译系统负责检测和报告，没有语法错误是一个程序能正常运行的基本条件。只有没有语法错误，Java 程序的源代码才能被编译成字节码。语义错误是指程序在语法上正确，但是在语义上存在错误，如数组下标越界、除数为 0 等，这类错误不能被编译系统检测到，含有语义错误的程序能够通过编译，只有到程序运行时才能发现，所以语义错误又称为运行错误。语义错误有的能够被程序事先发现，有的不能被程序事先发现，如输入/输出处理中打开的文件不存在，这类错误的发生不由程序本身所控制，因此必须进行异常处理。逻辑错误是指程序能够通过编译，也可以运行，但运行结果与预期结果不符。如由于循环条件不正确而没有结果、循环次数不对等因素导致的计算结果不正确等，这类错误是指程序不能实现程序员的设计意图和设计功能而产生的错误，所以称为逻辑错误。系统无法找到逻辑错误，程序员必须凭借自身的程序设计经验找出错误的原因及位置，从而改正错误。

程序中出现的运行错误按严重程度可分为错误和异常。错误是指程序在执行过程中所遇到的硬件或操作系统的错误，如内存溢出、虚拟机错等。错误对于程序而言是致命的，错误将导致程序无法运行，而且程序本身不能处理错误，只能依靠外界干预，否则会一直处于非正常状态。异常是指在硬件和操作系统正常情况下程序遇到的运行错误，有些异常是由于算法考虑不周而引起的，有些异常是由于编程过程中的疏忽大意而引发的，如操作数超出数据范围、数组下标越界、文件找不到等。异常对于程序而言是非致命性的，虽然异常会导致程序非正常终止，但 Java 语言的异常处理机制使程序自身能够捕获和处理异常，由异常处理代码调整程序运行方向，使程序仍可继续运行。

因此，为了增强程序的健壮性，在进行程序设计时必须考虑到可能发生的异常事件并做出相应的处理。由于异常是可以检测和处理的，所以就产生了相应的异常处理机制。

在 Java 中，所有的异常都是以类的形式存在，除了内置的异常类之外，Java 允许自定义异常类。Java 中的每个异常类都代表了一种运行错误，每当 Java 程序运行过程中发生一个可识别的运行错误时，系统都会产生一个相应的异常类的对象，即产生一个异常。一旦一个异常对象产生了，系统中就一定要有相应的机制来处理它，确保不会产生死机、死循环或其他对操作系统的损害，从而保证整个程序运行的安全性，这就是 Java 的异常处理机制。

在没有异常处理机制的语言中，必须使用 if-else 或 switch 等语句捕获程序中所有可能发生的错误情况。Java 的异常处理机制恰好弥补了这个不足，它具有易于使用、可自定义异常类、允许抛出异常且不会降低运行速度等优点。因而在设计 Java 程序时，充分利用 Java 异常处理机制可大大提高程序的稳定性、安全性和效率。

8.2　异常和异常类

异常与其他语言要素一样，是面向对象范围的一部分，是异常类的对象。Java 所有的异常对象都是继承 Throwable 类的实例，Throwable 类是类库 java.lang 包中的一个类，它派生出两个子类，即 Error 类和 Exception 类。

Error 子类由系统保留，它定义了那些应用程序通常无法捕捉到的错误。Error 类及其子类的对象代表了程序运行时 Java 系统内部的错误。Error 类及其子类的对象是由 JVM 生成并抛给系统的，这种错误有内存溢出错误、栈溢出错误、系统内部错误、资源耗尽错误等。Error 类的错误被认为是不能恢复的严重错误，在此情况下，除了通知用户并试图终止程序外几乎不能做任何处理。因此，不应该抛出这种类型的错误，而是直接让程序中断，交由操作系统处理。

Exception 子类供应用程序使用，是用户程序能够捕捉到的异常情况。一般情况下，Exception 类通过产生它的子类来创建自己的异常，即 Exception 类对象是 Java 程序抛出和处理的对象，它不同的子类分别对应于各种不同类型的异常。由于应用程序不处理 Error 类，所以一般说的异常都是指 Exceptiop 类及其子类。

在 Exception 类中有一个子类 RuntimeException 代表运行时异常，它是程序运行时自动地对某些错误作出反应而产生的，所以 RuntimeException 可以不编写异常处理的程序代码，依然可以成功编译，因为这类异常在程序运行时才有可能产生，如除数为 0 异常、数组下标越界异常、空指针异常等。这类异常应通过程序调试尽量避免，而不是使用 try-catch-finally 语句块去捕获并处理。

除了 RuntimeException 异常之外，其他则是非运行时异常，这种异常通常是在程序运行过程中由环境原因造成的异常，如输入/输出异常、网络地址不能打开、文件未找到等。这类异常必须在程序中使用 try-catch-finally 语句块去捕获并进行相应的处理，否则就不能通过编译。Java 编译器要求 Java 程序必须捕捉或声明所有的非运行时异常，如果程序不加以捕捉，Java 编译器则给出编译错误信息。在非运行时异常类中最常见的是 IOException 类，所有使用输入/输出相关命令的情况都必须处理 IOException 所引发的异常。

部分常见异常类的层次结构如图 8.1 所示。

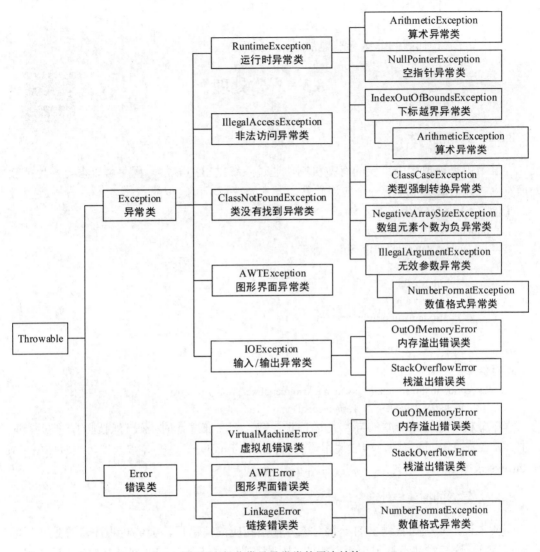

图 8.1 部分常见异常类的层次结构

Exception 类有自己的属性和方法，Exception 的构造方法有以下两个：

    public Exception();

    public Exception(String s);

第二个构造方法可以接收字符串参数传入的信息，这些信息通常是对该异常所对应的错误的描述。

Exception 类从父类 Throwable 那里还继承了若干方法，常用的有以下两个：

（1）public String toString()：返回描述当前 Exception 类信息的字符串。

（2）public void printStackTrace()：没有返回值，只是完成一个输出操作，在当前的标准输出设备（一般是屏幕显示器）上输出当前异常对象的堆栈使用轨迹，即程序先后调用并执行了哪些对象或类的哪些方法，使得运行过程中产生了这个异常对象。

总之，程序对错误和异常的处理方式有以下 3 种：

（1）程序不能处理的错误。

（2）程序应捕获的运行时异常。

（3）程序必须捕获的非运行时异常。

8.3 异常处理

异常处理

8.3.1 异常的产生

异常是用来处理程序错误的有效机制。通过系统抛出的异常，程序可以很容易地捕获并处理发生的异常情况。对于一个应用软件，异常处理是不可缺少的。

【例 8.1】异常产生程序示例。

```java
public class JavaDemo8_1 {
    public static void main(String args[]) {
        int a = 10;
        int b = 0;
        int c = a/b;
        System.out.println("c="+c);
    }
}
```

运行结果：

```
Exception in thread "main" java.lang.ArithmeticException: / by zero
    at chap08.JavaDemo8_1.main(JavaDemo8_1.java:7)
```

程序分析：该程序产生的异常是运行时异常，程序在编译时是没有问题的，但运行时会产生异常。在 Java 语言中，一般使用语句 try-catch-finally 来进行异常处理，同时使用 throw 和 throws 来抛出异常。

8.3.2 异常的捕获与处理

一般来说，系统捕获抛出的异常对象并输出相应的信息后，会终止程序，导致其后的程序无法运行。这其实并不是用户所期望的，因此需要程序来接收和处理异常对象，而不影响其他语句的执行，这就是捕获异常的意义所在。当一个异常被抛出时，应该有专门的语句来接收这个被抛出的异常对象，这个过程就是捕获异常。当一个异常类的对象被捕获或接收后，用户程序就会发生流程跳转，即系统终止当前的流程而跳转到专门的异常处理语句块，或直接跳出当前程序和 JVM 回到操作系统。

在 Java 语言的异常处理机制中，提供了 try-catch-finally 语句来捕获和处理一个或多个异常，其语法格式如下：

```java
try {
    可能产生异常的代码              //try 块
}
catch(ExceptionType e1){          //要捕获的异常类型
    对 e1 异常的处理              //异常处理，可以为空
```

```
        }
    catch(ExceptionType en){          //要捕获的异常类型
        对 en 异常的处理              //异常处理，可以为空
    }
    finally{
        一定会运行的语句序列          //finally 块
    }
```

异常的捕获和处理流程如下：

（1）如果 try 块中没有异常，那么程序将跳过 catch 子句。在异常捕获的过程中，程序会做两个判断：一是程序块中是否有异常产生；二是产生的异常是否和 catch 后面括号内欲捕获的异常类型匹配。

（2）try 块中的代码产生一个属于 catch 子句所声明类的异常，程序将跳过 try 块中的剩余代码并执行与产生异常类型匹配的 catch 子句的异常处理代码。catch 块中的语句应根据异常类型的不同而执行不同的操作，比较通用的做法是输出异常的相关信息，包括异常名称、产生异常的方法名等。

（3）如果 try 块中的代码产生一个不属于所有 catch 子句所声明类的异常，那么该方法会立即退出，其后的代码不会被执行。可以通过 finally 语句块来为异常处理提供一个统一的出口，使得在流程跳转到程序的其他部分以前能够对程序的状态进行统一管理，所以 finally 语句块经常用于资源的清理工作，如关闭打开的文件等。

（4）在一个 try 块中可能产生多种类型的异常，这时需要用多个 catch 块来捕获和处理。当异常产生时，Java 将逐个检查这些 catch 子句，发现与抛出的异常类型匹配时就执行那一段代码，而其余代码不会被执行。

（5）当异常产生时，方法的执行流程以非线性方式进行，甚至在没有匹配的 catch 子句的情况下，可能从方法中过早退出。但有时候，无论异常未产生还是产生后被捕获，都希望有些语句必须执行。例如，在进行文件操作时，首先要打开文件，接着对文件进行处理，然后关闭文件。出于安全因素的考虑，无论异常发生与否都要执行关闭文件操作。由上述异常处理流程可知，关闭文件的操作放在 try 或 catch 语句块中都不合适，finally 语句就提供了上述问题的解决办法，即在 try-catch 语句块之后创建一个 finally 语句块。

（6）finally 块是可以省略的，若省略 finally 块，则在 catch 块结束后，程序跳转到 try-catch 块之后的语句继续运行。当 catch 块中含有 System.exit(0)语句时，不执行 finally 块中的语句，程序直接终止；当 catch 块中含有 return 语句时，执行完 finally 块中的语句后再终止程序。

下面通过一个例子来介绍 Java 语言中异常从产生到捕获并被处理的全过程。

【例 8.2】异常处理程序示例。

```java
public class JavaDemo8_2 {
    public static void main(String args[]) {
        try {
            int a = 10;
            int b = 0;
            int c = a/b;
            System.out.println("c="+c);
        } catch(ArithmeticException e) {
```

```
                        System.out.println("catch 中的语句");
                } finally {
                        System.out.println("finally 中的语句");
                }
        }
    }
```

运行结果：

```
    catch 中的语句
    finally 中的语句
```

程序分析：程序在执行 a/b 时，由于被除数为 0，将产生一个 ArithmeticException 异常，这个异常由系统自动抛出。在 catch 语句块中，ArithmeticException 异常将被捕获，从而程序跳转到 catch 块中处理，所以在程序的运行结果中首先输出"catch 中的语句"。在 Java 的异常处理机制中，只要程序中包含 finally 子句，不管是否产生异常，都将执行 finally 块，这就避免了执行程序从方法中过早地退出。在这个例子中，无论程序是否产生异常或产生后是否捕获到异常，"finally 中的语句"的输出都将被执行一次。

8.3.3 多异常处理

在异常处理中，catch 块紧跟在 try 块的后面，用来接收 try 块可能产生的异常。但实际上，一个 try 块可能产生多种不同的异常，如果希望能采取不同的方法来处理这些不同的异常，就需要使用多异常处理机制。多异常处理是通过在一个 try 块后面定义若干个 catch 块来实现的，每个 catch 块用来接收和处理一种特定的异常对象。

在上一节中已经介绍了多个 catch 块的处理流程，值得注意的是，如果所有的 catch 块都不能与当前的异常对象匹配，则当前方法不能处理这个异常对象，程序流程将返回到调用该方法的上层方法。如果这个上层方法中定义了与所产生的异常对象相匹配的 catch 块，则流程就跳转到这个 catch 块中，否则继续回溯更上层的方法。如果在所有方法中都找不到合适的 catch 块，则由 Java 运行系统来处理这个异常对象。此时，通常会终止程序的执行，退出 JVM 返回到操作系统，并在标准输出设备上输出相应的异常信息。当然存在另一种情况，即 try 块中的所有语句都没有引发异常，则所有的 catch 块都会被忽略而不被执行，这个时候 finally 块中的语句还是会被执行的。

由于异常对象与 catch 块的匹配是按照 catch 块的先后排列顺序进行的，所以在处理多异常时应注意设计各 catch 块的排列顺序。一般来讲，处理较具体、较常见异常的 catch 块应放在前面，而可以与多种异常类型相匹配的 catch 块应放在较后的位置。若将子类异常的 catch 块放在父类异常的 catch 块后面，则编译不能通过。

下面来看一个多异常处理的例子。

【例 8.3】多异常处理程序示例。

```
public class JavaDemo8_3 {
    public static void main(String args[]){
        int a[] = {1,2,3,4,5};
        int s = 0;
        try{
            for(int i=0;i<6;i++){
```

```
            s += a[i]/i;
        }
        System.out.println("s="+s);
    }
    catch(ArithmeticException e) {
        System.out.println("除数为 0 的异常被捕获");
    }
    catch(ArrayIndexOutOfBoundsException e){
        System.out.println("数组越界的异常被捕获");
    }
    finally{
        System.out.println("最后执行的 finally 语句块");
    }
    }
}
```

运行结果：

> 除数为 0 的异常被捕获
>
> 最后执行的 finally 语句块

程序分析：程序进入循环的第 1 次执行就因为除数 i 为 0 而产生了异常，在被第 1 个 catch 块捕获并处理后，程序进入 finally 块并执行其中的语句。如果程序中的 for 循环语句改为 for(int i=1;i<6;i++)，则程序的运行结果先输出"数组越界的异常被捕获"，因为当循环从 1 开始时除数为 0 的异常将不再产生，而当循环执行到第 5 次，即 i=5 时，a[5]的出现将产生数组越界的异常，从而被第 2 个 catch 块捕获并处理。

【例 8.4】多异常处理程序示例。

```
public class JavaDemo8_4 {
    public static void main(String[] args) {
        int[] a = {1,2,3,4};
        for(int i=0; i<5; i++) {
            try {
                System.out.println("a["+i+"]/"+i+"="+(a[i]/i));
            } catch(ArithmeticException e) {
                System.out.println("第 1 个 Catch 捕获到了 ArithmeticException 异常");
            } catch(ArrayIndexOutOfBoundsException e) {
                System.out.println
                    ("第 2 个 Catch 捕获到了 ArrayIndexOutOfBoundsException 异常");
            }catch(Exception e) {
                System.out.println("第 3 个 Catch 捕获到了 Exception 异常");
            } finally {
                System.out.println("Finally 中的 a["+i+"]="+a[i]);
            }
        }
    }
}
```

运行结果:

第 1 个 Catch 捕获到了 ArithmeticException 异常

Finally 中的 a[0]=1

a[1]/1=2

Finally 中的 a[1]=2

a[2]/2=1

Finally 中的 a[2]=3

a[3]/3=1

Finally 中的 a[3]=4

第 2 个 Catch 捕获到了 ArrayIndexOutOfBoundsException 异常

程序分析:该程序运行时,第 1 次循环就捕获到了算术异常,且该异常被第 1 个 catch 块捕获,因此后面的 catch 语句就不再起作用。同样,在执行第 5 次循环时,数组下标越界异常被捕获到,而这个异常是被第 2 个 catch 块捕获的,因此后面的 catch 语句也不再起作用。同时,异常捕获到后,其他语句仍然可以正常运行,直到整个程序结束。

说明:为了防止遗漏某一类异常的 catch 块,可以在后面放置一个捕获 Exception 类的 catch 块。Exception 是可以从任何方法中抛出的基本类型。因为它能够捕获任何异常,从而使后面具体的异常 catch 块不起作用,所以需要放在最后的位置。

8.4 抛出异常

抛出异常

Java 程序在运行时如果引发了一个可以识别的错误,就会产生一个与该错误相对应的异常类的对象,这个过程称为异常的抛出,实际是相应异常类的实例的抛出。根据异常类的不同,抛出异常的方式有以下两种:

(1)系统自动抛出的异常。所有系统定义的异常由系统自动地抛出,即一旦出现这些运行错误,系统将会为这些错误产生对应异常类的实例。

(2)指定方法抛出异常。用户自定义的异常不可能依靠系统自动抛出,必须用 throw 语句抛出。首先,必须知道在什么情况下产生了某种异常对应的错误,然后为这个异常类创建一个实例,最后用 throw 语句抛出。关键字 throw 通常用在方法体中抛出一个异常类的实例。

8.4.1 抛出异常概述

如果一个方法内部的语句执行时可能引发某种异常,但是并不能确定如何处理,则此方法应声明抛出异常,表明该方法将不对这些异常进行处理,而由该方法的调用者处理,也就是说,方法中的异常没有用 try-catch 语句捕获异常和处理异常的代码。一个方法声明抛出异常有以下两种方式:

(1)在方法体内使用 throw 语句抛出异常对象。

throw 异常类对象;

(2)在方法头部添加 throws 子句抛出异常。

[修饰符] 返回值类型 方法名([参数列表]) throws 异常类列表

    { }

其中,异常类列表是方法中要抛出的异常类,当异常类多于一个时,要用逗号隔开。

当使用方法抛出异常时，则不必编写 try-catch-finally 语句，而交给调用此方法的程序来处理。当然，在这种情况下，也可以编写 try-catch-finally 语句来处理异常，两者并不冲突。

8.4.2 抛出异常交方法处理

当一个没有处理异常语句的方法抛出异常后，系统就会将异常向上传递，由调用它的方法来处理这个异常。若上层调用方法中仍没有处理这个异常的语句，系统就会再往上追溯到更上层，这样一层一层地向上追溯，一直追溯到 main()方法，这时 JVM 必然会处理。也就是说，如果某个方法声明抛出异常，则调用它的方法必须捕获并处理异常，否则会出现编译错误。

下面来看一个抛出异常并交由方法处理的例子。

【例 8.5】使用 throw 抛出异常并在同一方法内进行异常处理的程序示例。

```java
public class JavaDemo8_5 {
    public static void main(String[] args) {
        int a=5,b=0;
        try {
            if(b==0)
                throw new ArithmeticException();
            else
                System.out.println(a+"/"+b+"="+a/b);
        } catch(ArithmeticException e) {
            e.printStackTrace();
        }
    }
}
```

运行结果：

```
java.lang.ArithmeticException
    at chap08.JavaDemo8_5.main(JavaDemo8_5.java:8)
```

程序分析：程序在抛出异常时，关键字 throw 所抛出的是由异常类所产生的对象，因此 throw 语句必须使用 new 运算符来产生对象。本例中程序主动抛出系统定义的运行异常（ArithmeticException），事实上如果不使用 throw 来抛出此异常，系统还是会自动抛出。所以在程序代码中抛出系统定义的运行时异常并没有太大的意义,通常从程序代码中抛出的是自己编写的异常，因为系统并不会自动抛出它们。

我们注意到，在 catch 后面括号内的异常类后边都有一个变量 e，其作用是如果捕获到异常，则 Java 会利用异常类创建一个相应类型的变量 e，利用此变量便能进一步提取有关异常的信息。事实上，可以将 catch 括号里的内容想象成方法的参数，因此变量 e 就是相应异常类的变量。变量 e 接收到由异常类产生的对象后，进入相应的 catch 块中进行处理，printStackTrace() 方法用于打印异常栈信息,这个方法可以方便我们去查找出现异常的可能语句,在运行结果中,"JavaDemo8_5.java:8"就指出了出现异常的语句在程序的第 8 行。

【例 8.6】使用 throws 抛出异常交给上层调用方法进行异常处理的程序示例。

```java
import java.io.BufferedReader;
import java.io.IOException;
import java.io.InputStreamReader;
```

```
public class JavaDemo8_6 {
    public static void main(String[] args){
        try {
            if (check()>=60)
                System.out.println("成绩及格");
            else
                System.out.println("成绩不及格");
        } catch(NullPointerException e) {
            System.out.println("输入的字符串长度不为 2，抛出空指针异常："+e.toString());
        } catch (NumberFormatException e) {
            System.out.println
                ("输入的字符串不是数值类型，抛出数字转换异常："+e.toString());
        } catch (IOException e) {
            System.out.println("输入参数出现 IO 异常："+e.toString());
        }
    }
    static int check() throws NullPointerException,IOException {
        int temp;
        BufferedReader br = new BufferedReader(new InputStreamReader(System.in));
        System.out.println("请输入一个长度为 2 的数字字符串：");
        String s = br.readLine();
        if(s.length()<2 || s.length()>2)
            s = null;
        char ch;
        for (int i=0;i<s.length();i++){
            ch = s.charAt(i);
            if(!Character.isDigit(ch))
                throw new NumberFormatException();
        }
        temp = Integer.parseInt(s);
        return temp;
    }
}
```

运行结果（1）：

请输入一个长度为 2 的数字字符串：

100

输入的字符串长度不为 2，抛出空指针异常：java.lang.NullPointerException

运行结果（2）：

请输入一个长度为 2 的数字字符串：

ab

输入的字符串不是数值类型，抛出数字转换异常：java.lang.NumberFormatException

程序分析：check()方法在方法头通过关键字 throws 抛出了空指针异常 NullPointerException 和输入输出异常 IOException，在方法内通过关键字 throw 抛出了数字转换异常 NumberFormatException。在方法内抛出异常时需要先创建这个异常对象，所以使用了关键字 new。由于 check()方法自身并不处理这 3 个异常，而是交给调用 check()方法的 main()方法来处理，由于 main()方法没有再一次向上层调用抛出，所以在 main()方法中使用了 try-catch 块来处理这 3 个异常。

从运行结果可知，当输入字符串长度为 3 时，在 check()方法中字符串变量 s 被赋值为 null，当循环中调用 s.length()方法时会产生空指针异常，这个异常由 check()方法抛出，由 main()方法来捕捉并处理，所以程序输出 NullPointerException 的相关信息。当输入字符串为"ab"时，在调用 Character.isDigit()时返回 false，此时 check()方法抛出 NumberFormatException 给 main()方法处理，所以程序输出 NumberFormatException 的相关信息。

8.4.3　抛出异常交系统处理

一般来讲，对于程序需要自己处理的异常，通过编写 try-catch-finally 块进行处理，而对于程序无法处理必须交由系统处理的异常，可以在主方法头使用 throws 子句声明抛出异常交由系统处理。

【例 8.7】主函数抛出异常的程序示例。

```java
import java.io.FileInputStream;
import java.io.IOException;
public class JavaDemo8_7 {
    public static void main(String[] args) throws IOException{
        FileInputStream fis = new FileInputStream("c:\\java\\hello.txt");
    }
}
```

运行结果：

```
Exception in thread "main" java.io.FileNotFoundException: c:\java\hello.txt（系统找不到指定的文件）
    at java.base/java.io.FileInputStream.open0(Native Method)
    at java.base/java.io.FileInputStream.open(FileInputStream.java:213)
    at java.base/java.io.FileInputStream.<init>(FileInputStream.java:155)
    at java.base/java.io.FileInputStream.<init>(FileInputStream.java:110)
    at chap08.Test.main(Test.java:8)
```

程序分析：该程序涉及输入输出操作，会抛出 IOException，这个异常并没有调用其他方法来进行处理，而是直接通过 throws 抛出交系统处理。如果没有指定的文件，系统会抛出 FileNotFoundException。注意 FileNotFoundException 是 IOException 的子类，系统在中断程序执行时输出的是具体的子类异常名称。

8.5　自定义异常类

自定义异常类

Java 语言可以使用系统定义的异常来处理系统可以预见的较常见的运行时错误，但对于某个应用程序所特有的运行时错误，则需要程序员根据程序的特殊逻辑关系在用户程序里自己创建用户自定义的异常类和异常对象。用户自定义异常类主要用来处理用户程序中可能产生的逻辑错误，使得这种错误能够被系统及时识别并处理，不致扩散产生更大的影响，从而使用户程序有更好的容错性能，并使整个系统更加稳定。

Java 语言可以通过继承的方式编写自己的异常类。因为所有的异常类均继承自 Exception 类，所以自定义类也必须继承这个类。Java 推荐用户自定义的异常类以 Exception 为直接父类，也可以使用某个已经存在的系统异常类或用户自定义的异常类为其父类。自定义异常类的语法如下：

```
class  异常类名  extends Exception{
        …
    }
```

在自定义异常类里通过编写新的方法来处理相关的异常，甚至不编写任何语句也可以正常工作，因为 Exception 类已经提供相当丰富的方法。程序员可以通过覆盖父类的属性和方法，使这些属性和方法能够体现自定义异常类所对应的错误信息。一般来讲，在自定义异常类中通常会加入两个构造方法，分别是没有参数的默认构造方法和含有字符串型参数的构造方法。

只有定义了异常类，系统才能识别特定的运行时错误，才能及时地控制和处理运行时错误，所以定义足够多的异常类是构建一个稳定完善的应用系统的重要基础。用户自定义异常不能由系统自动抛出，因而必须借助 throw 语句来定义产生这种异常对应错误的情况，并抛出这个异常类的对象。

【例 8.8】自定义异常的程序示例。

```java
import java.io.BufferedReader;
import java.io.IOException;
import java.io.InputStreamReader;
public class JavaDemo8_8 {
    public static void main(String args[]){
        BufferedReader br = new BufferedReader(new InputStreamReader(System.in));
        System.out.println("请输入一串字符：");
        try{
            String s = br.readLine();
            if(s.length()>=10)
                throw new MyException(s);
        }catch(MyException e){
            System.out.print(e);
        } catch (IOException e) {
            e.printStackTrace();
        }
    }
}
class MyException extends Exception {
    private String name;
    private int length;
    public MyException(String _name) {
        name = _name;
        length = name.length();
    }
    public String toString() {
        return ("字符串长度超出所允许的最大长度，出现异常。");
    }
}
```

运行结果：

　　请输入一串字符：

　　aabbccddeeff

　　字符串长度超出所允许的最大长度，出现异常。

　　程序分析：程序通过继承异常类 Exception 创建了一个自定义异常类 MyException，并定义了它的一个构造方法和一个成员方法。异常类和普通类一样，可以有成员变量、方法，能对变量进行操作。main()方法中根据输入的字符串长度判断是否抛出异常，如果字符串长度大于 10，则通过 "throw new MyException(s);" 语句抛出自定义的异常，并通过 try-catch 块输出异常信息。

本章小结

　　异常处理是 Java 程序设计非常重要的一个方面，本章详细讲述了 Java 异常处理的有关知识。针对程序中出现的异常问题，使用 Java 异常处理机制不仅可以提高程序运行的稳定性、可读性，而且能够让程序员用自己的方式进行程序的异常情况处理，有利于程序版本的升级。

　　通过本章的学习，我们知道异常的处理有两种方式：一是在方法内使用 try-catch 语句来处理方法本身所产生的异常；二是在方法声明的头部使用关键字 throws 或在方法内部使用 throw 语句将它送往上一层调用机构去处理。对于非运行时异常，Java 要求必须进行捕获并处理，而对运行时异常则可以交给 Java 运行时系统来处理。

第 9 章　输入/输出与文件处理

输入/输出是面向对象程序设计的核心功能，也是程序与外部设备或其他计算机进行交互的操作，基本上所有的程序都具有输入/输出操作。Java 语言的输入/输出操作是用流来实现的，通过统一的接口来表示，从而使程序更加简单明了。文件处理主要通过文件管理类 File 来实现对文件和文件夹的管理，文件处理也是面向对象程序设计的核心功能之一。

9.1　流

Java 语言的输入/输出功能借助输入/输出包 java.io 来实现，利用 java.io 包中所提供的输入/输出类，Java 程序可以很方便地实现多种多样的输入/输出操作，以及复杂的文件与文件夹管理。

9.1.1　流的概念

流（Stream）是指计算机各部件之间的数据流动。按照数据的传输方向，流可分为输入流和输出流。Java 流序列中的数据既可以是未经加工的原始二进制数据，也可以是经过一定编码处理后符合某种格式规定的特定数据。

根据流中数据传输的方向，可将流分为输入流和输出流。当程序需要读取数据的时候，就会生成一个通向数据源的流，这个数据源可以是文件、内存或网络连接，该流称为输入流（InputStream）。当程序需要写入数据的时候，就会生成一个通向目的地的流，该流称为输出流（OutputStream）。

Java 的 I/O 包提供了大量的流类来实现数据的输入和输出。但是所有输入流类都是抽象类 InputStream 和抽象类 Reader 的子类，它们都继承了 read()方法读取数据。而所有输出类都是 OutputStream 和 Writer 的子类，它们都继承了 write()方法写入数据。

注意：流是有方向性的，输入流只能从中读取数据，而不能往一个输入流中写数据。同样地，输出流只能向其中写入数据，而不能从一个输出流中读数据。

9.1.2　输入/输出流

在面向对象程序设计中，把不同类型的输入/输出源（键盘、屏幕、文件、网络等）抽象为流，而其中输入或输出的数据称为数据流（data stream），用统一的方式表示，从而使程序设计简单明了。

数据流分为输入流和输出流两大类。将数据从外设或外存（如键盘、鼠标、文件等）传递到应用程序的流称为输入流；将数据从应用程序传递到外设或外存（如屏幕、打印机、文件等）的流称为输出流。对于输入流只能从其读取数据而不能向其写入数据，同样对于输出流只能向其写入数据而不能从其读取数据。数据流是 Java 程序发送和接收数据的一个通道，在应用程序中通常使用输入流读出数据，使用输出流写入数据，就好像数据流入到程序或从程序中流出。输入/输出流示意如图 9.1 所示。

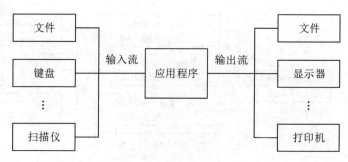

图 9.1　输入/输出流示意

　　采用数据流来处理输入与输出的目的是使得应用程序的输入和输出操作独立于相关设备。每个设备的实现细节由系统完成，程序不需要关注这些实现的细节。对于应用程序而言，使用数据流来处理能够让程序作用于多种输入/输出设备，而不需要对源代码作任何修改。也就是说，对任意设备的输入/输出处理，只要针对流来作处理就可以了，从而增强了程序的可移植性。

　　流式输入/输出的最大特点是数据的获取和发送是沿着数据序列按顺序进行的，每一个数据都必须等待排在它前面的数据读入或输出之后才能被读写，每次读写操作处理的都是序列中剩下的未读写数据中的第一个，而不能随意选择输入/输出的位置。对流序列中不同性质和格式的数据及不同的传输方向，面向对象语言的输入/输出类中有不同的流类来实现相应的输入/输出操作。

9.1.3　缓冲流

　　对数据流的每次操作都是以字节为单位进行，每次向输出流写入一个字节或从输入流读出一个字节，数据的传输效率较为低下。为了提高数据的传输效率，Java 语言通过使用缓冲流来解决，也就是说，Java 语言为一个流配备一个缓冲区，这个缓冲区就是专门用于传送数据的一块内存。

　　当向一个缓冲流写入数据时，系统将数据发送到缓冲区，而不是直接发送到外部设备。缓冲区自动记录数据，当缓冲区满时，系统将数据全部发送到相应的外部设备，提高数据输出的效率。

　　当从一个缓冲流中读取数据时，系统实际是从缓冲区中读取数据。当缓冲区为空时，系统就会从相关的外部设备中自动读取数据，并读取尽可能多的数据填满缓冲区，提高数据输入的效率。由此可见，缓冲流提高了内存与外部设备之间的数据输入/输出的传输效率。

9.2　输入/输出类库

输入/输出类库

　　Java 语言的输入/输出流类都封装在 java.io 包中，如果要使用输入/输出流类就需要导入 java.io 包，该包中的每一个类都代表了某种特定的输入流或输出流。Java.io 包中的流类可以完成各种不同的功能。用户通过这些输入/输出流类，可以将各种格式的数据视为流来进行操作，从而使应用程序处理数据读写的方式更为统一，提高了程序的可移植性。

Java.io 包中的主要输入/输出流类层次结构如图 9.2 所示。

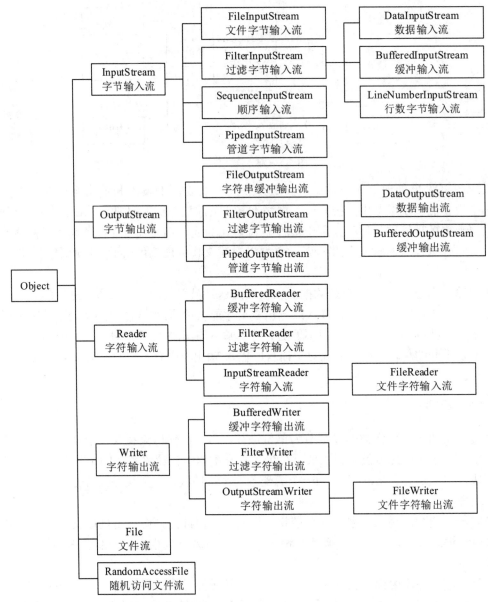

图 9.2　主要输入/输出流类层次结构

Java 程序根据输入/输出数据类型的不同，将输入/输出流按处理数据的类型不同分为字节流（byte stream）和字符流（character stream），处理信息的基本单位分别是字节和字符。字节流每次读写 8 位二进制数，只能将数据以二进制的方式读写，不能分解、重组和理解这些数据，字节流又被称为二进制字节流。字符流一次读写 16 位二进制数，并将其作为一个字符而不是二进制位来处理。字符流是针对字符数据的特点进行过优化的，因而提供了一些面向字符的有用的特性。字符流的源或目标通常是文本文件。Java 中的字符使用的是 16 位的 Unicode 编码，每个字符占用两个字节。字符流可以实现 Java 程序中的内部格式与文本文件、显示输出、键盘输入等外部格式之间的转换。在很多情况下，数据源或目标中含有非字符数据，如图像数据、视频数据、指令数据等，这些信息不能被解释成字符，必须用字节流来进行处理。

在 java.io 包中有 4 个基本类，即 InputStream、OutputStream、Reader 和 Writer，分别用于处理字节流和字符流。其中，InputStream 和 OutputStream 用于处理字节流，通常用来读写诸如图片、音频之类的二进制数据，也就是二进制文件，当然也可以用于处理文本文件，Reader 和 Writer 用于处理字符流，也就是文本文件。java.io 包中可以使用 File 文件类，用于对磁盘文件与文件夹进行管理，使用 RandomAccessFile 随机访问文件类，用于处理磁盘文件的随机读写操作。由于 InputStream、OutputStream、Reader 和 Writer 是抽象类，所以一般而言，并不会直接使用这些类，因为不能表明它们具体对应哪种 I/O 设备。通常是根据这些类所派生的子类来对文件进行处理，因为这些子类与具体的 I/O 设备相对应。

9.3　字节流

字节流

9.3.1　InputStream 类和 OutputStream 类

InputStream 类和 OutputStream 类在 Java 语言中用来处理以位（bit）为单位的流，它可以用来处理二进制文件的数据，也可以用来处理文本文件。字节流用来读写 8 位的数据。由于在读写中不会对数据进行任何转换，所以字节流可以用来直接处理二进制的数据。

1. InputStream 类

InputStream 类是一个抽象类，它定义了基本的字节数据读入方法，子类是对其实现或进一步扩展功能。InputStream 类用于从外部设备获取数据到计算机内存中，通过定义其子类和方法来实现字节输入功能。InputStream 类提供了输入数据所需的基本方法，如表 9.1 所示。

表 9.1　InputStream 类的成员方法

成员方法	主要功能
public abstract int read() throws IOException	从输入流中读取一个字节
public int read(byte b[]) throws IOException	将输入的数据存放在指定的字节数组中
public int read(byte b[],int offset,int len) throws IOException	从输入流中的 offset 位置开始读取 len 个字节并存放在指定的数组 b 中
public void reset() throws IOException	将读取位置移至输入流标记处
public long skip(long n) throws IOException	从输入流中跳过 n 个字节
public int available()throws IOException	返回输入流中的可用字节个数
public void mark(int readlimit)	在输入流当前位置加上标记
public boolean markSupported()	测试输入流是否支持标记（mark）用的所有资源
public void close()throws IOException	关闭输入流，并释放占用的所有资源

2. OutputStream 类

OutputStream 类也是抽象类，它定义了基本的数据输出方法，如 write()方法，所有的字节输出流都是 OutputStream 类及其子类。OutputStream 类用于将计算机内存的数据输出到外部设备。通过定义其子类和方法来实现字节输出功能。OutputStream 提供了输出数据所需的基本方法，如表 9.2 所示。

表 9.2 OutputStream 类的成员方法

成员方法	主要功能
public abstract void write(int b) throws IOException	输出一个字节
public void write(byte b[])throws IOException	输出一个字节数组
public void write (byte b[],int offset,int len) throws IOException	将字节数组 b 中从 offset 位置开始的、长度为 len 个字节的数据输出到输出流中
public void flush() throws IOException	输出缓冲区内的所有数据
public void close() throws IOException	关闭输出流，并释放占用的所有资源

注意：虽然字节流可以操作文本文件，但并不提倡这样做。因为字节流不能直接操作 Unicode 字符，用字节流来操作文本文件，如果有中文文字符可能会导致乱码，所以 Java 语言不提倡使用字节流来读写文本文件，而是建议使用字符流来操作文本文件。

9.3.2 FileInputStream 类和 FileOutputStream 类

由于 InputStream 类和 OutputStream 类是抽象类，在具体应用时都是由它们所派生的子类来实现，不同的子类用于不同类型数据的输入/输出操作。FileInputStream 类和 FileOutputStream 类是 InputStream 抽象类和 OutputStream 抽象类的子类，主要应用于本地磁盘文件的顺序输入和输出操作。

1. FileInputStream 类

InputStream 类和 OutputStream 类都是抽象类，不能实例化，因此在实际应用中并不能直接使用这两个类，而是使用一些基本数据流类，如 FileInputStream 类和 FileOutputStream 类，它们分别是 InputStream 类和 OutputStream 类的子类，用于文件输入和输出的处理，其数据源和目标都是文件。

FileInputStream 类用于顺序访问本地文件。它从超类 InputStream 中继承了 read、close 等方法对本机上的文件进行操作。

为了创建 FileInputStream 类的对象，用户可以调用它的构造方法。FileInputStream 类主要有 3 个构造方法：FileInputStream(String name)、FileInputStream(File file)和 FileInputStream(FileDescriptor fd)。

第一个构造方法使用给定的文件名 name 创建一个 FileInputStream 对象，用来打开一个到达该文件的输入流，这个文件就是源。例如，为了读取一个名为 myfile.txt 的文件，需要建立一个文件输入流对象，语句格式如下：

    FileInputStream fis = new FileInputStream("myfile.txt");

而第二个构造方法使用 File 对象创建 FileInputStream 对象，用来指定要打开的文件。例如，下面的代码段使用第二个构造方法来建立一个文件输入流对象，用于检索文件，代码如下：

    File f = new File("myfile.txt");
    FileInputStream fis = new FileInputStream(f);

第三个构造方法以 FileDescriptor 对象为参数。FileDescriptor 也是 java.io 包中的类，主

要用于关联已打开的文件、已打开的网络链接及其他 I/O 连接，在机器底层发挥作用，可以强制系统缓冲区与底层设备保持同步，从而为输入/输出流提供一个与底层设备同步的系统缓冲区。

FileInputStream 类的对象读取字节的方法有 3 种格式，在创建文件输入流对象之后，可以调用 read()方法从流中读取字节，格式如下：

```
public int read() throws IOException
public int read(byte[] b,int off,int len) throws IOException
public int read(byte[] b) throws IOException
```

read()方法将返回一个整数，它包含了流中的下一个字节。如果返回值是-1，则表示到达了文件输入流的末尾。这种方法每次只能从文件输入流中读取一个字节，为了能从流中读入多个数据字节，可以调用 read(byte b[],int off,int len)方法，该方法从输入流当前字节处起读取长度为 len 字节的数据，从位置 off 处起存入数组 b 中，b 中位置在 off 之前和在 off+len 之后的数据将保持不变，返回读取的数据长度，并将第 len 个字节设为当前字节。例如：

```
String str="";
FileInputStream fin = new FileInputStream("c:\\HelloWorld.java");
for(int i = fin.read();i!=-1;i=fin.read())
        str+=(char)i;
```

上述程序段的功能是应用 read()方法将 c:\HelloWorld.java 文件的内容输入到字符串 str 中。

但是在使用 FileInputStream 类时要注意，若关联的目录或者文件不存在，则 Java 会抛出一个 IOException 异常。程序可以使用 try-catch 块检测和处理捕获到的异常，由于 I/O 操作容易产生异常，所以其他的输入/输出流类也需要抛出 IOException。

FileInputStream 类的对象可以使用 public void close() throws IOException 方法来关闭输入流。建议大家养成一个良好的习惯，在使用完流后，调用 close()方法显式地关闭任何打开的流，以防止一个被打开的流用完系统资源，当有多个流对象时，应按照"先开的后关"原则进行关闭操作。

【例 9.1】从键盘录入一串字符，存入 test.txt 文件中。

```
public class JavaDemo9_1 {
    public static void main(String[] args) {
        FileInputStream fin = null;
        FileOutputStream fout = null;
        char ch;
        try{
            fin =new FileInputStream(FileDescriptor.in);
            fout =new FileOutputStream("c:\\java\\test.txt");
            System.out.println("请输入一串字符，并以 # 结束：");
            while ((ch=(char)fin.read())!='#')
                    fout.write(ch);
        }catch (FileNotFoundException e){
            e.printStackTrace();
        }catch (IOException e){
```

```
                    e.printStackTrace();
            }finally {
                try {
                    fin.close();
                    fout.close();
                } catch (IOException e) {
                    e.printStackTrace();
                }
            }
        }
    }
```

程序分析：程序首先需要引入 java.io 系统包。主方法中的代码都放在异常处理块 try-catch 当中。创建 FileInputStream 对象代表标准输入流，对应键盘输入，创建 FileOutputStream 对象并存储到对象变量 fout 中，用于向 test.txt 文件写入内容。程序最后关闭对象 fin 和 fout。

2. FileOutputStream 类

与 FileInputStream 类相对应，FileOutputStream 类用于向一个文本文件写数据，它从其超类 OutputStream 中继承了 write()、close()等方法。

FileOutputStream 类的构造方法有以下 3 个：

```
        public FileOutputStream(String name) throws FileNotFoundException
        public FileOutputStream(File file) throws FileNotFoundException
        public FileOutputStream(String name,boolean append) throws FileNotFoundException
```

其中，name 为文件名，file 为文件类 File 对象，append 表示文件是否为添加的写入方式。当 append 值是 false 时，为重写方式，即从头写入；当 append 值是 true 时，为添加方式，即从尾写入，append 默认值为 false。

例如，下面语句以 c:\HelloWorld.java 文件构造文件数据输出流对象 fos：

```
        FileOutputStream fos = new FileOutputStream("c:\\HelloWorld.java");
```

FileOutputStream 类使用 write()方法将指定的字节写入文件输出流，写入的方法有以下 3 个：

```
        public void write(int b)throws IOException
        public void write(byte[] b) throws IOException
        public void write(byte[] b,int off,int len) throws IOException
```

write 方法可以向文件写入一个字节、一个字节数组或一个字节数组的一部分。当 b 是 int 型时，b 占用 4 个字节 32 位，通常是把 b 的低 8 位写入输出流，忽略其余高 24 位。当 b 是字节数组时，可以写入从 off 位置开始的 len 个字节，如果没有 off 和 len 参数，则写入所有字节，相当于 write(b,0,b.length)。

当发生 I/O 错误或文件关闭时，抛出 IOException 异常。如果 off 或 len 为负数或 off+len 大于数组 b 的长度 length，则抛出 IndexOutOfBoundsException 异常；如果 b 是空数组，则抛出 NullPointerException 异常。

当用 OutputStream 为 FileOutputStream 对象写入时，如果文件不存在，则会创建一个新文件；如果文件已存在，则使用重写方式会覆盖原有数据。

FileOutputStream 类对象使用 public void close() throws IOException 方法关闭输出流，并释

放相关的系统资源。

【例 9.2】将 test.txt 文件中的内容读出并输出到显示屏。

```
public class JavaDemo9_2 {
    public static void main(String[] args) {
        FileInputStream fin = null;
        FileOutputStream fout = null;
        int data;
        try{
            fin=new FileInputStream("c:\\java\\test.txt");
            fout=new FileOutputStream(FileDescriptor.out);
            while (fin.available()>0){
                data=fin.read();
                fout.write(data);
            }
        }catch (FileNotFoundException e){
            e.printStackTrace();
        }catch (IOException e){
            e.printStackTrace();
        }finally {
            try {
                fin.close();
                fout.close();
            } catch (IOException e) {
                e.printStackTrace();
            }
        }
    }
}
```

程序分析：程序首先需要引入 java.io 系统包。主方法中的代码都放在异常处理块 try-catch 中。创建 FileInputStream 对象并存储到对象变量 fin 中，用于读取 test.txt 中的内容，创建 FileOutputStream 对象代表标准输出流，即显示屏。程序最后关闭对象 fin 和 fout。

【例 9.3】二进制图像文件的复制。

```
public class JavaDemo9_3 {
    public static void main(String[] args){
        FileInputStream fin = null;
        FileOutputStream fout = null;
        try {
            fin = new FileInputStream("c:\\java\\test1.jpg");
            fout = new FileOutputStream("c:\\java\\test2.jpg");
            byte[] b=new byte[fin.available()];
            fin.read(b);
            fout.write(b);
        } catch (FileNotFoundException e) {
            e.printStackTrace();
```

```
            }catch (IOException e) {
                e.printStackTrace();
            }finally {
                try {
                    fin.close();
                    fout.close();
                } catch (IOException e) {
                    e.printStackTrace();
                }
            }
        }
    }
```

程序分析：主方法中创建 FileInputStream 对象 fin 对应输入流，创建 FileOutputStream 对象 fout 对应输出流，从输入流中读出字节数组然后写入输出流，实现图像的复制功能。程序最后关闭对象 fin 和 fout。

9.3.3 DataInputStream 类和 DataOutputStream 类

DataInputStream 类和 DataOutputStream 类也称为数据输入/输出流。数据输入流允许应用程序以与机器无关的方式从底层输入流中读取基本 Java 数据类型。也就是在读取数值时不需要考虑这个数值占的字节数。同样数据输出流允许应用程序以适当的方式将基本 Java 数据类型写入输出流中，然后应用程序可以使用数据输入流将数据读入。

DataInputStream 类的构造方法如下：

    DataInputStream(InputStream in)

该构造方法主要使用指定的 InputStream 流创建一个 DataInputStream 对象。

DataOutputStream 类的构造方法如下：

    DataOutputStream(OutputStream out)

该构造方法主要使用指定的 OutputStream 流创建一个 DataOutputStream 对象。

DataInputStream 类继承了 InputStream，同时实现了 DataInput 接口，比普通的 InputStream 多一些方法，如方法 readBoolean()用于读取一个布尔值，方法 readInt()用于读取一个 int 值，方法 readUTF()用于读取一个 UTF 字符串。这里没有给出新增的全部方法，请读者参考 Java API。

【例 9.4】将 Java 不同数据类型的数据写入 test.txt 文件中。

```java
public class JavaDemo9_4 {
    public static void main(String[] args){
        FileOutputStream fout = null;
        DataOutputStream dout = null;
        try{
            fout=new FileOutputStream("c:\\java\\test.txt");
            dout=new DataOutputStream(fout);
            dout.writeInt(100);
            dout.writeLong(123456789);
            dout.writeFloat(3.1415926F);
            dout.writeDouble(987654321.1234567);
```

```
                    dout.writeBoolean(false);
                    dout.writeChars("JavaDemo9_4.java");
                }catch (FileNotFoundException e){
                    e.printStackTrace();
                }catch (IOException e){
                    e.printStackTrace();
                }finally {
                    try {
                        fout.close();
                        dout.close();
                    } catch (IOException e) {
                        e.printStackTrace();
                    }
                }
            }
        }
```

程序分析：程序首先需要引入 java.io 系统包。主方法中的代码都放在异常处理块 try-catch 中。创建 FileOutputStream 对象 fout 对应 test.txt 作为输出流，并以 fout 为参数构造 DataOutputStream 对象 dout，依次写入不同数据类型的数据。程序最后关闭对象 fout 和 dout。

注意：DataOutputStream 类提供了将 Java 各种类型数据输出的方法，但是其将各种数据类型以二进制形式输出，用户无法直接查看，只有通过 DataInputStream 才能进行读取。

【例 9.5】将 test.txt 文件中不同数据类型的数据读出并显示出来。

```
        public class JavaDemo9_5 {
            public static void main(String[] args){
                FileInputStream fin = null;
                DataInputStream din = null;
                try{
                    fin = new FileInputStream("c:\\java\\test.txt");
                    din = new DataInputStream(fin);
                    System.out.println(din.readInt());
                    System.out.println(din.readLong());
                    System.out.println(din.readFloat());
                    System.out.println(din.readDouble());
                    System.out.println(din.readBoolean());
                    char c;
                    while (din.available()>0) {
                        c = din.readChar();
                        System.out.print(c);
                    }
                }catch (IOException e){
                 e.printStackTrace();
                }finally {
```

```
        try {
            fin.close();
            din.close();
        } catch (IOException e) {
            e.printStackTrace();
        }
        }
    }
}
```

程序分析：程序首先需要引入 java.io 系统包。主方法中的代码都放在异常处理块 try-catch 中。创建 FileInputStream 对象 fin 对应 test.txt 作为输入流，并以 fin 为参数构造 DataOutputStream 对象 din，依次读出文件中不同数据类型的数据。程序最后关闭对象 fin 和 din。

9.4 字符流

字符流

9.4.1 Reader 类和 Writer 类

字节输入/输出流只能操作以字节为单位的流，用户程序有时需要读取其他格式的数据，如 Unicode 格式的文字内容。Java 从 Java SE1.1 开始，提供了以 Unicode 字符为单位的字符操作流。字符流中大多数的类都能在字节流中找到相应的操作类。字符流分为 Reader 和 Writer 两个类，分别对应字符的输入和输出。

字符流提供了处理字符的输入/输出方法，包括 Reader 类和 Writer 类。字符流 Reader 指字符流的输入流，用于输入，而 Writer 指字符流的输出流，用于输出。Reader 类和 Writer 类使用的是 Unicode 字符，可以对不同格式的流进行操作。从 Reader 类和 Writer 类派生出的子类的对象都能对 Unicode 字符流进行操作，由这些对象来实现与外设的连接。Reader 类的常用方法如表 9.3 所示，Writer 类的常用方法如表 9.4 所示。

表 9.3　Reader 类的常用方法

成员方法	主要功能
public abstract void close() throws IOException	关闭输入流，并释放占用的所有资源
public void mark(int readlimit) throws IOException	在输入流当前位置加上标记
public boolean markSupported()	测试输入流是否支持标记（mark）
public int read() throws IOException	从输入流中读取一个字符
public int read(char c []) throws IOException	将输入的数据存放在指定的字符数组中
public abstract int read(char c[],int offset,int len) throws IOException	从输入流中的 offset 位置开始读取 len 个字符，并存放在指定的数组中
public void reset() throws IOException	将读取位置移至输入流标记处
public long skip(long n) throws IOException	从输入流中跳过 n 个字节
public boolean ready() throws IOException	测试输入流是否准备完成等待读取

表 9.4　Writer 类的常用方法

成员方法	主要功能
public abstract void close() throws IOException	关闭输出流，并释放占用的资源
public void write(int c) throws IOException	输出一个字符
public void write (char cbuf[]) throws IOException	输出一个字符数组
public abstract void write (char cbuf[],int offset,int len) throws IOException	将字符数组 cbuf 中从 offset 位置开始的 len 个字符写到输出流中
public　void write(String str) throws IOException	输出一个字符串
public void write (String str,int offset,int len) throws IOException	将字符串从 offset 位置开始，长度为 len 个字符数组的数据写到输出流中
public abstract void flush() throws IOException	输出缓冲区内的所有数据

除了这两个处理字符的抽象类外，java.io 包中还提供了 FileReader、FileWriter、BufferedReader、BufferedWriter 等类，这些字符流都是 Reader 或 Writer 的子类。

9.4.2　FileReader 类和 FileWriter 类

FileReader 类和 FileWriter 类用于字符文件的输入/输出处理，与文件数据流 FileInputStream、FileOutputStream 的功能相似。

1．FileReader 类

文件字符输入流类 FileReader 继承自 InputStreamReader 类，而 InputStreamReader 类又继承自 Reader 类，因此，FileReader 创建的对象可以使用来自 Reader 类和 InputStreamReader 类所提供的方法。FileReader 类的构造方法有以下两种：

```
public FileReader(File file) throws FileNotFoundException
public FileReader(String filename) throws FileNotFoundException
```

FileReader 类从超类中继承了 read()方法，可以用来实现对文件的读取。

【例 9.6】读取 test.txt 文件中的内容。

```
public class JavaDemo9_6 {
    public static void main(String[] args){
        char[] c = new char[100];
        int num = 0;
        FileReader fr = null;
        try {
            fr = new FileReader("c:\\java\\test.txt");
            num = fr.read(c);
            String str = new String(c,0,num);
            System.out.println("读取的字符个数为："+num+"，其内容如下：");
            System.out.println(str);
        }catch (FileNotFoundException e) {
            e.printStackTrace();
        }catch (IOException e) {
```

```
                e.printStackTrace();
        }finally {
            try {
                fr.close();
            } catch (IOException e) {
                e.printStackTrace();
            }
        }
    }
}
```

运行结果：

读取的字符个数为：18，其内容如下：

www.lingnan.edu.cn

程序分析：程序以 c:\java\test.txt 文件创建了一个 FileReader 类的对象 fr，然后通过 read() 方法将文件的内容读入到字节数组 c 中，最后转换为一个字符串输出。

注意：Java 把每个汉字和英文字母均作为一个字符对待，但换行符 "\r\n" 作为两个字符。

2. FileWriter 类

文件字符输出流类 FileWriter 继承自 OutputStreamReader 类，而 OutputStreamReader 类又继承自 Writer 类，因此，FileWriter 创建的对象可以使用来自 Writer 类和 OutputStreamReader 类所提供的方法。FileWriter 类的构造方法有以下两个：

```
public FileWriter(File file) throws IOException
public FileWriter(String fileName,boolean append) throws IOException
```

FileWriter 类从超类中继承了 write()方法，可以用来实现对文件的写入。

【例 9.7】将字符和字符串写入 test.txt 文件中。

```
public class JavaDemo9_7 {
    public static void main(String[] args){
        int a = 100;
        char[] c = {'a','b','c'};
        String str = "FileWriter Demo";
        FileWriter fw = null;
        try {
            fw = new FileWriter("c:\\java\\test.txt");
            fw.write(a);
            fw.write(c);
            fw.write(str);
        }catch (FileNotFoundException e) {
            e.printStackTrace();
        }catch (IOException e) {
            e.printStackTrace();
        }finally {
            try {
                fw.close();
            } catch (IOException e) {
```

```
                e.printStackTrace();
            }
        }
    }
}
```

程序分析：程序以 c:\java\test.txt 文件创建了一个 FileWriter 类的对象 fw，然后往 fw 中写入一个整型数据、一个字符数组和一个字符串。

注意：FileWriter 的 public void write(int c) throws IOException 用于写入单个字符，参数 c 为指定要写入字符的 ASCII 码。

9.5　缓冲流

FileReader 类和 FileWriter 类以字符为单位进行输入/输出，无法进行整行输入/输出，数据的传输效率较低。Java 语言还提供了 BufferedReader 类和 BufferedWriter 类以缓冲区的方式进行输入/输出操作，以提高读写效率。

9.5.1　BufferedReader 类

缓冲字符输入流类 BufferedReader 继承自 Reader 类，BufferedReader 类用来读取缓冲区中的数据。使用 BufferedReader 类来读取缓冲区中的数据之前，必须先创建 FileReader 类对象，再以该对象为参数来创建 BufferedReader 类的对象，然后才可以利用此对象来读取缓冲区中的数据。BufferedReader 类有以下两个构造方法：

（1）public BufferedReader(Reader in)。

（2）public BufferedReader(Reader in, int size)。

两个方法的区别在于是否设置了缓冲区的大小。

BufferedReader 类的常用方法有以下 6 个：

（1）public int read()：读取单个字符。

（2）public int read(char[] c)：从流中读取字符并写入字符数组中。

（3）public int read(char[] c, int off, int len)：从流中读取特定长度字符并写入字符数组中。

（4）public long ship(long n)：跳过 n 个字符不读取。

（5）public String readLine()：读取一行字符串。

（6）public String close()：关闭缓冲输入流。

【例 9.8】从文件中以行为单位读取数据程序示例。

```
public class JavaDemo9_8 {
    public static void main(String[] args){
        String lineStr = null;
        int lineNum = 0;
        FileReader fr = null;
        BufferedReader br = null;
        try{
            fr = new FileReader("c:\\java\\test.txt");
            br = new BufferedReader(fr);
```

```
        while ((lineStr = br.readLine())!=null){
            lineNum++;
            System.out.println(lineStr);
        }
        System.out.println("test 文件共"+lineNum+"行");
    }catch (IOException e){
        e.printStackTrace();
    }finally {
        try {
            br.close();
            fr.close();
        } catch (IOException e) {
            e.printStackTrace();
        }
    }
    }
    }
}
```

运行结果：

www.lingnan.edu.cn
test 文件共 1 行

程序分析：程序以 c:\java\test.txt 文件创建了一个 FileReader 类的对象 fr，然后以 fr 对象为参数创建了一个缓冲输入流 br，使用 BufferedReader 类的 readLine()方法每次读取一行数据并输出，最后输出总行数。

9.5.2　BufferedWriter 类

缓冲字符输出流类 BufferedWriter 继承自 Writer 类，BufferedWriter 类是用来将数据写入缓冲区的。使用 BufferedWriter 类将数据写入缓冲区的过程与使用 BufferedReader 类从缓冲区中读出数据的过程相似。必须先创建 FileWriter 类对象，再以该对象为参数来创建 BufferedWriter 类的对象，然后利用此对象来将数据写入缓冲区中。不同的是，最后必须要用 flush()方法将缓冲区清空，也就是将缓冲区中的数据全部写到文件内。BufferedWriter 类有以下两个构造方法：

```
public BufferedWriter (Writer out)
public BufferedWriter (Writer out, int size)
```

两个方法的区别在于是否设置了缓冲区的大小。

BufferedWriter 类的常用方法有以下 6 个：

（1）public int write()：将单个字符写入缓冲区。

（2）public int write (char[] c, int off, int len)：将字符数组写入缓冲区。

（3）public int write (String str, int off, int len)：将字符串写入缓冲区。

（4）public long flush()：将缓冲区中的数据写入文件。

（5）public String newLine()：写入回车换行符。

（6）public String close()：关闭缓冲输出流。

【**例 9.9**】通过缓冲流进行文件复制程序示例。

```java
public class JavaDemo9_9 {
    public static void main(String[] args){
        String str = null;
        BufferedReader br = null;
        BufferedWriter bw = null;
        try{
            br = new BufferedReader(new FileReader("c:\\java\\test.txt"));
            bw = new BufferedWriter(new FileWriter("c:\\java\\test1.txt"));
            while ((str = br.readLine())!=null){
                System.out.println(str);
                bw.write(str);
                bw.newLine();
            }
            bw.flush();
        }catch (IOException e){
            e.printStackTrace();
        }finally {
            try {
                bw.close();
                br.close();
            } catch (IOException e) {
                e.printStackTrace();
            }
        }
    }
}
```

　　程序分析：程序创建了缓冲输入流对象 br 和缓冲输出流对象 bw，依次从 br 中读出一行并向 bw 中写入一行，从而实现文件的复制功能。

9.6　标准输入/输出流

标准输入/输出流

　　当 Java 程序与外部设备进行数据交换时，需要先创建一个输入流对象或者一个输出流对象，从而完成程序与外部设备的连接。但是，如果程序是与标准输入/输出设备连接的则不需要如此。对于一般的计算机系统，标准输入设备通常指键盘，标准输出设备通常指屏幕显示器。为了方便程序对键盘输入和屏幕输出进行操作，语言包 java.lang 的 System 类中定义了静态流对象 System.in、System.out 和 System.err。System.in 对应于输入流，通常指键盘输入设备；System.out 对应于输出流，指显示器等信息输出设备；System.err 对应于标准错误输出设备，使得程序的运行错误可以有固定的输出位置，通常该对象对应于显示器。

　　通过 System 类的基本属性 in 可以获得一个 InputStream 对象，它是一个标准输入流，一般接收键盘的响应，得到通过键盘输入的数据。

　　System.out 是标准输出流，用于向显示设备（一般是显示器）输出数据。它是 Java.io 包中 PrintStream 类的一个对象，其 println()、print()和 write()方法用于输出数据。

和 System.out 一样，System.err 也是一个 PrintStream 对象，用于向显示设备输出错误信息。

【例 9.10】从键盘输入若干字符，然后转换为字符串并在显示器上显示出来。

```java
import java.io.*;
public class JavaDemo9_10 {
    public static void main(String[] args){
        InputStream is = System.in;
        try {
            byte[] bs = new byte[512];
            int len = is.read(bs);
            String str = new String(bs);
            System.out.println("输入的内容为：" +str);
            is.close();
        }
        catch (IOException e){
            e.printStackTrace();
        }
    }
}
```

运行结果：

　　面向对象程序设计　　　　　　　　　　（该行是键盘输入的内容）
　　输入的内容为：面向对象程序设计

程序分析：程序创建一个 InputStream 对象 is，并将其赋值为 System.in，从键盘获得字节信息，通过这些字节信息创建字符串，并将其在显示器上输出。

9.7　文件处理

当计算机程序运行时，数据都保存在系统的内存中，由于关机时内存中的数据会全部丢失，所以必须把那些需要长期保存的数据存入磁盘文件中，需要时再从文件中读出。因此，文件输入/输出操作是程序必备的功能之一。

File 类是一个和流无关的类，它不仅提供了操作文件的方法，而且提供了操作目录的方法。对于目录，Java 把它当作一种特殊的文件。通过 File 类的方法可以得到文件或目录的描述信息，包括名称、所在路径、读写性、长度等，还可以完成创建新目录、创建临时文件、改变文件名、删除文件、列出一个目录中所有的文件或与某个模式相匹配的文件等操作。

1. File 类的构造方法

File 类主要有以下 4 个构造方法：

（1）File(File parent, String child)：通过给定的父抽象路径名和子路径名字符串创建一个新 File 实例。

（2）File(String pathname)：通过将给定路径名字符串转换成抽象路径名来创建一个新 File 实例。

（3）File(String parent, String child)：根据 parent 路径名字符串和 child 路径名字符串创建一个新 File 实例。

（4）File(URI uri)：通过将给定的 URI 转换成一个抽象路径名来创建一个新 File 实例。该方法使用时还与具体的机器有关，目前很少使用。

下面的语句组演示创建一个新文件对象的多种方法。

```
File f1=new File("myfile.txt");
File f2= new File("\\mydir","myfile.txt");
File myDir= new File("\\tc");
File f3= new File(myDir, "myfile.txt");
```

其中，第 1 条语句指定文件名创建 f1，第 2 条语句指定文件名和目录名创建 f2，第 3 条语句指定目录名创建 myDir，最后一条则以目录对象 myDir 和文件名创建 f3。

注意： 在表示文件路径时，使用转义的反斜线作为分隔符，即 "\\" 代替 "\"，以 "\\" 开头的路径名表示绝对路径，否则表示相对路径。

由于不同的操作系统使用的文件夹分隔符不同，如 Windows 操作系统使用反斜线 "\"，UNIX 操作系统使用正斜线 "/"。为了使 Java 程序能在不同的平台上运行，可以利用 File 类的静态变量 File. separator。该属性中保存了当前系统规定的文件夹分隔符，使用它可以组合成在不同操作系统下都通用的路径。例如：

```
"d:"+File.separator+"mydir"+File.separator+"myfile"
```

2．File 类的常用方法

创建一个文件对象后，可以用 File 类方法来获得文件的相关信息，对文件进行操作。File 类对文件的操作包括以下 12 种常用方法：

（1）public String getName()：返回文件对象名，不包含路径名。

（2）public String getPath()：返回相对路径名，包含文件名。

（3）public String getAbsolutePath()：返回绝对路径名，包含文件名。

（4）public String getParent()：返回父文件对象的路径名。

（5）public File getParentFile()：返回父文件对象。

（6）public long length()：返回指定文件的字节长度。

（7）public boolean exists()：判断指定文件是否存在。

（8）public long lastModified()：返回指定文件最后被修改的时间。

（9）public boolean renameTo(File dest)：文件重命名。

（10）public boolean delete()：删除文件。

（11）public boolean canRead()：判断文件是否可读。

（12）public boolean canWrite()：判断文件是否可写。

File 类对目录的操作包括以下 3 种常用方法：

（1）public boolean mkdir()：创建指定目录，正常建立时返回 true。

（2）public String[] list()：返回目录中的所有文件名字符串。

（3）public File[] listFiles()：返回目录中的所有文件对象。

【例 9.11】 File 类使用程序示例。

```
import java.io.File;
public class JavaDemo9_11 {
    public static void main(String[] args){
        File f1 = new File("c:\\java");
```

```
        File f2 = new File("c:\\java\\temp");
        File f3 = new File("c:\\java\\hello.txt");
        if (f1.exists() && f1.isDirectory()) {
            System.out.println("原始的文件列表");
            for(int i=0;i<f1.list().length;i++)
                System.out.println((f1.list())[i]);
        }
        if (!f2.exists())
            f2.mkdir();
        System.out.println("建立新文件夹之后的文件列表");
        for (int i=0;i<f1.list().length;i++)
            System.out.println((f1.list())[i]);
        if (f3.exists() && f3.isFile()) {
            System.out.println("文件名："+f3.getName());
            System.out.println("文件路径："+f3.getPath());
            System.out.println("文件大小："+f3.length());
        }
    }
}
```

运行结果：

```
原始的文件列表
hello.txt
建立新文件夹之后的文件列表
hello.txt
temp
文件名：hello.txt
文件路径：c:\java\hello.txt
文件大小：18
```

程序分析：程序运行之前在 C:盘事先创建了 java 文件夹和该文件夹下的 hello.txt 文件。该程序共创建了 3 个 File 对象，f1 和 f2 为文件夹，f3 为文件。isDirectory()方法用于判断该对象是否为文件夹，isFile()方法用于判断该对象是否为文件。程序对 f1 文件夹进行了两次遍历，在两次遍历之间创建了一个新的文件夹 temp。

9.8　随机读写文件

前面学习了几个常用的输入/输出流，并且通过一些实例掌握了这些流的功能。但是这些流不管是文件字节流还是文件字符流，都是顺序访问方式，只能进行顺序读/写，无法随意改动文件读取的位置。为了克服这个困难，实现随机访问文件的需求，Java 专门提供了用来处理文件输入/输出操作、功能更完善的 RandomAccessFile 类。

RandomAccessFile 类创建的流与前面的输入/输出流不同，RandomAccessFile 类独立于字节流和字符流体系之外，不具有字节流和字符流的任何特性，它直接继承自 Java 的基类 Object。RandomAccessFile 类有以下两个构造方法：

（1）RandomAccessFile(String name, String mode)。

（2）RandomAccessFile(File file, String mode)。

参数 name 用来确定一个文件名，给出创建的流的源，也可以是目的地。参数 file 是一个 File 对象，给出创建流的源，也可以是目的地。参数 mode 用来决定创建流对文件的访问权限，其值可以取 r（只读）或者 rw（可读写）。注意没有只写方式（w）。

RandomAccessFile 类提供的方法功能强大，方法也非常多，表 9.5 列出了 RandomAccessFile 类的常用方法。

表 9.5　RandomAccessFile 类的常用方法

成员方法	主要功能
public void close()	关闭流，并释放占用的所有资源
public void seek(long pos)	查找随机文件指针的位置
public long length()	求随机文件的字节长度
public final double readDouble()	随机文件浮点数的读取
public final int readInt()	随机文件整数的读取
public final char readChar()	随机文件字符的读取
public final void writeDouble(double v)	随机文件浮点数的写入
public final void writeInt(int v)	随机文件整数的写入
public final void writeChar(int v)	随机文件字符的写入
public long getFilePointer()	获取随机文件指针所指的当前位置
public int skipBytes(int n)	随机文件访问跳过指定的字节数

注意： RandomAccessFile 类的所有方法都有可能抛出 IOException 异常，所以利用它实现对文件对象操作时应把相关的语句放在 try 块中，并配上 catch 块来处理可能产生的异常。当使用随机文件读写时，在创建了一个随机文件对象之后，该文件即处于打开状态。此时，文件的指针处于文件开始位置，可以通过 seek(long pos) 方法设置文件指针的当前位置，进行文件的快速定位。然后通过 RandomAccessFile 类中的相应方法 read() 和 write() 完成对文件的读写操作。在对文件的读写操作完成后，需要调用 RandomAccessFile 类的 close() 方法关闭文件。

【例 9.12】RandomAccessFile 类使用程序示例。

```java
import java.io.File;
import java.io.FileNotFoundException;
import java.io.IOException;
import java.io.RandomAccessFile;
public class JavaDemo9_12 {
    public static void main(String[] args) {
        File f = new File("c:\\java\\test.txt");
        try {
            if(f.canRead() && f.canWrite()) {
                RandomAccessFile rf = new RandomAccessFile(f,"rw");
                while(rf.getFilePointer() < rf.length())
                System.out.println(rf.readLine());
                System.out.println("重新定位到文件开始之后输出一行");
```

```
                         rf.seek(0);
                         System.out.println(rf.readLine());
                         System.out.println("跳过输入流中的 8 个字符之后输出一行");
                         rf.skipBytes(8);
                         System.out.println(rf.readLine());
                         rf.close();
                    }
               } catch (FileNotFoundException e) {
                    e.printStackTrace();
               } catch (IOException e) {
                    e.printStackTrace();
               }
          }
     }
```

运行结果：

https://www.oracle.com/
https://tomcat.apache.org/
https://www.eclipse.org/
重新定位到文件开始之后输出一行
https://www.oracle.com/
跳过输入流中的 8 个字符之后输出一行
tomcat.apache.org/

程序分析：程序运行之前在 c:\java 目录下创建了 test.txt 文件，文件内容为 3 行字符。该程序先创建了 File 对象，然后以 File 对象为参数创建了 RandomAccessFile 对象，在遍历整个文件之后，通过 seek(0)方法将文件指针重新定位在文件开始处，然后输出一行字符，随后通过 skipBytes(8)方法跳过输入流中的 8 个字符，其实是跳过了第 2 行文本的"https://"这 8 个字符，然后继续输出这一行字符中剩余的字符。

本章小结

本章主要介绍了输入/输出流的相关概念和主要操作，Java 语言可以通过 InputStream、OutputStream、Reader 和 Writer 类来处理输入和输出流。InputStream 和 OutputStream 类及其子类既可用于处理文本文件也可用于处理二进制文件，但以处理二进制文件为主。Reader 与 Writer 类可以用来处理文本文件的读取和写入操作，通常是以它们的派生类来创建实体对象，再利用它们来处理文本文件读写操作。Java 语言还提供了 BufferedReader 类和 BufferedWriter 类以缓冲区方式进行输入输出操作，以提高读写效率。文件流类 File 的对象对应系统的磁盘文件或文件夹。随机访问文件类 RandomAccessFile 可以实现对文件的随机读/写。另外，对象流的关闭最好是放在 finally 块中，且需要关闭的流对象在 try 块之前定义；如果流对象在 try 块中定义，那么关闭流对象的语句可放在 try 块的最后面。

第 10 章　图形用户界面设计与事件处理

　　图形用户界面是应用程序与用户之间交互的窗口，通过它的事件处理程序可以接受用户的输入并展示输出的结果。本章主要介绍 Swing 容器、Swing 基本组件、布局管理和事件处理等内容。

10.1　图形用户界面概述

　　到目前为止，我们编写的程序都是通过键盘输入，在控制台上显示输出结果。这样的程序不适合目前大多数的应用，很多用户也不喜欢这种交互方式。从本章开始，将介绍如何编写使用图形用户界面（Graphics User Interface，GUI）的 Java 程序。

　　Java 语言集成开发环境 Eclipse 本身不提供直接编写图形用户界面程序的环境，但是在 Eclipse 中安装上一些插件如 WindowBuilder 后便提供所见即所得的设计图形用户界面程序的良好界面，使用户编写图形用户界面程序变得简单。

　　WindowBuilder 插件可以在 http://www.eclipse.org/windowbuilder/网站下载，下载完成后得到压缩包 repository.zip，双击压缩包离线安装 WindowBuilder 插件。

　　双击 Eclipse 图标，选择 Help→Install New Software 命令，弹出 Eclipse 安装插件界面，如图 10.1 所示。

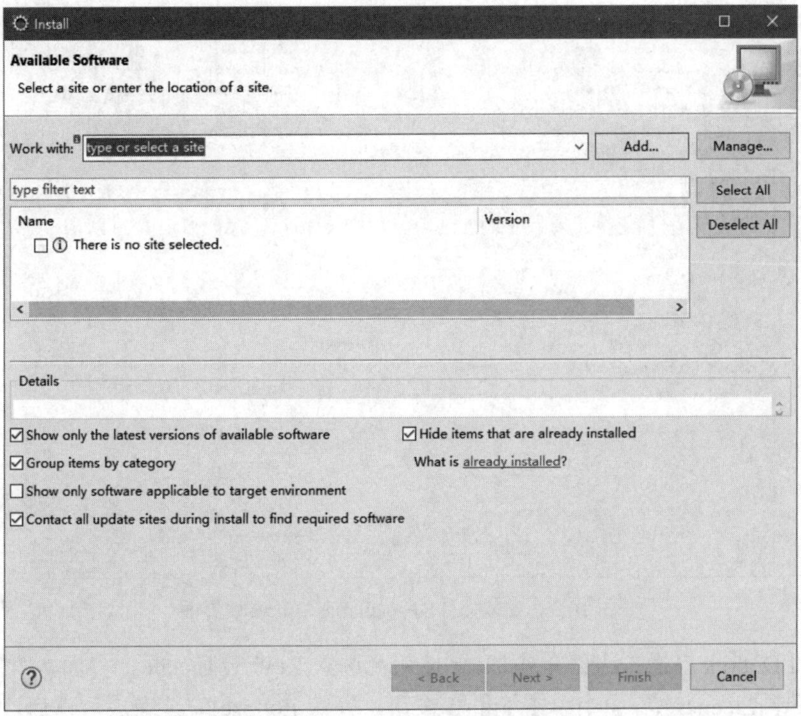

图 10.1　Eclipse 安装插件界面

单击 Add 按钮，在 Name 文本域中输入插件名称 WindowBuilder，在 Location 文本域中输入压缩包 repository.zip 的文件地址，如图 10.2 所示。

WindowBuilder
插件的安装

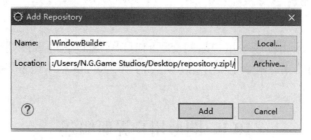

图 10.2 安装插件界面

在 Available Software 界面中单击 Select All 按钮，再单击 Next 按钮进入 Install Details 界面，如图 10.3 所示。

图 10.3 安装插件的 Available Software 界面

在 Install Details 界面中继续单击 Next 按钮会进入 Review Licenese 界面，如图 10.4 所示。

在 Review Licenese 界面中单击 Finish 按钮，等待 Eclipse 安装完成后重启，如图 10.5 所示，重启后 WindowBuilder 插件生效。

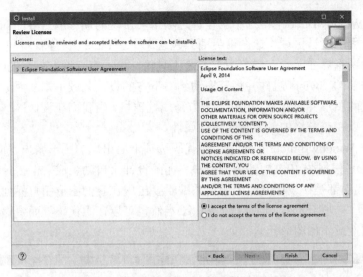

图 10.4　安装插件的 Review Licenese 界面

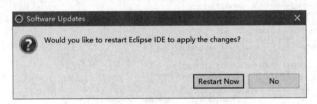

图 10.5　安装插件完成提示界面

在 Eclipse 中安装了 WindowBuilder 插件后，单击 File→New→Other 命令后会弹出一个向导对话框，选中 WindowBuilder 下 SwingDesigner 中的 JFrame 后按照向导逐步操作，输入 JFrame 的名字并单击"完成"按钮即可生成如图 10.6 所示的以 JFrame 为主界面的第一个图形用户界面程序。

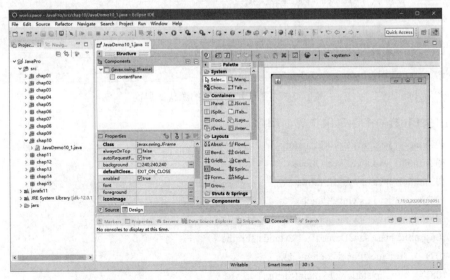

图 10.6　以 JFrame 为主界面的第一个图形用户界面程序

图 10.6 是 WindowBuilder 中选中了设计选项卡后出现的图形用户界面的设计界面。屏幕右下方是图形界面的设计区域，该图形界面只包含一个 JFrame 主界面，我们可以往主界面中添加多种不同的图形界面元素。屏幕中下方是工具箱，里面有已经分好组的 Swing 组件，我们可以选择所需要的 Swing 组件并将其拖动到右下方的设计区域中，从而添加要在图形用户界面程序中出现的图形界面元素。屏幕左下方是属性窗格，当我们在设计区域中选中一个图形界面元素时，可以在该窗格中编辑它的各种属性。

图 10.7 是在 WindowBuilder 中选中了源代码选项卡后出现的图形用户界面的源代码界面。源代码完全由 IDE 根据图 10.1 中的图形用户界面的设计来自动生成，但去掉了空行和注释部分。一般而言，我们都是在设计界面中添加并编辑要出现在我们图形用户界面程序中的图形元素，在源代码界面中进行事件处理代码的编写，当然也可以在源代码界面中直接编写代码来编辑图形元素的属性或添加图形元素。

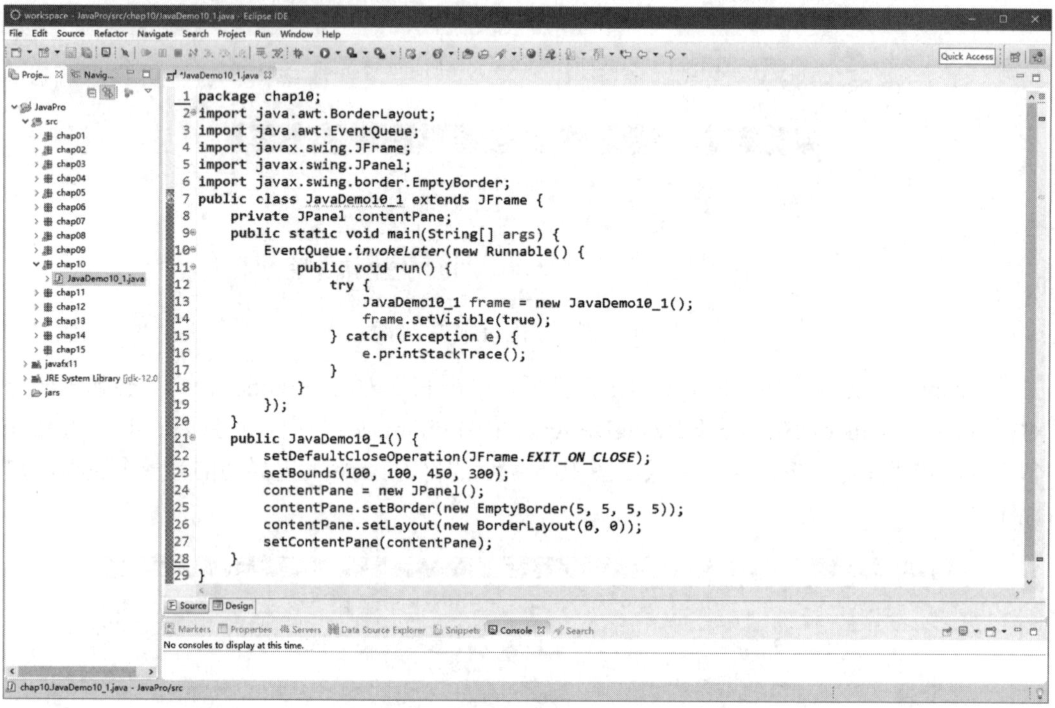

图 10.7　图形用户界面的源代码界面

【例 10.1】第一个图形用户界面程序示例。

```
(01)import java.awt.BorderLayout;
(02)import java.awt.EventQueue;
(03)import javax.swing.JFrame;
(04)import javax.swing.JPanel;
(05)import javax.swing.border.EmptyBorder;
(06)public class JavaDemo10_1 extends JFrame {
(07)      private JPanel contentPane;
(08)      public static void main(String[] args) {
(09)            EventQueue.invokeLater(new Runnable() {
```

```
(10)                    public void run() {
(11)                        try {
(12)                            JavaDemo10_1 frame = new JavaDemo10_1();
(13)                            frame.setVisible(true);
(14)                        } catch (Exception e) {
(15)                            e.printStackTrace();
(16)                        }
(17)                    }
(18)                });
(19)        }
(20)        public JavaDemo10_1() {
(21)            setDefaultCloseOperation(JFrame.EXIT_ON_CLOSE);
(22)            setBounds(100, 100, 450, 300);
(23)            contentPane = new JPanel();
(24)            contentPane.setBorder(new EmptyBorder(5, 5, 5, 5));
(25)            contentPane.setLayout(new BorderLayout(0, 0));
(26)            setContentPane(contentPane);
(27)        }
(28)}
```

程序分析：第 1、2 行导入用到的 AWT 包中的类，也可以精简为 import java.awt.*。在 Java 中，AWT（Abstract Window Toolkit，抽象窗口工具包）是用来处理图形最基本的方式，它可以用来创建 Java 的 applet 及窗口程序。AWT 是 Java 早期的技术，它提供的组件有限，无法满足应用程序组件多样化的要求。为了弥补这个不足，Sun 公司开发出 Swing 包，它不依赖于特定的系统平台，对外提供多样化的组件及外观，并且保持外观风格的一致。注意，Swing 是基于 AWT 之上的，没有完全取代 AWT，在采用 Swing 组件编写的程序中还需要使用 AWT 来处理事件。第 3、4 行导入所使用 Swing 包中的两个作为容器的组件 JFrame 和 JPanel。其中，JFrame 可以作为最外层的界面容器，而 JPanel 不行，必须被其他容器所包含。第 5 行导入了 Swing 包中 border 子包中的 EmptyBorder 类，该类是一个边界类，在第 24 行中创建了一个对象，设置给内容面板（contentPane）。第 7 行定义了一个继承自 JFrame 的类 maingui 作为程序的主界面，maingui 是在向导对话框中选中 JFrame 时给 JFrame 取的名字（可以由用户指定）。第 9 行说明 WindowBuilder 中生成的图形用户界面程序是多线程的，通过使用事件队列在一个新的线程中创建并显示用户界面。第 12 行创建了主界面对象，第 13 行将它显示出来。第 21 行说明当用户单击主界面右上角的☒按钮时将关闭程序。第 22 行用于设置主界面的位置和大小（左上角的横坐标、纵坐标、宽度和高度，以像素为单位）。第 23 行至第 25 行创建并设置 JPanel 对象的边界和外观，第 26 行将该 JPanel 对象设置给主界面的内容面板属性。

10.1.1　GUI 组成元素分类

在 Java 中，组成 GUI 的各种元素类称为组件（component），放在 java.awt 和 javax.Swing 包内，它们都包含了大量的类。构成图形用户界面的各种元素和成分可以粗略地分为 3 类，即容器类（container class）、普通组件（component class）和辅助类。

1. 容器类

容器是用来组织或容纳其他界面成分和元素的组件，它又分为顶层容器和非顶层容器。顶层容器可以独立存在，Swing 的顶层容器主要有框架（JFrame）、对话框（JDialog）、窗口（JWindow）和网页小程序（JApplet）等，相应 AWT 中的顶层容器是 Frame、Dialog、Window 和 Applet。非顶层容器不能独立显示，必须包含在其他容器中。Swing 的非顶层容器主要有面板（JPanel）、滚动面板（JScrollPane）和工具栏（JToolBar）等，相应 AWT 中的非顶层容器是 Panel、ScrollPane 和 ToolBar。

2. 普通组件

与容器不同，普通组件是图形用户界面的基本单位，里面不再包含其他成分。普通组件是一个可以以图形化的方式显示在屏幕上并能与用户进行交互的对象，如一个按钮或一个标签等。普通组件不能独立地显示出来，必须将组件放在一定的容器中才可以显示出来。

3. 辅助类

辅助类是用来描述组件属性的，如绘图类 Graphics、颜色类 Color、字体类 Font、字体属性类 FontMetrics 和布局管理类 LayoutManager 等，辅助类都位于 AWT 包中，Swing 中没有相应的辅助类。

10.1.2　AWT 和 Swing 介绍

Sun 公司提供了两个图形工具类包，即 AWT 和 Swing，负责构建 GUI 界面。AWT 是将本地化的工具组件进行简单抽象而形成的。当用 AWT 创建组件和进行事件处理时，都是直接由相应组件进行自身绘制并对事件作出响应。因此，这些组件被称为重量级组件，AWT 被称为重量级的图形工具。

由于跨平台的原因，AWT 只提供了各个平台都支持的、构建 GUI 必需的一些基本组件。因此 AWT 包小而简单。AWT 直接调用本地图形构件来实现图形界面，使得用 AWT 构建的 GUI 往往在不同的操作系统平台上具有不同的风格，而且 GUI 的性能也受到了限制。这影响了 Java 程序的跨平台性。

Swing 是建立在 AWT 体系之上，完全用 Java 编写的一套轻量级的图形工具包（除了 JFrame、JWindow、JDialog 和 JApplet 这 4 个顶层容器组件外，其他 Swing 中的组件都继承自 JComponent，都是在其上层容器的窗口中绘制出来的，称为轻量级组件）。与重量级的 AWT 组件相比，Swing 中相应的轻量级组件占用的资源较少、类比较小、不借助本地系统来绘制自身。Swing 不但重写了 AWT 中的组件，还为这些组件增添了新的功能，提供了许多 AWT 没有的、创建复杂图形用户界面的组件，增强了 GUI 与 Java 程序的交互能力。Swing 提供的可插入式的观感能让用户创建出跨平台的 GUI。注意，一般而言，Swing 中组件的类名就是 AWT 中相应组件的类名前加上一个大写字母 J。

Swing 与 AWT 部分普通组件和容器的继承关系及层次关系如图 10.8 所示。

普通组件类和容器类都是 Component 的子类，而辅助类都不是 Component 的子类。AWT 中的容器类都是 Container 类的子类，Swing 中的类除了 JFrame、JApplet、JDialog 和 JWindow 这 4 个顶层容器外都是 JComponent 的子类。JComponent 继承自 Container（这是一个历史问题，但一般说来 Swing 里的普通组件不适合作为容器）。

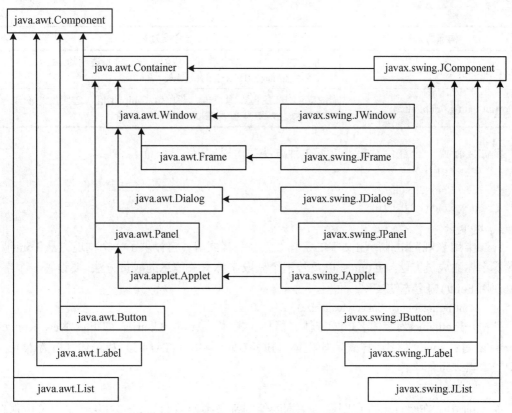

图 10.8　Swing 与 AWT 部分组件和容器的继承关系及层次关系

10.1.3　颜色、字体和图形

在进行用户界面设计时，经常会用到 Color 类、Font 类和 Graphics 类，分别用来设置颜色、字体和图形，这 3 个类属于 java.awt 包，同样可以在创建 Swing 界面时使用。

1. Color 类

Color 类用于封装默认 sRGB 颜色空间中的颜色或者用于封装由 ColorSpace 标识的任意颜色空间中的颜色。Color 类中已经创建了一些常见的颜色对象，包括 BLACK、BLUE、CYAN、GRAY、GREEN、MAGENTA、ORANGE、PINK、RED 和 WHITE 等，这些颜色对象可以直接使用。当然，也可以通过 Color 类的构造方法来创建颜色。表 10.1 列出了 Color 类的构造方法。

表 10.1　Color 类的构造方法

构造方法	主要功能
Color(float r, float g, float b)	用指定的红色值、绿色值和蓝色值创建一种不透明的 sRGB 颜色，这 3 个颜色值都在 0.0～1.0 的范围内
Color(float r, float g, float b, float a)	用指定的红色值、绿色值、蓝色值和 alpha 值（透明度）创建一种 sRGB 颜色，这些值都在 0.0～1.0 的范围内
Color(int rgb)	用指定的组合 RGB 值创建一种不透明的 sRGB 颜色，此 sRGB 值的 16～23 位表示红色分量，8～15 位表示绿色分量，0～7 位表示蓝色分量

续表

构造方法	主要功能
Color(int r, int g, int b)	用指定的红色值、绿色值和蓝色值创建一种不透明的 sRGB 颜色,这 3 个颜色值都在 0~255 的范围内
Color(int r, int g, int b, int a)	用指定的红色值、绿色值、蓝色值和 alpha 值(透明度)创建一种 sRGB 颜色,这些值都在 0~255 的范围内

例如要使用一个红色对象,以下 3 种方法都可以实现:

```
Color.RED
new Color(255,0,0)
new Color(1.0,0.0,0.0)
```

2. Font 类

Font 类用来规范组件所用文字的字体、大小和样式等,它提供了一个构造方法 Font()、一个设置字体的成员方法 setFont(),以及若干个获取字体有关信息的成员方法。要设置一个字体,可以使用 Font()构造方法实现:

```
Font(String fontname,int style,int size)
```

其中,fontname 为字体名,如宋体、黑体、楷体、Arial、Courier、Times New Roman 和 Helvetica 等;style 为字体样式,如粗体(BOLD)、斜体(ITALIC)和正体(PLAIN);size 为用像素点表示的字体大小。

3. Graphics 类

在 Java 中,在组件上进行图像或文本的绘制都必须使用 Graphics 对象,该对象中保存着用于绘制图像和文本的设置,如设置的字体或当前的颜色等。一般通过调用某个组件的 getGraphics()方法来获得 Graphics 对象以便在该组件上进行图像或文本的绘制。

要在一个框架组件中绘制一个矩形,其语句格式如下:

```
Graphics g = frame.getGraphics();      //frame 是一个框架组件的引用
g.drawRect(30,60,140,40);
```

第一条语句是取得框架组件的 Graphics 对象(实质是获取框架组件的绘图区),第二条语句是使用获得的 Graphics 对象绘制矩形(实质是在该框架组件的绘图区内绘制矩形)。

当用其他窗口覆盖这个框架组件的窗口或者将该框架组件的窗口最小化时,绘制出来的图形也会随之被覆盖而消失。为了避免这种情况,Component(组件类)提供了一个会被自动调用的 paint()方法,用于在屏幕上画出组件。组件的 paint()方法在下列 3 种情况发生时会自动运行:

(1)当新建的组件对象显示在屏幕上或组件从隐藏变成显示时。

(2)组件从最小化还原之后。

(3)改变组件的大小时。

paint()方法的语句格式如下:

```
public void paint(Graphics g)
```

注意,当 paint()方法自动运行时,系统会自动获取 Graphics 对象并传递给 paint()方法。一般而言,当要以某种组件为基础来创建较为特殊的组件(如在 Swing 框架 JFrame 上另外画一个矩形以得到一种新的框架),可以直接继承该组件类,然后覆盖其 paint()方法,这样一来,编写在 paint()中的程序代码便可在组件的绘图区内绘制图形。

【例 10.2】绘图程序示例。

```
(01)import java.awt.Color;
(02)import java.awt.Font;
(03)import java.awt.Graphics;
(04)import javax.swing.JFrame;
(05)public class JavaDemo10_2 extends JFrame {
(06)     public static void main(String[] args)
(07)     {
(08)          JavaDemo10_2 mainfr = new JavaDemo10_2();
(09)          mainfr.setBounds(100, 100, 400, 120);
(10)          mainfr.setVisible(true);
(11)     }
(12)     public void paint(Graphics g) {
(13)          g.setColor(new Color(250, 150, 100));
(14)          g.setFont(new Font("宋体", Font.BOLD, 20));
(15)          g.drawRect(50, 35, 300, 50);
(16)          g.drawString("使用 Graphics 绘制图形", 100, 80);
(17)     }
(18)}
```

程序运行结果如图 10.9 所示。

图 10.9　例 10.2 的程序运行结果

程序分析：paint()方法在窗口创建的时候就自动运行（在 main()方法的代码中没有直接对 paint()方法的调用，而是在框架组件 mainfr 被显示出来时自动调用其 paint()方法），在 paint() 方法中首先设置了颜色和字体，然后利用设置好的条件在获取的绘图区域绘制了一个矩形，并且绘制了一串文字。注意，我们由上面的代码得到一个新的框架类 JavaDemo10_2，JavaDemo10_2 就是在 JFrame 的基础上加了一个矩形和一些文字，其他方面和 JFrame 相同，我们可以将 JavaDemo10_2 当作一种特别的 JFrame 来使用。

Graphics 类是从 java.lang.Object 类派生而来的，定义了很多绘制图形的方法，如表 10.2 所示。这些方法与 Color 类和 Font 类结合，就能绘制出不同颜色的图形以及在图形中绘制各种文字符号。

表 10.2　类 Graphics 的常用方法

方法	主要功能
abstract void drawArc(int x, int y, int width, int height, int startAngle, int arcAngle)	绘制一个覆盖指定矩形的圆弧或椭圆弧边框
abstract boolean drawImage(Image img, int x, int y, Color bgcolor, ImageObserver observer)	绘制指定图像中当前可用的图像

续表

方法	主要功能
abstract void drawLine(int x1, int y1, int x2, int y2)	在此图形上下文的坐标系统中，使用当前颜色在点 (x1, y1) 和 (x2, y2) 之间画一条线
abstract void drawOval(int x, int y, int width, int height)	绘制椭圆的边框
abstract void drawPolygon(int[] xPoints, int[] yPoints, int nPoints)	绘制一个由 x 和 y 坐标数组定义的闭合多边形
abstract void drawString(String str, int x, int y)	使用此图形上下文的当前字体和颜色绘制由指定 String 给定的文本
abstract void fillArc(int x, int y, int width, int height, int startAngle, int arcAngle)	填充覆盖指定矩形的圆弧或椭圆弧
abstract void fillOval(int x, int y, int width, int height)	使用当前颜色填充外接指定矩形框的椭圆
abstract void fillRect(int x, int y, int width, int height)	填充指定的矩形
abstract void setColor(Color c)	将此图形上下文的当前颜色设置为指定颜色
abstract void setFont(Font font)	将此图形上下文的字体设置为指定字体

注意，上面的所有方法只要涉及坐标，均是以窗口的左上角为原点，横坐标 x 向右递增，纵坐标 y 向下递增。

10.2　Swing 容器

Swing 容器

10.2.1　Swing 框架容器

Swing 工具包中提供了 3 类容器组件，如图 10.10 所示。

（1）顶层容器：JWindow、JFrame、JDialog、JApplet，这 4 个组件是 Swing 库中仅有的重量级组件。

（2）中间容器：JPanel、JScrollPane、JSplitPane、JTabbedPane 和 JToolBar，用于容纳其他组件，但需要放置在顶层容器中。

（3）特殊容器：在 GUI 上起特殊作用的中间层，如 JInternalFrame、JlayeredPane 和 JrootPane 等。

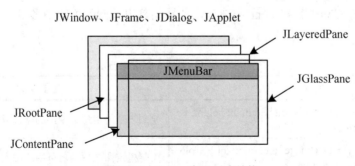

图 10.10　Swing 容器层次结构

与 AWT 容器不同，Swing 组件不能直接添加到顶层容器中，它必须添加到一个与 Swing 顶层容器相关联的内容面板（JContentPane）上。内容面板是顶层容器包含的一个普通容器，它是一个轻量级组件。我们先来看一个使用 Swing 框架容器的简单例子。

【例 10.3】简单的 Swing 框架容器程序示例。

```
(01)import java.awt.EventQueue;
(02)import javax.swing.JFrame;
(03)import javax.swing.JPanel;
(04)import javax.swing.border.EmptyBorder;
(05)import javax.swing.JButton;
(06)public class JavaDemo10_3 extends JFrame {
(07)      private JPanel contentPane;
(08)          public static void main(String[] args) {
(09)             EventQueue.invokeLater(new Runnable() {
(10)                 public void run() {
(11)                     try {
(12)                         JavaDemo10_3 frame = new JavaDemo10_3();
(13)                         frame.setVisible(true);
(14)                     } catch (Exception e) {
(15)                         e.printStackTrace();
(16)                     }
(17)                 }
(18)             });
(19)          }
(20)      public JavaDemo10_3() {
(21)          setTitle("JFrame\u7A97\u53E31");
(22)          setDefaultCloseOperation(JFrame.EXIT_ON_CLOSE);
(23)          setBounds(100, 100, 450, 300);
(24)          contentPane = new JPanel();
(25)          contentPane.setBorder(new EmptyBorder(5, 5, 5, 5));
(26)          setContentPane(contentPane);
(27)          contentPane.setLayout(null);
(28)          JButton btnNewButton = new JButton("\u6309\u94AE1");
(29)          btnNewButton.setBounds(131, 103, 163, 41);
(30)          contentPane.add(btnNewButton);
(31)      }
(32)}
```

程序运行结果如图 10.11 所示。

图 10.11　例 10.3 的程序运行结果

程序分析：在例 10.3 中，主界面是一个继承自 JFrame 的类，作为顶层容器，第 21 行是设置主界面的标题（其中"\u7A97\u53E3"是汉字"窗口"的编码，同样地，第 28 行的"\u6309\u94AE"是汉字"按钮"的编码，在创建 JButton 时给出作为按钮上显示的文字）。第 26 行设置一个 JPanel（面板）对象作为主界面的内容面板，第 28 行将 JButton 对象放到 JPanel 对象中去。在 Java 的早期版本中，显示组件一般使用 show()方法，现在多用 setVisible(boolean b)方法来设置组件的显示和隐藏。第 23 行和第 29 行分别是调用 setBounds()方法来设置主界面和按钮的位置和大小。对于这个主界面可以使用最大化按钮、最小化按钮、拖拽边框来改变窗口的大小。

10.2.2　Swing 窗口对象

Swing 中的窗口组件 JFrame 类属于 javax.swing 类库。javax.swing 容器的继承关系如图 10.12 所示。

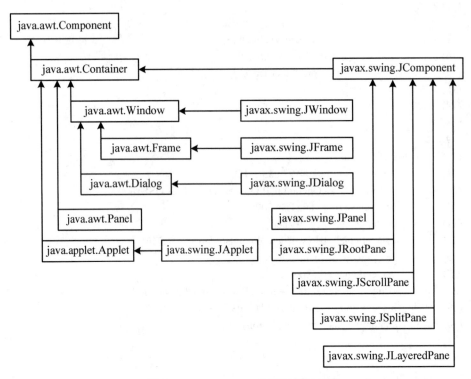

图 10.12　javax.swing 容器的继承关系

从图 10.12 可以看出，除了 4 个顶层容器外，容器类都是 JComponent 类的子类，而 JComponent 类是 Container 类的子类，所以在 Component 类和 Container 类中定义的方法在 Swing 的容器类中都可以使用。例如，例 10.3 中主界面对象和 JButton 对象使用的 setBounds()、主界面对象的 setVisible()方法都是在 Component 类中定义的，JPanel 对象使用的 add()方法是在 Container 类中定义的。

表 10.3 提供了 Component 类常用的方法，关于 Component 完整的信息请参考 Java API 文档。

表 10.3　Component 类常用的方法

构造方法	主要功能
Component()	构造一个新组件
方法	主要功能
void add(PopupMenu popup)	向组件添加指定的弹出菜单
boolean contains(int x, int y)	检查组件是否"包含"指定的点(x, y)
boolean contains(Point p)	检查组件是否"包含"指定的点 p
float getAlignmentX()	返回 x 轴的对齐方式
float getAlignmentY()	返回 y 轴的对齐方式
Color getBackground()	获得组件的背景色
Rectangle getBounds()	以 Rectangle 对象的形式获得组件的边界
Font getFont()	获得组件的字体
Color getForeground()	获得组件的前景色
int getX()	返回组件原点的当前 x 坐标
int getY()	返回组件原点的当前 y 坐标
void setBackground(Color c)	设置组件的背景色
void setBounds(int x, int y, int width, int height)	移动组件并调整其大小
void setFont(Font f)	设置组件的字体
void setForeground(Color c)	设置组件的前景色
void setLocation(int x, int y)	将组件移到新位置
void setName(String name)	将组件的名称设置为指定的字符串
void setSize(int width, int height)	调整组件的大小，使其宽度为 width，高度为 height
void setVisible(boolean b)	根据参数 b 的值显示或隐藏此组件
void update(Graphics g)	更新组件

　　GUI 设计中另一个重要的类是 Container 类，它派生自 Component 类。Container 类创建的对象可以容纳由 Component 类所创建的对象。表 10.4 列出了 Container 类常用的方法。

表 10.4　Container 类常用的方法

构造方法	主要功能
Container()	构造一个新的 Container 对象
方法	主要功能
Component add(Component comp)	将指定组件追加到此容器的尾部
Component add(Component comp, int index)	将指定组件添加到此容器的给定位置上
void doLayout()	使此容器布置其组件
float getAlignmentX()	返回沿 x 轴的对齐方式

续表

构造方法	主要功能
float getAlignmentY()	返回沿 y 轴的对齐方式
Component getComponent(int n)	获得此容器中的第 n 个组件
void paint(Graphics g)	绘制容器
void remove(Component comp)	从此容器中移除指定组件
void remove(int index)	从此容器中移除 index 指定的组件
void removeAll()	从此容器中移除所有组件
void setFont(Font f)	设置此容器的字体
void setLayout(LayoutManager mgr)	设置此容器的布局管理器
void update(Graphics g)	更新容器

10.2.3　窗口 JFrame

在例 10.3 中，使用了 JFrame 类来创建窗口。JFrame 类继承自 java.awt.Frame 类，带有边框、标题栏及用于关闭和最大/最小化窗口的图标，用来容纳按钮、文本框等其他窗口组件。当然，也可以容纳其他容器对象，还可以包含菜单栏。Java 图形程序设计中经常使用的两个 Swing 顶层容器是 JFrame 和 JDialog。JDialog（对话框）与 JFrame 的主要区别是 JDialog 没有最大/最小化窗口按钮，也无法通过拖动边界来改变其大小，也没有菜单栏，相应地 AWT 中的容器也类似于此。

表 10.5 列出了 JFrame 类常用的方法。

表 10.5　JFrame 类常用的方法

构造方法	主要功能
JFrame()	构造 JFrame 的一个新实例
JFrame(String title)	构造一个新的、标题为 title 的 JFrame 对象
方法	主要功能
Container getContentPane()	获得此 JFrame 的 contentPane 对象
String getTitle()	获得 JFrame 的标题
void setDefaultCloseOperation(int operation)	设置用户在此 JFrame 上发起 close 时默认执行的操作
void setContentPane(Container contentPane)	将此 JFrame 的内容面板设置为指定的容器
void setMenuBar(MenuBar mb)	将此 JFrame 的菜单栏设置为指定的菜单栏
void setResizable(boolean resizable)	设置此 JFrame 是否可由用户调整大小
void setTitle(String title)	将此 JFrame 的标题设置为指定的字符串

表 10.5 中的 MenuBar 类用来创建菜单，通过 setDefaultCloseOperation(int operation)方法可以关闭窗口，参数的取值有以下 4 种：

（1）DO_NOTHING_ON_CLOSE：不执行任何操作或要求程序在已注册的 WindowListener 对象的 windowClosing()方法中处理该操作。

（2）HIDE_ON_CLOSE：调用任意已注册的 WindowListener 对象后自动隐藏该窗体。

（3）DISPOSE_ON_CLOSE：调用任意已注册的 WindowListener 对象后自动隐藏并释放该窗体。

（4）EXIT_ON_CLOSE：使用 System.exit()方法退出应用程序。

在默认情况下，该值被设置为 HIDE_ON_CLOSE。

对 JFrame 添加组件有以下两种方式：

（1）用 getContentPane()方法获得 JFrame 的内容面板，再加入组件，语句如下：

```
JFrame.getContentPane().add(childComponent)
```

（2）建立一个 JPanel 之类的中间容器，将组件添加到容器中，用 setContentPane()方法将该容器置为 JFrame 的内容面板，语句如下：

```
JPanel contentPane=new JPanel();        //把其他组件添加到 JPanel 中
JFrame.setContentPane(contentPane);     //把 contentPane 对象设置成 JFrame 的内容面板
```

10.3　布局管理

布局管理

当将很多的组件放在一个容器里面的时候，需要对这些组件进行布局管理，否则就容易混乱，甚至看不见部分组件，从而影响美观和使用。每个容器对象都有一个默认的布局管理器，可以由 setLayout()方法设定。如果容器没有调用 setLayout()方法，那么默认的布局管理器就将被使用。每当容器初次显示或进行大小调整时，布局管理器都会自动管理容器里面的组件的布局。例 10.3 中程序的第 27 行 contentPane.setLayout(null)就是将某个 JPanel 的布局管理器设置为 null，即不使用布局管理器，而是采用组件在容器中的坐标位置直接定位，在某些 IDE 中也称为采用绝对布局。

Java 提供了多种布局管理器类来对容器里面的组件的布局进行管理，常用的有以下 4 种，即流布局管理器（FlowLayout）、边框布局管理器（BorderLayout）、网格布局管理器（GridLayout）和网格包布局管理器（GridBagLayout）。

10.3.1　流布局管理器

流布局管理器（FlowLayout）是面板容器（JPanel）及其子类的默认布局管理器，它对应于流布局，按照从上到下、从左到右的规则，将添加到容器中的组件依次排列。当一行的空间用完后，便从新的一行开始存放。

表 10.6 列出了 FlowLayout 类常用的构造方法。

表 10.6　类 FlowLayout 的构造方法

构造方法	主要功能
FlowLayout()	创建一个新的 FlowLayout，默认居中对齐且各组件之间有 5 个单位的水平和垂直距离
FlowLayout(int align)	设置组件对齐方式，align 参数值可为 FlowLayout.RIGHT、FlowLayout.LEFT、FlowLayout.CENTER
FlowLayout(int align, int hgap, int vgap)	设置组件对齐方式和在水平和垂直方向上的间隙大小，hgap 和 vgap 分别代表水平间距和垂直间距

在创建 FlowLayout 对象时可以指定一行中组件的对齐方式，默认为居中，构造方法可以接受 FlowLayout.LEFT 和 FlowLayout.RIGHT 两个参数，使组件左或右对齐。例如，可以使用代码 setLayout(new FlowLayout(FlowLayout.LEFT))使组件左对齐。

【例 10.4】FlowLayout 布局管理器使用程序示例。

```
(01)import java.awt.*;
(02)import javax.swing.*;
(03)import javax.swing.border.EmptyBorder;
(04)public class JavaDemo10_4 extends JFrame {
(05)     private JPanel contentPane;
(06)     public static void main(String[] args) {
(07)          EventQueue.invokeLater(new Runnable() {
(08)               public void run() {
(09)                    try {
(10)                         JavaDemo10_4 frame = new JavaDemo10_4();
(11)                         frame.setVisible(true);
(12)                    } catch (Exception e) {
(13)                         e.printStackTrace();
(14)                    }
(15)               }
(16)          });
(17)     }
(18)     public JavaDemo10_4() {
(19)          setTitle("flowlayout");
(20)          setDefaultCloseOperation(JFrame.EXIT_ON_CLOSE);
(21)          setBounds(100, 100, 399, 191);
(22)          contentPane = new JPanel();
(23)          contentPane.setBorder(new EmptyBorder(5, 5, 5, 5));
(24)          setContentPane(contentPane);
(25)          contentPane.setLayout(new FlowLayout(FlowLayout.LEFT, 5, 5));
(26)          JButton btn1 = new JButton("button1");
(27)          contentPane.add(btn1);
(28)          JButton btn2 = new JButton(" button2");
(29)          contentPane.add(btn2);
(30)          JButton btn3 = new JButton(" button3");
(31)          contentPane.add(btn3);
(32)          JButton btn4 = new JButton("button4");
(33)          contentPane.add(btn4);
(34)          JButton btn5 = new JButton("button5");
(35)          contentPane.add(btn5);
(36)     }
(37)}
```

程序运行结果如图 10.13 所示。

图 10.13　例 10.4 的程序运行结果

程序分析：当拖动窗口的边界改变窗口大小时，将会发现窗口里面的组件随着窗口大小而改变位置，组件的布局有流动式特征，这也是 FlowLayout 布局的特点。例如，将窗口向左拖动变窄，则布局如图 10.14 所示。

图 10.14　窗口向左拖动变窄

当更改第 21 行的程序将 contentPane.setLayout(new FlowLayout(FlowLayout.LEFT,5,5)); 中的 LEFT 改为 CENTER 或 RIGHT 时可以使这些按钮居中对齐或右对齐，运行结果如图 10.15 所示。

　（a）居中对齐　　　　　　　　　　　　　　（b）右对齐

图 10.15　更改对齐方式后的界面

10.3.2　边框布局管理器

边框布局管理器（BorderLayout）是 Window 及其子类的默认布局管理器，它按照方位将容器分为 5 个部分，分别是北（North，上）、南（South，下）、西（West，左）、东（East，右）和中（Center）。

表 10.7 列出了 BorderLayout 类的构造方法。

表 10.7　BorderLayout 类的构造方法

构造方法	主要功能
BorderLayout()	创建组件之间没有间距的新的 BorderLayout
BorderLayout(int hgap, int vgap)	创建组件之间有间距的新的 BorderLayout，其中水平间距和垂直间距分别由参数 hgap 和 vgap 决定

【例 10.5】BorderLayout 布局管理器使用程序示例。

```
(01)import java.awt.*;
(02)import javax.swing.*;
(03)import javax.swing.border.EmptyBorder;
(04)public class JavaDemo10_5 extends JFrame {
(05)     private JPanel contentPane;
(06)     public static void main(String[] args) {
(07)         EventQueue.invokeLater(new Runnable() {
(08)             public void run() {
(09)                 try {
(10)                     JavaDemo10_5 frame = new JavaDemo10_5();
(11)                     frame.setVisible(true);
(12)                 } catch (Exception e) {
(13)                     e.printStackTrace();
(14)                 }
(15)             }
(16)         });
(17)     }
(18)     public JavaDemo10_5() {
(19)         setTitle("borderLayout1");
(20)         setDefaultCloseOperation(JFrame.EXIT_ON_CLOSE);
(21)         setBounds(100, 100, 450, 300);
(22)         contentPane = new JPanel();
(23)         contentPane.setBorder(new EmptyBorder(5, 5, 5, 5));
(24)         setContentPane(contentPane);
(25)         contentPane.setLayout(new BorderLayout(5, 5));
(26)         JButton btnWest = new JButton("West");
(27)         contentPane.add(btnWest, BorderLayout.WEST);
(28)         JButton btnCenter    = new JButton("Center");
(29)         contentPane.add(btnCenter, BorderLayout.CENTER);
(30)         JButton btnSouth = new JButton("South");
(31)         contentPane.add(btnSouth, BorderLayout.SOUTH);
(32)         JButton btnNorth = new JButton("North");
(33)         contentPane.add(btnNorth, BorderLayout.NORTH);
(34)         JButton btnEast = new JButton("East");
(35)         contentPane.add(btnEast, BorderLayout.EAST);
(36)     }
(37)}
```

程序运行结果如图 10.16 所示。

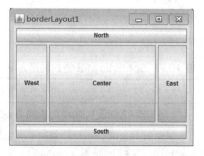

图 10.16　例 10.5 的程序运行结果

程序分析：当使用边框布局管理器时，不一定 5 个方位全都使用，如果某一个方位没有被使用，那么会由相应其他方位的组件延伸占据这个位置，当在图 10.16 中没有 North 按钮，也就是说 North 方位没有使用时，West、Center 和 East 按钮都会向上延伸以填满整个容器。

10.3.3　网格布局管理器

网格布局管理器（GridLayout）对应于网格布局，网格布局是按行列排列所有的组件，类似于 Excel，但是它的每个单元大小都是相同的。下面的例子中显示的计算器程序就使用了网格布局来排列计算器的按钮。当缩放窗口时，计算器按钮的尺寸随之变化，但所有按钮的尺寸始终保持相同。

表 10.8 列出了 GridLayout 类的构造方法。

表 10.8　GridLayout 类的构造方法

构造方法	主要功能
GridLayout()	创建具有默认值的网格布局，即每个组件占据一行一列
GridLayout(int rows,int cols)	创建具有指定行数和列数的网格布局
GridLayout(int rows,int cols,int hgap,int vgap)	创建具有指定行数和列数的网格布局，同时设置组件之间的间距

【例 10.6】GridLayout 布局管理器使用程序示例。

```
(01)import java.awt.*;
(02)import javax.swing.JFrame;
(03)public class JavaDemo10_6 {
(04)    public static void main(String args[]) {
(05)        JFrame jf = new JFrame("GridLayout 演示窗口");
(06)        Container cp = jf.getContentPane();
(07)        GridLayout grid = new GridLayout(3, 3);
(08)        cp.setLayout(grid);
(09)        for (int i = 1; i <= 8; i++)
(10)            cp.add(new Button(Integer.toString(i)));
(11)        jf.setSize(200, 150);
(12)        jf.setVisible(true);
(13)    }
(14)}
```

程序运行结果如图 10.17 所示。

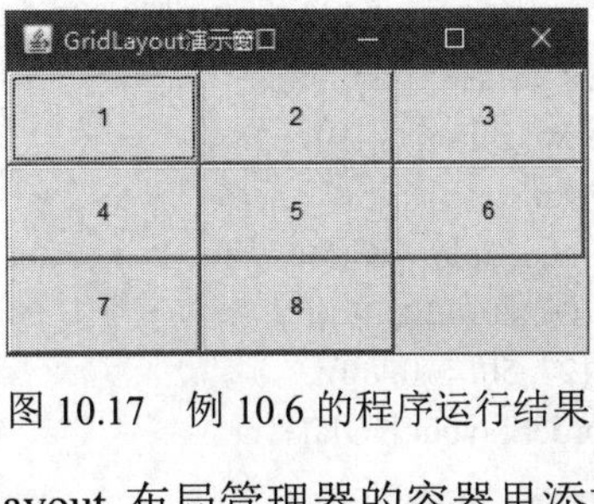

图 10.17　例 10.6 的程序运行结果

程序分析：由于使用 GridLayout 布局管理器的容器里添加的组件大小完全相同，所以经常将界面中具有这种特点的组件放入一个新的容器里面，使用 GridLayout 进行布局，再将这个容器添加到界面容器中。当实际产生的组件少于网格定义数时，布局对象会按照保持行数不变的原则进行自动调整。

10.3.4 网格包布局管理器

网格包布局管理器（GridBagLayout）生成的布局管理器也是和 GridLayout 一样是使用网格来进行布局管理的。不同之处在于 GridBagLayout 可以通过类 GridBagConstraints 来控制布局容器内各组件的大小，每个组件都使用一个 GridBagConstraints 对象来给出它的大小和摆放位置，这样就可以按照设计者的意图改变组件的大小，把它们摆在设计者希望摆放的位置上。这种灵活性是前面几个布局管理器所不具备的。有关 GridBagLayout 布局管理器使用的详细情况参阅 JDK 帮助文档。

除了以上 4 种布局外，Swing 还为它的容器提供了其他一些布局管理器，如 CardLayout、BoxLayout、DefaultMenuLayout、ScrollPaneLayout 等，这里不进行介绍，读者可以查阅 Sun 公司提供的 API 文档进行深入学习。

10.3.5 容器的嵌套

在本章前面的范例中，都是把组件放在窗口对象的内容面板内，窗口和内容面板都是容器，用来存放其他组件。在实际应用中，可能将一个容器分成很多小块，每一块包含几个组件，这些组件用一个中间容器来存放，再将这些中间容器添加到外部容器对象中。Swing 中提供了多种中间容器，可以在一个容器中添加几个中间容器对象，每个中间容器对象都可以指定不同的布局方式。下面就以 JPanel 容器为例来说明容器的嵌套使用。

【例 10.7】容器嵌套使用程序示例。

```
(01)import java.awt.*;
(02)import javax.swing.*;
(03)public class JavaDemo10_7 {
(04)    public static void main(String args[]) {
(05)        JFrame jf = new JFrame("容器的嵌套");
(06)        Container cp = jf.getContentPane();
(07)        JLabel lab = new JLabel("0.", JLabel.RIGHT);
(08)        cp.setLayout(null);
(09)        JPanel pnl = new JPanel();
(10)        GridLayout grid = new GridLayout(4, 4);
(11)        pnl.setLayout(grid);
(12)        String s[] = { "7", "8", "9", "/", "4", "5", "6", "*", "1", "2", "3","-", "0", ".", "=", "+" };
(13)        for (int i = 0; i < 16; i++)
(14)            pnl.add(new JButton(s[i]));
(15)        lab.setOpaque(true);
(16)        lab.setBackground(Color.white);
(17)        lab.setBounds(20, 20, 170, 20);
(18)        pnl.setBounds(20, 50, 170, 80);
(19)        cp.add(lab, BorderLayout.NORTH);
(20)        cp.add(pnl);
(21)        jf.setSize(220, 180);
```

```
(22)            jf.setVisible(true);
(23)        }
(24)}
```

程序运行结果如图 10.18 所示。

图 10.18　例 10.7 的程序运行结果

程序分析：程序中，将大小相同的 16 个按钮组件添加在一个 JPanel 对象里面，使用 GridLayout 进行布局，然后将这个 JPanel 对象添加到顶层容器 JFrame 对象的内容面板 ContentPane 中。

我们既可以在程序中安排组件的位置和大小，也可以通过布局管理器安排，这两种情况 可能会发生冲突，因此，同时使用时要注意以下两点：

（1）容器中的布局管理器负责各个组件的大小和位置，用户无法在这种情况下设置组件 的这些属性。如果试图使用Java语言提供的 setLocation()、setSize()和 setBounds()等方法，则都 会被布局管理器覆盖。

（2）如果用户确实需要自行设置组件大小或位置，则应取消该容器的布局管理，方法为 setLayout(null)。

10.4　事件处理

任何图形用户界面操作环境都要不断地监视按键或单击鼠标这样的事件，操作环境将这 些事件报告给正在运行的应用程序。当有事件发生时，应用程序将决定如何对事件作出响应。

10.4.1　事件模型

Java 事件处理机制涉及 3 种非常重要的对象，即事件源、事件和事件监听器，事件监听 器也称为事件处理者。事件源对象是指引发事件的对象，如容器、按钮等，由于事件源的某项 属性或状态发生改变（如按钮被单击、文本框中的值发生改变等）而导致某个事件的发生。事 件对象封装了事件的相关信息及事件源对象，用于在事件源与事件监听器间传递信息，所有的 事件对象都最终派生自 java.util.EventObject 类。事件监听器对象是一个实现了特定事件监听器 接口的类的实例，当事件发生时能够接收事件源通知并处理相应的事件。

事件处理机制：当事件源收到用户发出的操作指令后产生相应的事件对象，然后将这些 事件对象传递给所有在该事件源上注册了该事件的监听器对象，监听器对象将利用事件对象中 的信息决定如何对事件作出响应。

在程序运行期间，监听器对象简单地等待，直到它收到一个事件对象才作出响应。这种 事件处理机制使得处理事件的应用程序逻辑与生成事件的界面逻辑（容器或者组件）彼此分离，相互独立存在，从而分离了接口与实现。

【例 10.8】第一个事件处理程序。

```
(01)import java.awt.*;
(02)import javax.swing.*;
(03)import java.awt.event.*;
(04)public class JavaDemo10_8 extends JFrame implements ActionListener {
(05)    JButton btn = new JButton("将窗口变成黄色");
(06)    Container cp = getContentPane();
(07)    public JavaDemo10_8() {
(08)        super("Action Event");
(09)        cp.setLayout(new FlowLayout());
(10)        btn.addActionListener(this); //把自己注册为 btn 的监听器, 监听 btn 上发生的事件
(11)        cp.add(btn);
(12)        setSize(200, 150);
(13)        setVisible(true);
(14)    }
(15)    public static void main(String args[]) {
(16)        new JavaDemo10_8();
(17)    }
(18)    public void actionPerformed(ActionEvent e) {
(19)        setTitle("事件处理机制");
(20)        cp.setBackground(Color.yellow);
(21)    }
(22)}
```

程序运行结果如图 10.19 所示。

（a）单击前　　　　　　　　　（b）单击后

图 10.19　例 10.8 的程序运行结果

程序分析：单击窗口中的按钮，窗口的背景将变成黄色，同时窗口的标题也改变为"事件处理机制"。

接下来，我们分析一下在本程序事件处理过程中前面提到的 3 个概念。

- 事件源：在本例中，btn 所指向的按钮对象就是一个事件源，也就是事件发生的场所，通常就是一些组件对象，当然不同的组件类型可以引发不同类型的事件，一种组件类型也可以引发多种类型的事件。
- 事件：在本例中，当按下按钮时就产生了一个动作事件（ActionEvent）对象，事件由用户在和界面中的组件交换中产生，如在按钮或其他组件上移动鼠标、单击鼠标按钮和按下键盘键等都可以引发事件。

- 监听器：为了处理某个组件上的特定事件，程序员要做的就是先创建一个与特定事件类型相应的监听器对象，然后将它注册到触发事件的组件中，这个注册动作是通过该组件的 addXxxListener()方法来完成的；同样地，在注册之后当不想让某个监听器对象再处理某个组件上所触发的特定事件时，还可以解除注册，这个解除注册是通过调用该组件的 removeXxxListener()方法来完成的（这里用"Xxx"来表示监听器所监听的事件类型）。在例 10.8 中，为了让窗口对象能够监听按钮上的动作事件，必须将窗口对象注册成为按钮上的动作事件监听者，而 Myframe 的构造方法中的 btn.addActionListener(this)就是在将该窗口对象注册成为 btn 所指向的按钮对象的动作事件监听者。为了使窗口对象能够处理动作事件，Myframe 类实现了 ActionListener 接口，ActionListener 就是用于处理 ActionEvent 事件的事件监听器接口，该接口中有一个 actionPerformed 方法，该方法中有一个 ActionEvent 类型的参数，该参数封装了与动作事件相关的信息，包括引发事件的事件源，该方法可以将动作事件对象从引发动作事件的事件源对象传递给处理该事件的动作事件监听者对象。当用户单击按钮时，按钮对象（JButton）就会创建一个动作事件（ActionEvent）对象，然后调用该按钮的动作事件监听者（ActionListener）——Myframe 窗口对象的 actionPerformed 方法，而该方法的参数正是所创建的动作事件对象。

我们可以为一个事件源对象的一种类型的事件注册多个监听者，如在例 10.8 中可以将多个监听者对象注册成为按钮对象的动作事件监听者，这样一来，只要用户单击按钮，多个监听者对象的 actionPerformed 方法都会被调用。

同样地，也可以让一个对象作为多个事件源对象上的同一种类型的事件监听者，如在窗口中另外添加一个按钮，然后将窗口对象注册成为新添加的按钮对象的动作事件监听者，这样一来，无论用户单击这两个按钮中的哪一个，窗口对象的 actionPerformend 方法都会被调用。

注意：一种类型的事件不限于在一种类型的组件上做一种操作而产生，如当在按钮上单击时会产生动作事件，而在选择一个菜单项（JMenuItem）或在一个文本域（JTextField）中按 Enter 键时等多种情形下也会产生动作事件。

10.4.2　Swing 中的事件和事件监听器

Java 在 java.awt.event 包和 javax.swing.event 包中定义了很多事件类用于处理各种 GUI 程序中各类用户操作所产生的事件，这些事件类都是由 java.util 包中的 EventObject 类扩展而来的。EventObject 类有一个子类 AWTEvent，位于 java.awt 包中，它是所有 AWT 事件类的父类，也是一般 GUI 程序中要处理的事件类的父类，当然 Java 在使用 Swing 组件时也在 javax.swing.event 包中定义了一些专供 Swing 组件使用的事件类。AWT 事件类大致可以分成语义事件（semantic events）和底层事件（low-level events）。语义事件是表示用户动作的事件，如单击按钮，因此，动作事件（ActionEvent）是一种语义事件。底层事件是形成那些语义事件的事件。在单击按钮时，包含了按下鼠标、移动鼠标、抬起鼠标等事件，或者用户先按 Tab 键选择按钮，然后在上面按空格键来单击按钮，其中发生了敲击键盘事件。同样的道理，调节滚动条是一种语义事件，但拖动鼠标是底层事件。图 10.20 显示了 Java 主要事件类的继承关系，其中较深颜色的类如 ListSelectionEvent 等在 javax.swing.event 包中，其余类在 java.awt.event 包中。

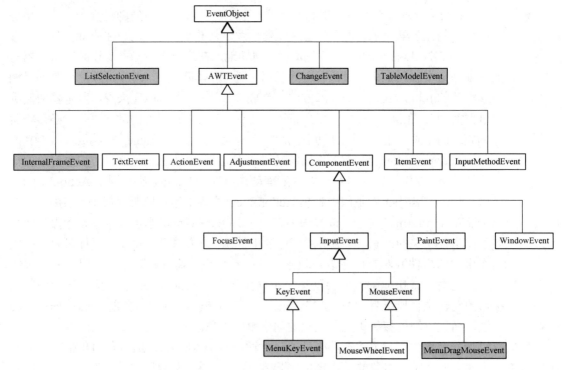

图 10.20　Java 主要事件类的继承关系

对于每一个事件类，一般都有相应的事件监听器接口，接口与对应的事件类一般位于同一个包中。在 java.awt.event 包和 javax.swing.event 包中定义的事件监听器接口的命名一般以 Listener 结尾，其命名一般与相应的事件类相似，而相应在引发相关事件的事件源对象上注册和解除注册事件监听器的方法的命名也类似。例如，与 ActionEvent 对应的监听器接口就是 ActionListener，注册 ActionEvent 事件监听器的方法名是 addActionListener，解除注册 ActionEvent 事件监听器的方法名是 removeActionListener，而这些事件监听器接口都扩展自 java.util.EventListener。EventListener 是标记接口，其中没有包含任何方法。

所有 Swing 组件都具有 addXxxListener()和 removeXxxListener()方法，这样就可以为每个 Swing 组件添加或移除相应类型的监听器。

表 10.9 列出了 Swing 中常用的事件类、事件监听器接口和监听器接口里所提供的方法，但是事件模型是可以扩展的，在操作中也许会遇到表中没有列出的事件和监听器，操作者也可以自定义事件和监听器。

表 10.9　Swing 中常用的事件类、事件监听器接口和监听器接口里所提供的方法

事件、监听器接口名称	支持该事件的组件	接口中声明的方法	方法的调用时机
ComponentEvent ComponentListener	Component 及其派生类，即所有组件	void componentHidden(ComponentEvent e)	隐藏组件时
		void componentMoved(ComponentEvent e)	组件位置更改时
		void componentResized(ComponentEvent e)	组件大小更改时
		void componentShown(ComponentEvent e)	组件从隐藏中变得可见时

事件、监听器接口名称	支持该事件的组件	接口中声明的方法	方法的调用时机
ContainerEvent ContainerListener	Container 及其派生类，即所有容器，包括 JPanel、JApplet、JFrame、JWindow、JDialog、JScrollPane 等	void componentAdded(ContainerEvent e)	将组件添加到容器中时
		void componentRemoved(ContainerEvent e)	从容器中移除组件时
WindowEvent WindowListener	Window 及其派生类，包括 JFrame、JWindow、JDialog 等	void windowActivated(WindowEvent e)	窗口成为活动窗口时
		void windowClosed(WindowEvent e)	窗口关闭后
		void windowClosing(WindowEvent e)	窗口关闭时
		void windowDeactivated(WindowEvent e)	窗口不再是活动状态时
		void windowDeiconified(WindowEvent e)	从最小化状态变为正常
		void windowIconified(WindowEvent e)	最小化窗口时
		void windowOpened(WindowEvent e)	窗口首次打开后
ActionEvent ActionListener	JButton、JList、JTextField、JMenuItem 及其派生类等	void actionPerformed(ActionEvent e)	单击按钮、在文本框中按 Enter 键时
DocumentEvent DocumentListener （是 Swing 中的事件，在 Javax.Swing.event 包中） Document 在 Javax.Swing.text 包中	JTextComponent 及其派生类，包括 JTextField、JTextArea 等（注意，事件源不是这些文本组件，而是与这些文本组件对应的文档 Document）	changeUpdate(DocumentEvent e)	文档的风格属性（如加粗、颜色等）改变时
		insertUpdate(DocumentEvent e)	往文档中插入时
		removeUpdate(DocumentEvent e)	从文档中移除内容时
CaretEvent CaretListner （是 Swing 中的事件，在 Javax.Swing.event 包中）	JTextComponent 及其派生类	caretUpdate(CaretEvent e)	插入符的位置变化或选定的范围发生变化时
ItemEvent ItemListener	JCheckBox、JComboBox、JList 等任何实现了 ItemSelectable 接口的组件	void itemStateChanged(ItemEvent e)	选定或取消选定某项时
MouseEvent（包括单击和移动） MouseListener（处理鼠标单击） MouseMotionListener（处理鼠标移动）	所有组件	void mouseClicked(MouseEvent e)	单击（按下并释放）鼠标时
		void mousePressed(MouseEvent e)	按下鼠标时
		void mouseReleased(MouseEvent e)	释放鼠标时
		void mouseEntered(MouseEvent e)	鼠标光标进入组件时
		void mouseExited(MouseEvent e)	鼠标光标离开组件时
		void mouseDragged(MouseEvent e)	鼠标拖动时
		void mouseMoved(MouseEvent e)	鼠标移动时

事件、监听器接口名称	支持该事件的组件	接口中声明的方法	方法的调用时机
KeyEvent KeyListener	所有组件	void keyPressed(KeyEvent e)	按下某个键时
		void keyReleased(KeyEvent e)	释放某个键时
		void keyTyped(KeyEvent e)	键入某个键时
FocusEvent FocusListener	所有组件	void focusGained(FocusEvent e)	获得键盘焦点时
		void focusLost(FocusEvent e)	失去键盘焦点时

有些监听器接口包含多个方法，为了方便处理，它们都配有一个相应的适配器类（如对应于 WindowListener 的 WindowAdapter 类），在这个适配器类中为相应接口中的所有方法提供了空实现，使得用户可以直接从适配器类继承，然后只对自己感兴趣的方法进行覆盖，提供具体实现。适配器类有 FocusAdapter、MouseMotionAdapter、KeyAdapter、WindowAdapter 和 MouseAdapter。下面先介绍几个常用的事件及方法，再介绍常用的 Swing 组件。

10.4.3 ActionEvent（动作事件）

ActionEvent 事件是非常常见的事件，当单击按钮、选择菜单项目或向单行文本框中输入字符串并按 Enter 键时都会发生 ActionEvent 事件。

ActionEvent 类提供了如表 10.10 所示的 4 个方法。

表 10.10 ActionEvent 类的方法

方法	主要功能
String getActionCommand()	返回与此动作相关的命令字符串
int getModifiers()	返回发生此动作事件期间按下的组合键
String paramString()	返回标识此动作事件的参数字符串
Object getSource()	最初发生事件的对象

【例 10.9】ActionEvent 事件处理程序示例。

```
(01)import java.awt.*;
(02)import javax.swing.*;
(03)import java.awt.event.*;
(04)public class JavaDemo10_9 extends JFrame implements ActionListener {
(05)     Container cp = getContentPane();
(06)     JButton btn1 = new JButton("按钮一");
(07)     JButton btn2 = new JButton("按钮二");
(08)     JButton btn3 = new JButton("退出");
(09)     JLabel lab = new JLabel("键入 Enter 后文本框内容：");
(10)     JTextField txt = new JTextField("", 20);
(11)     public JavaDemo10_9() {
(12)         super("Action Event");
(13)         btn1.addActionListener(this);
(14)         btn2.addActionListener(this);
(15)         btn3.addActionListener(this);
```

```
(16)            txt.addActionListener(new ActionListener(){
(17)                public void actionPerformed(ActionEvent e) {
(18)                    lab.setText("键入 Enter 后文本框内容：" + txt.getText());
(19)                }
(20)            });
(21)            cp.setLayout(new FlowLayout(FlowLayout.CENTER));
(22)            cp.add(lab);
(23)            cp.add(txt);
(24)            cp.add(btn1);
(25)            cp.add(btn2);
(26)            cp.add(btn3);
(27)            setSize(260, 140);
(28)            setVisible(true);
(29)        }
(30)        public static void main(String args[]) {
(31)            JavaDemo10_9 frm = new JavaDemo10_9();
(32)        }
(33)        public void actionPerformed(ActionEvent e) {
(34)            JButton btn = (JButton) e.getSource();
(35)            if (btn == btn1)
(36)                txt.setText("按钮一被按下");
(37)            else if (btn == btn2)
(38)                txt.setText("按钮二被按下");
(39)            else
(40)                System.exit(0);
(41)        }
(42)}
```

程序运行结果如图 10.21 所示。

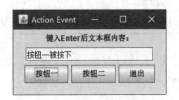

（a）显示窗口　　　　　　（b）按钮一被按下

图 10.21　例 10.9 的程序运行结果

程序分析：在文本框中输入内容并按 Enter 键时文本框内容显示在标签中；如果单击"按钮一"，文本框将显示"按钮一被按下"；单击"退出"按钮，程序将结束。

类 JavaDemo10_9 继承自 JFrame，cp 对象是内容面板容器。当按下按钮时将会发生 ActionEvent 类事件，按钮本身不作任何处理，这时候就会把事件向上传递，直到窗口对象 frm 监听到为止。当 frm 对象监听到按钮事件后，就会运行 ActionListener 接口提供的方法 actionPerformed(ActionEvent e)。由于 ActionEvent 类继承自 EventObject 类，所以可以使用 EventObject 类提供的方法 getSource() 来查看是哪个对象激活的事件。程序在类 JavaDemo10_9 中通过实现 ActionListener 接口定义了一个匿名内部类，文本框组件 txt 向该匿名内部类对象注册监听。

10.4.4 KeyEvent（按键事件）

KeyEvent 继承自 InputEvent，属于低层次的事件。当焦点在某个组件上时，按下键盘上的任何键都会触发该组件的按键事件。

KeyEvent 类提供了如表 10.11 所示的 3 个方法。

表 10.11 KeyEvent 类的方法

方法	主要功能
char getKeyChar()	返回与此事件中的键相关联的字符
int getKeyCode()	返回与此事件中的键相关联的整数 keyCode
boolean isActionKey()	返回此事件中的键是否为"动作"键

要处理 KeyEvent 事件，可以用 KeyListener 接口来承担监听。但是 KeyListener 接口提供的事件处理方法较多，在实现的类里针对每一个方法都要编写处理代码。即使没有作相关的处理，也必须写上这些方法，用起来有点不方便。除了 KeyListener 之外，Java 还提供了 KeyAdapter 类来处理 KeyEvent 事件。

1. 用 KeyListener 接口处理 KeyEvent 事件

用 KeyListener 接口处理 KeyEvent 事件，必须用类实现 KeyListener 接口，然后用这个类对象来监听 KeyEvent 事件。KeyListener 接口声明了 3 个方法，如表 10.12 所示。

表 10.12 KeyListener 接口声明的方法

方法	主要功能
void keyPressed(KeyEvent e)	按下某个键时调用此方法
void keyReleased(KeyEvent e)	释放某个键时调用此方法
void keyTyped(KeyEvent e)	键入某个键时调用此方法

【例 10.10】以 KeyListener 接口处理 KeyEvent 事件程序示例。

```
(01)import java.awt.*;
(02)import javax.swing.*;
(03)import java.awt.event.*;
(04)public class JavaDemo10_10 extends JFrame implements KeyListener {
(05)    JTextField txf = new JTextField(14);
(06)    JLabel lab1 = new JLabel("未按键盘");
(07)    JLabel lab2 = new JLabel("未按键盘");
(08)    JLabel lab3 = new JLabel("未按键盘");
(09)    int keyCode;        //保存按键代码
(10)    Container cp = getContentPane();
(11)    public JavaDemo10_10() {
(12)        super("Key Event");
(13)        cp.setLayout(new GridLayout(4,1));
(14)        txf.addKeyListener(this);
```

```
(15)        cp.add(txf);
(16)        cp.add(lab1);
(17)        cp.add(lab2);
(18)        cp.add(lab3);
(19)        setSize(200, 150);
(20)        setVisible(true);
(21)    }
(22)    public static void main(String args[]) {
(23)        JavaDemo10_10 frm = new JavaDemo10_10();
(24)    }
(25)    public void keyPressed(KeyEvent e) {
(26)        keyCode = e.getKeyCode();        //获取按键代码
(27)    }
(28)    public void keyReleased(KeyEvent e) {
(29)    }
(30)    public void keyTyped(KeyEvent e) {
(31)        lab1.setText("按键代码："+keyCode);
(32)        lab2.setText("按键名称："+e.getKeyText(keyCode));
(33)        lab3.setText("按键字符："+e.getKeyChar());
(34)    }
(35)}
```

程序运行结果如图 10.22 所示。

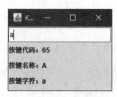

图 10.22　例 10.10 的程序运行结果

程序分析：当在文本框中按下键盘时 KeyEvent 事件将被触发，窗口对象监听到之后 KeyListener 接口定义的 3 个方法将会执行。

2.　以 KeyAdapter 类事件处理 KeyEvent 事件

Java 提供的 KeyAdapter 类处理 KeyEvent 事件更加方便。KeyAdapter 类事实上只是用 KeyListener 接口定义了一个类，类方法里面没有任何语句，因此可以继承这个类。

【例 10.11】以 KeyAdapter 类处理 KeyEvent 事件程序示例。

```
(01)import java.awt.*;
(02)import javax.swing.*;
(03)import java.awt.event.*;
(04)public class JavaDemo10_11 extends JFrame {
(05)    JTextField txf = new JTextField(14);
(06)    JLabel lab1 = new JLabel("未按键盘");
(07)    JLabel lab2 = new JLabel("未按键盘");
(08)    JLabel lab3 = new JLabel("未按键盘");
(09)    Container cp = getContentPane();
```

```
(10)        public JavaDemo10_11() {
(11)            super("Key Event");
(12)            cp.setLayout(new GridLayout(4,1));
(13)            txf.addKeyListener(new KeyLis());
(14)            cp.add(txf);
(15)            cp.add(lab1);
(16)            cp.add(lab2);
(17)            cp.add(lab3);
(18)            setSize(200, 150);
(19)            setVisible(true);
(20)        }
(21)        public static void main(String args[]) {
(22)            JavaDemo10_11 frm = new JavaDemo10_11();
(23)        }
(24)        class KeyLis extends KeyAdapter
(25)        {
(26)            public void keyPressed(KeyEvent e)
(27)            {
(28)                int keyCode = e.getKeyCode();
(29)                lab1.setText("按键代码："+keyCode);
(30)                lab2.setText("按键名称："+e.getKeyText(keyCode));
(31)                lab3.setText("按键字符："+e.getKeyChar());
(32)            }
(33)        }
(34)}
```

程序运行结果如图 10.23 所示。

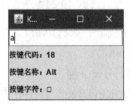

图 10.23   例 10.11 的程序运行结果

程序分析：当在文本框中按下键盘时 KeyEvent 事件将被触发，KeyLis 内部类对象监听到之后 keyPressed()方法将会执行。程序中，类 JavaDemo10_11 里定义了一个内部类 KeyLis，用这个内部类的对象去监听 KeyEvent 事件。在内部类 KeyLis 中定义了 keyPressed()方法，这个方法覆盖了父类 KeyAdapter 类中的 keyPressed()方法。

10.4.5　MouseEvent（鼠标事件）

MouseEvent 也继承自 InputEvent，属于低层次事件。在组件上按下鼠标按钮、鼠标指针进入或移出组件、在组件上移动或拖拽鼠标，都会触发该组件的鼠标事件。MouseEvent 类提供了如表 10.13 所示的 5 种方法。

表 10.13　MouseEvent 类的方法

方法	主要功能
int getButton()	返回哪个鼠标按键更改了状态
int getClickCount()	返回与此事件关联的鼠标单击次数
Point getPoint()	返回事件相对于源组件的 x、y 位置
int getX()	返回事件相对于源组件的水平 x 坐标
int getY()	返回事件相对于源组件的垂直 y 坐标

同 KeyEvent 事件一样，可以使用多种方法来处理 MouseEvent 事件。Java 提供了 MouseListener 接口和 MouseMotionListener 接口作为 MouseEvent 事件的监听。为了方便操作，Java 还提供了 MouseAdapter 类和 MouseMotionAdapter 类来处理 MouseEvent 事件，它们分别对 MouseListener 接口和 MouseMotionListener 接口进行实现。

1. 用 MouseListener 接口来处理 MouseEvent 事件

MouseListener 接口声明了 5 个用来处理不同事件的方法，如表 10.14 所示。

表 10.14　MouseListener 接口声明的方法

方法	主要功能
void mouseClicked(MouseEvent e)	鼠标按键在组件上单击（按下并释放）时调用
void mouseEntered(MouseEvent e)	鼠标进入到组件上时调用
void mouseExited(MouseEvent e)	鼠标离开组件时调用
void mousePressed(MouseEvent e)	鼠标按键在组件上按下时调用
void mouseReleased(MouseEvent e)	鼠标按键在组件上释放时调用

2. 用 MouseMotionListener 接口来处理 MouseEvent 事件

MouseMotionListener 接口用来监听鼠标的移动和拖拽操作，事件源使用 addMouseMotionListener()方法来注册监听。MouseMotionListener 接口声明的方法如表 10.15 所示。

表 10.15　MouseMotionListener 接口声明的方法

方法	主要功能
void mouseDragged(MouseEvent e)	鼠标按键在组件上按下并拖动时调用
void mouseMoved(MouseEvent e)	鼠标光标在组件上移动但无按键按下时调用

【例 10.12】以 MouseListener 和 MouseMotionListener 接口来处理 MouseEvent 事件程序示例。

```
(01)import java.awt.*;
(02)import javax.swing.*;
(03)import java.awt.event.*;
(04)public class JavaDemo10_12 extends JFrame implements MouseListener,MouseMotionListener{
(05)    JButton btn = new JButton("演示按钮");
```

```
(06)      JTextArea txa = new JTextArea(2, 6);
(07)      Container cp = getContentPane();
(08)      JLabel labx = new JLabel();
(09)      JLabel laby = new JLabel();
(10)      JLabel lab = new JLabel();
(11)      public JavaDemo10_12() {
(12)          super("Mouse Event");
(13)          cp.setLayout(null);
(14)          btn.addMouseListener(this);
(15)          cp.addMouseMotionListener(this);
(16)          txa.setEditable(false);
(17)          btn.setBounds(10, 20, 150, 40);
(18)          lab.setBounds(10,70,60,20);
(19)          labx.setBounds(80,70,40,20);
(20)          laby.setBounds(130,70,40,20);
(21)          txa.setBounds(10, 100, 150, 100);
(22)          cp.add(btn);
(23)          cp.add(labx);
(24)          cp.add(laby);
(25)          cp.add(lab);
(26)          cp.add(txa);
(27)          setSize(180, 220);
(28)          setVisible(true);
(29)      }
(30)      public static void main(String args[]) {
(31)          JavaDemo10_12 frm = new JavaDemo10_12();
(32)      }
(33)      public void mouseEntered(MouseEvent e) {
(34)          txa.setText("鼠标进入\n");
(35)      }
(36)      public void mouseClicked(MouseEvent e) {
(37)          txa.append("鼠标单击\n");
(38)      }
(39)      public void mouseExited(MouseEvent e) {
(40)          txa.append("鼠标离开\n");
(41)      }
(42)      public void mousePressed(MouseEvent e) {
(43)          txa.append("鼠标按下\n");
(44)      }
(45)      public void mouseReleased(MouseEvent e) {
(46)          txa.append("鼠标释放\n");
(47)      }
(48)      public void mouseMoved(MouseEvent e) {
(49)          labx.setText("x=" + e.getX());
(50)          laby.setText("y=" + e.getY());
(51)          lab.setText("鼠标移动");
```

```
(52)        }
(53)        public void mouseDragged(MouseEvent e) {
(54)            labx.setText("x=" + e.getX());
(55)            laby.setText("y=" + e.getY());
(56)            lab.setText("鼠标拖拽");
(57)        }
(58)}
```

程序运行结果如图 10.24 所示。

图 10.24　例 10.12 的程序运行结果

程序分析：程序中，用按钮作为事件源之一，当鼠标进入按钮、按下按钮、释放按钮、离开按钮时都将触发 MouseEvent 事件。窗口的内容面板也是事件源之一，当鼠标在当前窗口中进行移动和拖拽时，标签中将显示事件触发时鼠标的位置和状态。

10.4.6　WindowEvent（窗口事件）

WindowEvent 也属于低层次事件。窗口的创建、缩小、关闭、变成非活动窗口等操作都会触发 WindowEvent 事件。Java 提供了 WindowListener 接口用于窗口事件的监听。为了简便操作，Java 还提供了 WindowAdapter 类来处理 WindowEvent 事件。WindowListener 接口中声明了 7 个处理不同事件的方法，如表 10.16 所示。

表 10.16　WindowListener 接口声明的方法

方法	主要功能
void windowActivated(WindowEvent e)	将 Window 设置为活动 Window 时调用
void windowClosed(WindowEvent e)	因对窗口调用 dispose 而将其关闭时调用
void windowClosing(WindowEvent e)	用户试图从窗口的系统菜单中关闭窗口时调用
void windowDeactivated(WindowEvent e)	当 Window 不再是活动 Window 时调用
void windowDeiconified(WindowEvent e)	窗口从最小化状态变为正常状态时调用
void windowIconified(WindowEvent e)	窗口从正常状态变为最小化状态时调用
void windowOpened(WindowEvent e)	窗口首次变为可见时调用

【例 10.13】以 WindowListener 接口处理 WindowEvent 事件程序示例。

```
(01)import java.awt.*;
(02)import javax.swing.*;
```

```
(03)import java.awt.event.*;
(04)public class JavaDemo10_13    extends JFrame implements WindowListener {
(05)     public JavaDemo10_13() {
(06)          super("Window Event");
(07)          setSize(200, 150);
(08)          addWindowListener(this);
(09)          setVisible(true);
(10)     }
(11)     public static void main(String args[]) {
(12)          new JavaDemo10_13();
(13)     }
(14)     public void windowActivated(WindowEvent e) {//活动窗口
(15)     }
(16)     public void windowClosed(WindowEvent e) {//窗口关闭
(17)     }
(18)     public void windowClosing(WindowEvent e) {//按下窗口关闭按钮
(19)          dispose();
(20)          System.exit(0);
(21)     }
(22)     public void windowDeactivated(WindowEvent e) {//变成非活动窗口
(23)     }
(24)     public void windowDeiconified(WindowEvent e) {//窗口还原
(25)     }
(26)     public void windowIconified(WindowEvent e) {//窗口最小化
(27)     }
(28)     public void windowOpened(WindowEvent e) {//窗口打开
(29)     }
(30)}
```

程序运行结果如图 10.25 所示。

图 10.25   例 10.13 的程序运行结果

程序分析：单击关闭按钮窗口将关闭。窗口 JFrame 中的 setDefaultCloseOperation(int operation)
方法也可以设置窗口的关闭行为，如果使用 WindowAdapter 类来处理 WindowEvent 事件，则需要
设置 setDefaultCloseOperation()方法的参数为 JFrame.DO_NOTHING_ON_CLOSE，否则事件监听
的结果是隐藏窗口。

10.5   Swing 基本组件

Swing 基本组件

Swing 中包含很多基本组件，下面介绍 5 个常用组件及其使用。

10.5.1　标签

标签（JLabel）是用来在窗口中显示文字的文本框，也是在屏幕上显示图像或文本的一种最简单和快捷的方式。表 10.17 列出了 JLabel 类常用的构造方法与方法。

表 10.17　JLabel 类常用的构造方法与方法

构造方法	主要功能
JLabel()	创建一个没有文字的标签
JLabel(String text)	创建标签，并以 text 为标签上的文字
JLabel(String text,int align)	创建标签，并以 text 为标签上的文字，以 align 的方式对齐，其中 align 可为 JLabel 的常量值 LEFT、RIGHT 和 CENTER 等，分别代表靠左、靠右和居中对齐

方法	主要功能
int getAlignment()	返回标签内文字的对齐方式，返回值可能为 LEFT、RIGHT、CENTER 等
int setAlignment(int align)	设置标签内文字的对齐方式，align 的值可为 LEFT、RIGHT、CENTER 等
void setIcon(Icon icon)	设置标签内将要显示的图标
String getText()	返回标签内的文字
String setText(String text)	设置标签内的文字为 text
Void SetOpaque(boolean b)	设置标签是否不透明，参数为 true 时不透明，为 false 时透明。JLabel 默认是透明的

根据提供给构造方法的参数可以创建需要的各种标签。

【例 10.14】创建标签程序示例。

```
(01)import java.awt.*;
(02)import javax.swing.*;
(03)public class JavaDemo10_14 {
(04)    public static void main(String args[])
(05)    {
(06)        JFrame jf = new JFrame("标签对象的创建");
(07)        JLabel lab = new JLabel();
(08)        Container cp = jf.getContentPane();
(09)        cp.setLayout(null);
(10)        jf.setSize(300, 150);
(11)        jf.setLocation(250, 250);
(12)        cp.setBackground(Color.YELLOW);
(13)        lab.setText("Welcom to Java GUI World!");
(14)        lab.setBackground(Color.PINK);
(15)        lab.setForeground(Color.BLUE);
(16)        lab.setFont(new Font("Tamoha", Font.ITALIC, 20));
(17)        lab.setLocation(20, 30);
(18)        lab.setSize(320, 50);
```

```
(19)          cp.add(lab);
(20)          jf.setVisible(true);
(21)     }
(22)}
```

程序运行结果如图 10.26 所示。

图 10.26　例 10.14 的程序运行结果

程序分析：程序中创建了一个标签对象，分别使用 setBackground()方法和 setForeground()方法设置标签的背景和前景色。JLabel 默认是透明的，所以图 10.26 中的黄色是内容面板的背景色，无法看到 JLabel 的背景色，要先调用 JLabel 的 SetOpaque(true)才能将标签设为不透明，这时才可以看到 JLabel 的背景色。一般而言，无须在标签对象上处理事件。

10.5.2　按钮和菜单

按钮是交互式界面常用的组件，Swing 提供了许多类型的按钮。所有按钮，包括普通按钮（JButton）、开关按钮（JToggleButton）、单选按钮（JradioButton）、复选框（JcheckBox），甚至菜单项（JMenuItem）、菜单项复选框（JCheckBoxMenuItem）和菜单项单选按钮（JRadioButtonMenuItem）都是从抽象按钮（AbstractButton）中派生而来的。其中，JButton、JToggleButton 和 JMenuItem 继承自 AbstractButton；JRadioButton 和 JCheckBox 继承自 JToggleButton；JRadioButtonMenuItem 和 JCheckBoxMenuItem 继承自 JMenuItem。

普通按钮就是最常见的按钮，可以带着标签文字和图表一起显示，在普通按钮上单击会引发动作事件，用户可以通过单击普通按钮控制程序的运行。

开关按钮是具有选择和未选择两种状态的按钮，开关按钮处于未选择状态时外观类似于普通按钮，此时将开关按钮按下时开关按钮会凹陷下去，这样开关按钮就切换到选择状态，凹陷中的开关按钮再按一次就会弹回来，此时开关按钮就切换回未选择状态了。

单选按钮用于在一组选项中选中一个。当我们想在数目固定的多个选项中只选择一个时，可以将每个选项作为一个单选按钮，有多少个选项就有多少个单选按钮，然后创建一个按钮组（ButtonGroup），再逐个调用按钮组的 add(AbstractButton)方法将这些单选按钮加入到按钮组中去，同一按钮组中的按钮它们彼此的选择状态是互斥的，最多只能同时选中一个，当选择其中一个按钮时会将同一组中的其他按钮设置为未选择状态。因为按钮组的 add 方法的参数类型是抽象按钮，所以可以将开关按钮、单选按钮、复选框等不同类型的按钮对象都加入到同一个按钮组中，这样的话不同类型的按钮对象其选择状态就是互斥的，当然一般不建议这样做。当不想处于特定按钮组中的特定按钮对象的选择状态受到同组的其他按钮对象影响时，可以调用按钮组的 remove(AbstractButton)方法将按钮移出按钮组。

与单选按钮不同，多个复选框表示的多个选项可以同时选择，一般而言，选项之间没有互相联系，独立选择时可以将每个选项对应于一个单选按钮，复选框无须加入到按钮组中去。

菜单项类似于普通按钮。同样地，菜单项复选框就是放在菜单中的复选框，菜单项单选按钮就是放在菜单中的单选按钮。

　　菜单项要放在菜单中，而菜单又可以分为两种，一种是通常位于窗口顶部的菜单栏（JMenuBar）中包含的下拉式菜单（JMenu），一个菜单栏中可以包含多个下拉式菜单；另一种是不固定在菜单栏中随处浮动的弹出式菜单（JPopupMenu）。要在程序中使用下拉式菜单，我们需要创建菜单栏，创建下拉式菜单，创建菜单项，然后将菜单项加入下拉式菜单中，将下拉式菜单加入菜单栏中；要使用弹出式菜单，我们就需要创建弹出式菜单，创建菜单项，将菜单项加入弹出式菜单中，还必须调用弹出式菜单的 show()方法将它显示出来。我们还可以将下拉式菜单作为子菜单加入到下拉式菜单或弹出式菜单中来构建多层次的菜单。

　　一般而言，按钮只需处理动作事件，响应用户在上面的单击，当然，对于所有由抽象按钮派生出的按钮，包括开关按钮、单选按钮、复选框、菜单项复选框、菜单项单选按钮等，都可以在处理动作事件时通过调用 isSelected()方法来判断该按钮是否被选择（注意，isSelected()方法是在抽象按钮中定义的返回值类型为布尔型的方法，当按钮被选择时返回 True，未被选择时返回 False，对于普通按钮也是支持的，但是从外观上来看，普通按钮是否被选择没有区别，所以一般编程时对普通按钮不会调用该方法）。

　　表 10.18 列出了普通按钮（JButton）常用的构造方法与方法。

表 10.18　JButton 常用的构造方法与方法

构造方法	主要功能
JButton()	构造一个不带文本和图标的按钮
JButton(String text)	构造一个带文本的按钮
JButton(Icon icon)	构造一个带图标的按钮
JButton(String text, Icon icon)	构造一个带文本和图标的按钮
方法	主要功能
String getText()	获得此按钮的标签
void setText(String label)	将按钮的标签设置为指定的字符串

　　对于开关按钮 JtoggleButton 而言，除了有和普通按钮类似的构造方法外，还有构造时带指定选择状态的构造方法，以便于在构造开关按钮时指定其初始选择状态，如对于构造方法 JToggleButton(String text,Icon icon)，增加最后一个布尔型的参数后得到新的构造方法 JToggleButton(String text,Icon icon,boolean selected)。使用开关按钮时还可以用 isSelected()方法返回其选择状态，用 setSelected(Boolean b)方法设置其选择状态。复选框、单选按钮、菜单项复选框和菜单项单选按钮在这方面类似于开关按钮，而菜单项就类似于普通按钮。

　　【例 10.15】使用按钮和菜单的综合程序示例。

```
(01)import java.awt.*;
(02)import javax.swing.*;
(03)import java.awt.event.*;
(04)import javax.swing.border.*;
(05)public class JavaDemo10_15 extends JFrame {
(06)     private JPanel contentPane;
(07)     private JPanel panel,panel_1;
```

```
(08)        private JToggleButton tbtn2,tbtn1;
(09)        private ButtonGroup bg1,bg2;
(10)        private JButton btnClear;
(11)        private JRadioButton rdbtnblue,rdbtngreen,rdbtnred;
(12)        private JLabel lbtext;
(13)        private JCheckBox bold,italic;
(14)        private JMenuBar menuBar;
(15)        private JMenu mnBegin,mnSub,mnSet;
(16)        private JMenuItem mntExit;
(17)        private JRadioButtonMenuItem rdbtnmntGray,rdbtnmntWhite,rdbtnmntPink;
(18)        private JPopupMenu popupMenu;
(19)        private JCheckBoxMenuItem chckbxmntBold;
(20)        public static void main(String[] args) {
(21)            EventQueue.invokeLater(new Runnable() {
(22)                public void run() {
(23)                    try {
(24)                        JavaDemo10_15 frame = new JavaDemo10_15();
(25)                        frame.setVisible(true);
(26)                    } catch (Exception e) {
(27)                        e.printStackTrace();
(28)                    }
(29)                }
(30)            });
(31)        }
(32)        public JavaDemo10_15() {
(33)            setTitle("\u6309\u94AE\u6D4B\u8BD5");
(34)            setDefaultCloseOperation(JFrame.EXIT_ON_CLOSE);
(35)            setBounds(100, 100, 642, 357);
(36)            menuBar = new JMenuBar();
(37)            setJMenuBar(menuBar);
(38)            mnBegin = new JMenu("\u5F00\u59CB");
(39)            menuBar.add(mnBegin);
(40)            mnSub = new JMenu("\u5B50\u83DC\u5355");
(41)            mnBegin.add(mnSub);
(42)            mntExit = new JMenuItem("\u9000\u51FA");
(43)            mntExit.addActionListener(new ActionListener() {
(44)                public void actionPerformed(ActionEvent e) {
(45)                    System.exit(0);
(46)                }
(47)            });
(48)            mnSub.add(mntExit);
(49)            mnSet = new JMenu("\u8BBE\u7F6E\u7A97\u53E3\u80CC\u666F\u989C\u8272");
(50)            menuBar.add(mnSet);
(51)            rdbtnmntGray = new JRadioButtonMenuItem("\u7070\u8272");
(52)            rdbtnmntGray.addActionListener(new ActionListener() {
(53)                public void actionPerformed(ActionEvent e) {
```

```
(54)                    contentPane.setBackground(Color.gray);
(55)               }
(56)          });
(57)          mnSet.add(rdbtnmntGray);
(58)          rdbtnmntWhite = new JRadioButtonMenuItem("\u767D\u8272");
(59)          rdbtnmntWhite.addActionListener(new ActionListener() {
(60)               public void actionPerformed(ActionEvent e) {
(61)                    contentPane.setBackground(Color.white);
(62)               }
(63)          });
(64)          mnSet.add(rdbtnmntWhite);
(65)          rdbtnmntPink = new JRadioButtonMenuItem("\u7C89\u8272");
(66)          rdbtnmntPink.addActionListener(new ActionListener() {
(67)               public void actionPerformed(ActionEvent e) {
(68)                    contentPane.setBackground(Color.pink);
(69)               }
(70)          });
(71)          mnSet.add(rdbtnmntPink);
(72)          bg2 = new ButtonGroup();
(73)          bg2.add(rdbtnmntGray);
(74)          bg2.add(rdbtnmntPink);
(75)          bg2.add(rdbtnmntWhite);
(76)          contentPane = new JPanel();
(77)          contentPane.setBorder(new EmptyBorder(5, 5, 5, 5));
(78)          setContentPane(contentPane);
(79)          contentPane.setLayout(null);
(80)          panel = new JPanel();
(81)          panel.setBorder(new TitledBorder(UIManager.getBorder("TitledBorder.border"),
(82)               "\u6309\u94AE\u7EC4\u6D4B\u8BD5", TitledBorder.LEADING,
(83)               TitledBorder.TOP, null, new Color(0, 0, 0)));
(84)          panel.setBounds(20, 20, 253, 74);
(85)          panel.setForeground(Color.ORANGE);
(86)          contentPane.add(panel);
(87)          panel.setLayout(new FlowLayout(FlowLayout.CENTER, 5, 5));
(88)          tbtn1 = new JToggleButton("\u5F00\u5173\u6309\u94AE1");
(89)          tbtn1.addActionListener(new ActionListener() {
(90)               public void actionPerformed(ActionEvent e) {
(91)                    System.out.println("开关按钮 1 状态改变，状态为："+tbtn1.isSelected());
(92)               }
(93)          });
(94)          panel.add(tbtn1);
(95)          tbtn2 = new JToggleButton("\u5F00\u5173\u6309\u94AE2");
(96)          tbtn2.addActionListener(new ActionListener() {
(97)               public void actionPerformed(ActionEvent e) {
(98)                    System.out.println("开关按钮 2 状态改变，状态为："+tbtn2.isSelected());
(99)               }
```

```
(100)           });
(101)           panel.add(tbtn2);
(102)           bg1 = new ButtonGroup();
(103)           btnClear=new Jbutton
(104)               ("\u6E05\u9664\u5B57\u4F53\u53CA\u6587\u5B57\u989C\u8272");
(105)           btnClear.setFont(new Font("宋体", Font.PLAIN, 15));
(106)           btnClear.addActionListener(new ActionListener() {
(107)               public void actionPerformed(ActionEvent e) {
(108)                   rdbtngreen.setSelected(false);
(109)                   rdbtnred.setSelected(false);
(110)                   rdbtnblue.setSelected(false);
(111)                   bold.setSelected(false);
(112)                   italic.setSelected(false);
(113)                   lbtext.setFont(new Font("宋体",0,20));
(114)                   lbtext.setForeground(Color.black);
(115)               }
(116)           });
(117)           btnClear.setBounds(89, 122, 184, 39);
(118)           contentPane.add(btnClear);
(119)           popupMenu = new JPopupMenu();
(120)           addPopup(btnClear, popupMenu);
(121)           chckbxmntBold = new JcheckBoxMenuItem
(122)               ("\u52A0\u7C97\u672C\u6309\u94AE\u5B57\u4F53");
(123)           chckbxmntBold.addActionListener(new ActionListener() {
(124)               public void actionPerformed(ActionEvent e) {
(125)                   int mode =0;
(126)                   if (chckbxmntBold.isSelected()) mode+=Font.BOLD;
(127)                   btnClear.setFont(new Font("宋体",mode,15));
(128)               }
(129)           });
(130)           popupMenu.add(chckbxmntBold);
(131)           panel_1 = new JPanel();
(132)           panel_1.setBorder(new TitledBorder(UIManager.getBorder("TitledBorder.border"),
(133)               "\u6587\u5B57\u989C\u8272", TitledBorder.LEADING,
(134)               TitledBorder.TOP, null, new Color(0, 0, 0)));
(135)           panel_1.setBounds(287, 49, 237, 64);
(136)           contentPane.add(panel_1);
(137)           rdbtngreen = new JRadioButton("green");
(138)           rdbtngreen.addActionListener(new ActionListener() {
(139)               public void actionPerformed(ActionEvent e) {
(140)                   lbtext.setForeground(Color.green);
(141)               }
(142)           });
(143)           panel_1.add(rdbtngreen);
(144)           rdbtnblue = new JRadioButton("blue");
(145)           rdbtnblue.addActionListener(new ActionListener() {
```

第 10 章 图形用户界面设计与事件处理 199

```
(146)            public void actionPerformed(ActionEvent e) {
(147)                lbtext.setForeground(Color.blue);
(148)            }
(149)        });
(150)        panel_1.add(rdbtnblue);
(151)        rdbtnred = new JRadioButton("red");
(152)        rdbtnred.addActionListener(new ActionListener() {
(153)            public void actionPerformed(ActionEvent e) {
(154)                lbtext.setForeground(Color.red);
(155)            }
(156)        });
(157)        panel_1.add(rdbtnred);
(158)        bold = new JCheckBox("\u52A0\u7C97");
(159)        bold.setBounds(311, 122, 81, 27);
(160)        contentPane.add(bold);
(161)        italic = new JCheckBox("\u503E\u659C");
(162)        italic.setBounds(411, 120, 81, 27);
(163)        contentPane.add(italic);
(164)        lbtext = new JLabel("\u6D4B\u8BD5\u6587\u5B57");
(165)        lbtext.setBounds(287, 15, 113, 24);
(166)        contentPane.add(lbtext);
(167)        lbtext.setFont(new Font("宋体", Font.PLAIN, 20));
(168)        lbtext.setForeground(Color.BLUE);
(169)        ActionListener listener= event ->{
(170)            int mode =0;
(171)            if (bold.isSelected()) mode+=Font.BOLD;
(172)            if(italic.isSelected()) mode+=Font.ITALIC;
(173)            lbtext.setFont(new Font("宋体",mode,20));
(174)        };
(175)        bold.addActionListener(listener);
(176)        italic.addActionListener(listener);
(177)        bg1.add(rdbtnblue);
(178)        bg1.add(rdbtngreen);
(179)        bg1.add(rdbtnred);
(180)    }
(181)    private static void addPopup(Component component, final JPopupMenu popup) {
(182)        component.addMouseListener(new MouseAdapter() {
(183)            public void mousePressed(MouseEvent e) {
(184)                if (e.isPopupTrigger()) {
(185)                    showMenu(e);
(186)                }
(187)            }
(188)            public void mouseReleased(MouseEvent e) {
(189)                if (e.isPopupTrigger()) {
(190)                    showMenu(e);
(191)                }
(192)            }
```

```
(193)                private void showMenu(MouseEvent e) {
(194)                    popup.show(e.getComponent(), e.getX(), e.getY());
(195)                }
(196)            });
(197)        }
(198)}
```

程序运行结果如图 10.27 所示。

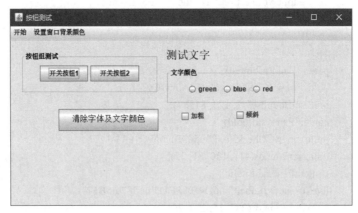

图 10.27　例 10.15 的程序运行结果

程序分析：如图 10.27 所示，我们看到了菜单栏中包含有"开始"菜单和"设置窗口背景颜色"菜单。"设置窗口背景颜色"菜单中有 3 个菜单项单选按钮，这 3 个菜单项单选按钮是互斥的，属于同一个按钮组，分别用于将窗口的背景颜色设置为灰色、白色和粉色。"开始"菜单中还包含有一个子菜单，该子菜单中又包含有一个"退出"选项，单击该选项会结束程序。

构建这些界面和进行相应事件处理的代码位于源代码的第 36~75 行中。其中，第 36 行创建了菜单栏，第 37 行将菜单栏设置为当前窗口的菜单栏；第 38、40、49 行分别创建"开始"菜单、子菜单和"设置窗口背景颜色"菜单；第 42 行创建了菜单项；第 51、58、65 行分别创建了 3 个菜单项单选按钮；第 39、50 行将"开始"菜单和"设置窗口背景颜色"菜单加入菜单栏中，第 41 行将子菜单加入"开始"菜单中；第 48 行将"退出"菜单项加入子菜单中，第 57、64、71 行分别将 3 个菜单项单选按钮加入到"设置窗口背景颜色"菜单中；第 72~75 行创建了一个按钮组并将 3 个菜单项单选按钮加入到该按钮组中以实现单选；第 43~47 行是"退出"菜单项的事件处理代码，使用了匿名内部类的方式来处理事件，除特别说明外本例中其他事件处理也是采取了匿名内部类的方式；第 52~56 行、第 59~63 行、第 66~70 行分别是 3 个"设置窗口背景颜色"菜单项单选按钮的事件处理代码。

第 88~101 行创建了两个开关按钮并进行事件处理，当在某个开关按钮上单击以选择或不选择该开关按钮时，会在控制台上打印显示该开关按钮的选择情况。

第 137~157 行创建了 3 个单选按钮并进行事件处理，当选中某个单选按钮时会将测试文字标签的文字颜色更改为该按钮对应的颜色。其中，第 137、144、151 行分别创建了 3 个单选按钮；第 143、150、157 行分别将 3 个单选按钮加入到文字颜色面板中；第 138~142 行、第 144~159 行、第 152~156 行分别是这 3 个单选按钮的事件处理代码。第 102 行创建了一个按钮组，第 177~179 行将 3 个单选按钮加入到该按钮组中以实现单选。

第 158～176 行创建了测试文字标签和两个复选框并进行事件处理，当选中或不选中这两个复选框时分别会将测试文字标签上的文字字体效果设置为是否加粗和是否倾斜。其中，第158、161 行分别创建了两个复选框，第 164 行创建了测试文字标签；第 160、163 行将这两个复选框加入到窗口的内容面板中；第 169～174 行以 lambda 表达式的方式创建了一个动作事件监听器对象并设置了处理代码，第 175、176 行将该动作事件监听器对象注册作为这两个复选框的动作事件监听器。

第 103 行创建了清除字体及文字颜色普通按钮；第 106～116 行是普通按钮的事件处理代码，当单击普通按钮时会将测试文字标签上的文字字体效果设置为不加粗不倾斜并将相应的复选框去除选择，同时将测试文字标签上的文字颜色设置为黑色并将相应的 3 个单选按钮去除选择，但因为这 3 个单选按钮在同一个按钮组中，所以还是会有一个单选按钮被选中。

如图 10.28 所示，显示按钮上有弹出式菜单，第 119～129 行及 181～197 行用于创建弹出式菜单及菜单项并进行事件处理。其中，第 181～197 行定义了一个添加弹出式菜单的 addPopup方法，该方法有两个参数，第一个参数是组件类型，第二个参数是弹出式菜单类型，方法调用后就会导致当在第一个参数所指的组件上右击时弹出第二个参数所指的弹出式菜单；第 119行创建了一个弹出式菜单，第 120 行调用 addPopup 方法以使在清除字体及文字颜色按钮上右击弹出该菜单；第 121 行创建一个菜单项复选框，第 130 行将该菜单项复选框加入到弹出式菜单中；第 123～129 行是该菜单项复选框的事件处理代码，用于当该菜单项复选框选择或去除选择时将清除字体以及文字颜色按钮上的文字设置为是否加粗。

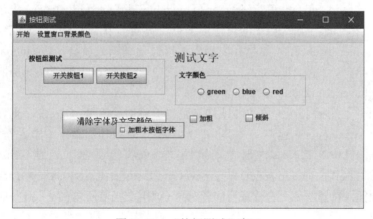

图 10.28　"按钮测试"窗口

例 10.15 中的界面生成代码是在 eclipse 环境下在 WindowBuilder 支持下生成的，直接往窗体中拖动来添加需要的各种组件（包括容器组件），将组件放入相应的容器中，并在属性窗口中设置组件的相关属性，然后 IDE 中就会生成相应的代码，代码生成后再进行调整。主要的调整在于原来窗体中的各个组件都是作为窗体构造方法的局部变量声明，现在将它们作为窗体的私有数据成员集中放在一起，原来是逐个导入用到的组件和事件等，现在直接导入整个包。

10.5.3　文本编辑

Swing 中用来处理文本编辑的组件都派生自 JTextComponent（文本组件，是一个抽象类），主要包括处理普通单行文本输入的 JTextField（文本框，继承自 JTextComponent）、处理格式化普通单行文本输入的 JFormattedField（格式化文本框，继承自 JTextField）、处理密码输入的 JPasswordField（密码框，继承自 JFormattedField）、处理普通多行文本输入的 JTextArea（文本域，继承自 JTextComponent）、处理纯文本及 HTML 和 RTF 文本的 JEditorPane（继承自 JTextComponent）、处理更加丰富的样式化文档（StyledDocument）的 JTextPane（继承自 JEditorPane）。

JTextComponent 及由其派生的所有 Swing 中的文本组件都具有模型/视图拆分功能，实现了 MVC 模式，即模型、视图、控制器模式。文本组件将用于表示模型、视图、控制器的对象结合在一起。每一个文本组件背后都有一个模型对象（文本文档模型，以下简称文档），该模型由 Document 接口（文档接口，位于 javax.swing.text 包中）定义，提供了灵活的文本存储机制，而 AbstractDocument 类（抽象文档类，同样位于 javax.swing.text 包中）实现了 Document 接口，是抽象类，作为 Swing 中各种文档类的祖先。

文本组件可通过调用 getDocument()方法获得该组件所对应的文档，每次修改文档时会产生 DocumentEvent 事件（文档事件，位于 javax.swing.event 包中）并通知给实现了 DocumentListener（文档监听器，位于 javax.swing.event 包中）接口并注册为该文档的文档监听器（通过 AbstractDocument 的 addDocumentListener(DocumentListener listener) 和 removeDocumentListener(DocumentListener listener)方法给文档注册和移除文档监听器）的所有观察者对象（根据文档修改情况的不同分别调用文档监听器的 changeUpdate()、InsertUpdate()、removeUpdate() 方法）。如果想在编辑文档时实现撤消和重做功能，还可以通过调用 AbstractDocument 的 addUndoableEditListener（UndoableEditListener listener）方法给文档注册可撤消编辑监听器(相应地移除文档中的可撤消编辑监听器的方法为 removeUndoableEditListener (UndoableEditListener listener))，这样在文档中做可撤消编辑时就会产生 UndoableEditEvent 事件（可撤消编辑事件，位于 javax.swing.event 包中）并通知该可撤消编辑监听器（即调用其 undoableEditHappened(UndoableEditEvent e)方法）。

当在文本组件上的插入符位置改变或选定范围改变时会产生 CaretEvent 事件（插入符事件，位于 javax.swing.event 包中）并通知给实现了 CaretListener（插入符监听器，位于 javax.swing.event 包中）接口并注册为该组件的插入符监听器（通过 JTextComponent 的 addCaretListener(CaretListener listener)和 removeCaretListener(CaretListener listener)方法给文本组件注册和移除插入符监听器）的所有观察者对象（调用文档监听器的 caretUpdate(CaretEvent e)方法）。

文本组件的视觉外观可以看作是视图，当文档发生变化时会将更改的详细内容通知视图，让视图与模型保持一致。

文本组件的控制器就是它的编辑器工具包（抽象类 EditorKit，位于 javax.swing.text 包中）。对于简单的文本组件如 JTextField 和 JTextArea 等，编辑器工具包和组件集成到一起，无须单独理会。对于复杂的文本组件如 JEditorPane 和 JTextPane，可以通过 setEditorkit(Editorkit kit) 方法来设置其编辑器工具包，分别通过 getEditorkit()方法和 getStyledEditorkit()方法来获取编辑器工具包（注意 JEditorPane 默认使用的是 DefaultEditorKit（默认编辑器工具包，适用于纯文本编辑，继承自 EditorKit 并位于同一个包中)，DefaultEditorKit 中包含 CopyAction（复制动作，用于将选定的内容复制到系统剪贴板中）、PasteAction（粘贴动作，用于将选定的内容从系统剪贴板中粘贴到选定区域或插入符位置）等多种用于文本编辑的动作（这些动作都是以静态内

部类的形式位于 DefaultEditorKit 中）。JTextPane 要处理的是类型化文本，所以要使用
StyledEditorKit（类型化编辑器工具包，继承自 DefaultEditorKit 并位于同一个包中，包含
BoldAction（加粗动作，用于将选定内容的字体加粗）、ItalicAction（倾斜动作，用于将选定内
容的字体倾斜）等多种用于类型化文本编辑的动作（这些动作同样都是以静态内部类的形式位
于 StyledEditorKit 中）。其方法名有所不同，获取 JTextPane 所对应的文档的方法是
getStyledDocument）。适合处理 HTML 文本和 RTF 文本的工具包是 HTMLEditorKit 和
RTFEditorKit，都是继承自 StyledEditorKit。注意，这些动作不特定于单独的组件对象，而是
与程序中所有的适用组件相关联。例如，一个界面中有 2 个 JTextField、3 个 JTextArea 和 2 个
JTextPane，而且都可以编辑，则无论在哪个文本组件中选定了内容，按 Ctrl+C 组合键或者执
行了 CopyAction 都是将选中的内容复制到系统剪贴板中；但是在 JTextField 或 JTextArea 中选
定了内容后无法通过执行 BoldAction 将选定内容的字体加粗，而在 JTextPane 中却可以，因为
JTextField 和 JTextArea 只能支持编辑纯文本，不能使用类型化编辑器工具包中的 BoldAction。

JTextComponent 类常用的方法如表 10.19 所示。

表 10.19　JTextComponent 类常用的方法

方法	主要功能
void copy()	将此文本组件中选定的内容复制到系统剪贴板
void cut()	将此文本组件中选定的内容剪切到系统剪贴板
void paste()	将系统剪贴板的内容传输到此文本组件中
String getSelectedText()	返回由此文本组件表示的文本中选定的文本
int getSelectionEnd()	获取此文本组件中选定文本的结束位置
int getSelectionStart()	获取此文本组件中选定文本的开始位置
String getText()	返回此文本组件表示的文本
boolean isEditable()	指示此文本组件是否可编辑
void selectAll()	选择此文本组件中的所有文本
void setText(String t)	将此文本组件显示的文本设置为指定文本

下面给出一个包含了文本框、格式化文本框、密码框、文本域、JEditPane 和 JTextPane
的综合示例，该示例参考自 Oracle 公司 Java 指南文档中的 TextSamplerDemo 项目，并在 Eclipse
环境中先在 WindowBuilder 中创建图形界面后根据需要进行了一些修改。

【例 10.16】文本输入综合程序示例。

```
(01)import java.awt.*;
(02)import java.awt.event.*;
(03)import java.io.*;
(04)import javax.swing.*;
(05)import javax.swing.text.*;
(06)import javax.swing.border.*;
(07)public class JavaDemo10_16 extends JFrame implements ActionListener {
(08)        private JPanel contentPane;
(09)        private JTextField textField;
```

```
(10)        private JPasswordField passwordField;
(11)        private JFormattedTextField formattedTextField;
(12)        private JLabel lbname,lbpass,lbdate,lbshowfieldaction;
(13)        private JPanel panel,panel_1,panel_2,panel_3;
(14)        private JScrollPane scrollPane,scrollPane_1,scrollPane_2;
(15)        private JTextArea textArea;
(16)        private JEditorPane editorPane;
(17)        private JTextPane textPane;
(18)        private String newline = "\n";
(19)        public static void main(String[] args) {
(20)            EventQueue.invokeLater(new Runnable() {
(21)                public void run() {
(22)                    try {
(23)                        JavaDemo10_16 frame = new JavaDemo10_16();
(24)                        frame.setVisible(true);
(25)                    } catch (Exception e) {
(26)                        e.printStackTrace();
(27)                    }
(28)                }
(29)            });
(30)        }
(31)        public JavaDemo10_16() {
(32)            setTitle("text input sample1");
(33)            setDefaultCloseOperation(JFrame.EXIT_ON_CLOSE);
(34)            setBounds(100, 100, 792, 711);
(35)            contentPane = new JPanel();
(36)            contentPane.setBorder(new EmptyBorder(5, 5, 5, 5));
(37)            setContentPane(contentPane);
(38)            contentPane.setLayout(null);
(39)            panel = new JPanel();
(40)            panel.setBorder(new TitledBorder(UIManager.getBorder("TitledBorder.border"),
(41)                "text fields - edit    single row plain text", TitledBorder.LEADING,
(42)                TitledBorder.TOP, null, new Color(0, 0, 0)));
(43)            panel.setBounds(14, 13, 348, 167);
(44)            contentPane.add(panel);
(45)            panel.setLayout(null);
(46)            lbname = new JLabel("name");
(47)            lbname.setBounds(13, 28, 72, 18);
(48)            panel.add(lbname);
(49)            textField = new JTextField();
(50)            textField.setBounds(90, 25, 154, 24);
(51)            panel.add(textField);
(52)            textField.setColumns(10);
(53)            lbpass = new JLabel("password");
(54)            lbpass.setBounds(13, 59, 72, 18);
```

```
(55)        panel.add(lbpass);
(56)        passwordField = new JPasswordField();
(57)        passwordField.setBounds(90, 56, 154, 24);
(58)        panel.add(passwordField);
(59)        lbdate = new JLabel("date");
(60)        lbdate.setBounds(13, 90, 72, 18);
(61)        panel.add(lbdate);
(62)        formattedTextField = new JformattedTextField
(63)                (java.util.Calendar.getInstance().getTime());
(64)        formattedTextField.setBounds(90, 93, 154, 24);
(65)        panel.add(formattedTextField);
(66)        lbshowfieldaction = new JLabel("New label");
(67)        lbshowfieldaction.setBounds(13, 121, 231, 33);
(68)        panel.add(lbshowfieldaction);
(69)        panel_1 = new JPanel();
(70)        panel_1.setBorder(new TitledBorder(UIManager.getBorder("TitledBorder.border"),
(71)            "JTextArea- plain text", TitledBorder.LEADING,
(72)            TitledBorder.TOP, null, new Color(0, 0, 0)));
(73)        panel_1.setBounds(14, 197, 348, 444);
(74)        contentPane.add(panel_1);
(75)        panel_1.setLayout(null);
(76)        scrollPane = new JScrollPane();
(77)        scrollPane.setBounds(14, 29, 320, 387);
(78)        panel_1.add(scrollPane);
(79)        textArea = new JTextArea("swing 中的文本域组件，用于编辑纯文本，"
(80)                + "可以包含多行，虽然文本可以用不同的字体格式，"
(81)                + "但同一个文本域组件中的所有文本的字体格式必须相同。");
(82)        textArea.setFont(new Font("Serif", Font.ITALIC, 16));
(83)        textArea.setLineWrap(true);
(84)        textArea.setWrapStyleWord(true);
(85)        scrollPane.setViewportView(textArea);
(86)        panel_2 = new JPanel();
(87)        panel_2.setBorder(new TitledBorder(UIManager.getBorder("TitledBorder.border"),
(88)        "JEditPane - Styled text", TitledBorder.LEADING,
(89)        TitledBorder.TOP, null, new Color(0, 0, 0)));
(90)        panel_2.setBounds(376, 13, 382, 309);
(91)        contentPane.add(panel_2);
(92)        panel_2.setLayout(null);
(93)        scrollPane_1 = new JScrollPane();
(94)        scrollPane_1.setBounds(14, 25, 358, 274);
(95)        panel_2.add(scrollPane_1);
(96)        editorPane = createEditorPane();
(97)        scrollPane_1.setViewportView(editorPane);
(98)        panel_3 = new JPanel();
(99)        panel_3.setBorder(new TitledBorder(null, "JTextPane - Styled text",
(100)               TitledBorder.LEADING, TitledBorder.TOP, null, null));
```

```
(101)          panel_3.setBounds(372, 332, 386, 309);
(102)          contentPane.add(panel_3);
(103)          panel_3.setLayout(null);
(104)          scrollPane_2 = new JScrollPane();
(105)          scrollPane_2.setBounds(26, 27, 346, 259);
(106)          panel_3.add(scrollPane_2);
(107)          textPane = createTextPane();
(108)          scrollPane_2.setViewportView(textPane);
(109)          textField.addActionListener(this);
(110)          passwordField.addActionListener(this);
(111)          formattedTextField.addActionListener(this);
(112)      }
(113)  public void actionPerformed(ActionEvent e) {
(114)      Object o1 = e.getSource();
(115)      if (o1==textField) {
(116)          lbshowfieldaction.setText("输入： " + textField.getText() );
(117)      } else if (o1==passwordField) {
(118)          lbshowfieldaction.setText("输入： "+new String(passwordField.getPassword()));
(119)      } else if (o1==formattedTextField) {
(120)          lbshowfieldaction.setText("输入： "+ formattedTextField.getValue());
(121)      } else if (o1 instanceof JButton) {
(122)          lbshowfieldaction.setText("按了 JTextPane 中嵌入的按钮");
(123)      }
(124)  }
(125)  private JEditorPane createEditorPane() {
(126)      JEditorPane editorPane = new JEditorPane();
(127)      editorPane.setEditable(false);
(128)      String urlstring;
(129)      urlstring="http://www.baidu.com";
(130)          try {
(131)              editorPane.setPage(urlstring);
(132)          } catch (IOException e) {
(133)              System.err.println("网址无法打开： " + urlstring);
(134)          }
(135)      return editorPane;
(136)  }
(137)  private JTextPane createTextPane() {
(138)      String[] initString =
(139)          { "这是一个可编辑的 JTextPane。 ",
(140)            "JTextPane 是一种可用于编辑 ",
(141)            "样式化文本的组件。 ",
(142)            "一个 JTextPane 中的文本内容可以包含 ",
(143)            "多种字体格式，在 JTextPane 中可嵌入图片或按钮等组件。" + newline,
(144)            " " + newline,
(145)            ""
(146)          };
```

```
(147)          String[] initStyles =
(148)                  { "regular", "italic", "bold", "small", "large", "button", "icon" };
(149)          JTextPane textPane = new JTextPane();
(150)          StyledDocument doc = textPane.getStyledDocument();
(151)          addStylesToDocument(doc);
(152)          try {
(153)              for (int i=0; i < initString.length; i++) {
(154)                  doc.insertString(doc.getLength(), initString[i],
(155)                                  doc.getStyle(initStyles[i]));
(156)              }
(157)          } catch (BadLocationException ble) {
(158)              System.err.println("初始化 JTextPane 中的内容失败。");
(159)          }
(160)          return textPane;
(161)      }
(162)      protected void addStylesToDocument(StyledDocument doc) {
(163)          Style def = StyleContext.getDefaultStyleContext().
(164)                  getStyle(StyleContext.DEFAULT_STYLE);
(165)          Style regular = doc.addStyle("regular", def);
(166)          StyleConstants.setFontFamily(regular, "宋体");
(167)          Style s = doc.addStyle("italic", regular);
(168)          StyleConstants.setItalic(s, true);
(169)          s = doc.addStyle("bold", regular);
(170)          StyleConstants.setBold(s, true);
(171)          s = doc.addStyle("small", regular);
(172)          StyleConstants.setFontSize(s, 10);
(173)          s = doc.addStyle("large", regular);
(174)          StyleConstants.setFontSize(s, 24);
(175)          s = doc.addStyle("icon", regular);
(176)          StyleConstants.setAlignment(s, StyleConstants.ALIGN_CENTER);
(177)          ImageIcon hp3Icon = createImageIcon("2.jpg", "校园风光");
(178)          if (hp3Icon != null) {
(179)              StyleConstants.setIcon(s, hp3Icon);
(180)          }
(181)          s = doc.addStyle("button", regular);
(182)          StyleConstants.setAlignment(s, StyleConstants.ALIGN_CENTER);
(183)          ImageIcon lingnanIcon = createImageIcon("1.png", "lingnan icon");
(184)          JButton button = new JButton();
(185)          if (lingnanIcon != null) {
(186)              button.setIcon(lingnanIcon);
(187)          } else {
(188)              button.setText("BEEP");
(189)          }
(190)          button.setCursor(Cursor.getDefaultCursor());
(191)          button.setMargin(new Insets(0,0,0,0));
(192)          button.addActionListener(this);
```

```
(193)              StyleConstants.setComponent(s, button);
(194)          }
(195)      protected static ImageIcon createImageIcon(String path,String description) {
(196)          java.net.URL imgURL = JavaDemo10_16.class.getResource(path);
(197)          if (imgURL != null) {
(198)              return new ImageIcon(imgURL, description);
(199)          } else {
(200)              System.err.println("Couldn't find file: " + path);
(201)              return null;
(202)          }
(203)      }
(204)}
```

程序运行结果如图 10.29 所示。

图 10.29　例 10.16 的程序运行结果

　　程序分析：窗体的左上部从上到下放置了 4 个组件，分别是文本框、密码框、格式化文本框和标签，这 4 个组件又放在一个 JPanel 中，这些由代码的 39~68 行进行描述。第 62 行设置了格式化文本框限制输入和展示的内容格式为当前区域设置的日期，这就使得用户在程序运行时限制了输入，无法设置非法日期或其他值。

　　窗体的左下部放置了一个文本域，该文本域同样放在一个 JPanel 中，这些由代码的 69~85 行进行描述。第 82 行设置文本域的字体，第 83 行设置文本域中的文本自动换行，第 84 行设置文本域中的文本应该在完成一个单词后再自动换行，第 76~78 行创建了一个 scrollPane 并将其加入到 JPanel 中，第 85 行将文本域设置为 scrollPane 的显示内容，这就使得文本域可以按需要（在内容太多显示不下时）添加滚动条，后面的 JEditPane 和 JTextPane 也类似。

　　窗体的右上部放置了一个 JEditPane，这个 JEditPane 也放在一个 JPanel 中，JEditPane 中加载了 Baidu 主页，即 http://www.baidu.com，这些由代码的 86～106 行进行描述。第 96 行调用了创建 JEditPane 的 createEditPane()方法，该方法由代码的 125～136 行描述，其关键在于第131 行调用 JEditPane 的 setPage()方法来设置其要加载的 URL 网址，也可以用重载的 setPage()方法来指定在 JEditPane 中加载特定文档的内容。

　　窗体的右下部放置了一个 JTextPane，这个 JTextPane 也放在一个 JPanel 中，JTextPane 中显示的是样式化的文档，文档中有多种不同的字体设置，还嵌有按钮、组件和图片，这些在代码的 98～108 行描述。第 107 行调用了创建 JTextPane 的 createTextPane()方法，该方法由 137～161 行描述。在 createTextPane()方法中 initString 是文档内容数组，存储了初始化时文档中的多个文本内容；initStyles 是文档样式数组，存储了初始化时文档中对应于每个文本内容的样式名称；第 150 行获取 JTextPane 对应的文档，第 151 行调用 addStylesToDocument()方法（该方法在 162～194 行描述）往文档中添加样式；152～159 行往文档中插入带有相应样式的文本内容。在 addStylesToDocument 中往文档中添加了常规、粗体、斜体、大字体、小字体、图标、按钮等样式。在 addStylesToDocument()方法中，第 163 行获取一种默认样式，第 165 行将该样式命名为常规样式并加入到文档中，第 166 行设置常规样式为宋体；第 167 行将常规样式命名为斜体样式并加入到文档中，第 168 行设置字体为倾斜；其余的粗体以及大字体、小字体的设置都类似；175～180 行设置图标样式并将其加入文档中，第 177 行调用 createImageIcon()方法（在代码的 195～203 行描述）将图片加载到 ImageIcon 中，第 179 行将 ImageIcon 设置为图标样式的组件；181～193 行设置按钮样式并将其加入文档中，第 184 行创建一个 JButton，第192 行给该 JButton 注册动作事件侦听器，第 193 行将 JButton 设置为按钮样式的组件。

　　该窗体实现了 ActionListener 接口，113～124 行是其 ActionPerformed()方法，而文本框、密码框、格式化文本框和 JTextPane 中的按钮上发生 Action 事件时都会调用该方法，该方法会根据事件源的不同分别在标签中显示输入的文本、密码、格式化文本或按了按钮后的结果。

10.5.4　从列表中选择

　　列表（JList）组件为用户提供一个选项列表，选项包含文字和图标，用户可以在列表中选择一个或者多个选项，当 JList 中的选项过多无法同时显示给用户看时可以通过将 JList 放到JScrollPane 中去来使得 JList 中包含滚动条，用户可以滚动显示列表中的选项。组合框（JComboBox）类似于 JList 和 JTextfield 的结合，用户既可以在列表中选择（但在 JCombobox中只能选择一个选项，而且只有在单击组合框右边的箭头时才会显示下拉式列表，比 JList 更节约可视化界面控件），又可以手动在文本框中进行输入。

　　列表组件实现了模型和视图的分离，其数据模型即列表的内容由 ListModel<E>负责维护，通过列表组件的 getModel()方法来获得。而 ListModel<E>是一个泛型接口，抽象类 AbstractListModel<E>实现了 ListModel<E>，而 DefaultListModel<E>继承了 AbstractListModel<E>，是列表组件中数据模型的默认实现。

　　组合框组件同样实现了模型和视图的分离，但其数据模型即列表的内容由 ComboBoxModel<E>负责维护，通过组合框组件的 getModel()方法来获得。而 ComboBoxModel<E>是一个泛型接口，是ListModel<E>的子接口，DefaultComboBoxModel<E>实现了 ComboBoxModel<E>，同时继承了AbstractListModel<E>，是组合框组件中数据模型的默认实现。

　　列表组件和组合框组件中的列表内容不需要是静态的，在运行时可以分别执行DefaultListModel<E>和 DefaultComboBoxModel<E>的 addElement(Object)方法在列表末尾添加新项，通过 removeElement(Object)和 removeElementAt(int)方法在模型中或指定索引处移除选项。列表组件通过 getSelectionMode()方法和 setSelectionMode(int)方法来获取和设置选择模式，选择模式默认值为任意多选，也可以是单选或单一连续范围选择。

　　当列表组件是单选模式时可以通过 getSelectedIndex()方法获取列表中选中项的索引（若返回值为-1 表明没有选中任何项），通过 getSelectedValue()方法来获取选中项的值；当列表组件是多选模式时通过 getSelectedIndices()方法来获取所选的全部索引的数组（按升序排列），通过getSelectedValue()方法来获取所有选中值的数组（按照索引的升序排列）。

　　组合框中只能选择一个选项，我们可以同样通过 getSelectedIndex()方法来获取列表中选中项的索引（若返回值为-1 表明没有选中任何项），通过 getSelectedItem()方法来获取选中项的值，要注意的是我们可以通过 isEditable()方法和 setEditable(boolean)方法来获取和设置组合框是否可编辑，当组合框可编辑时，如果在其中的文本框中手动输入值，同样是通过 getSelectedItem方法来获取输入的值。

　　当在列表组件中选择时会引发 ListSelectionEvent（列表选择事件），我们通过addListSelectionListener()方法在列表中注册列表选择事件监听器，并在监听器的 valueChanged()方法中处理事件（一般会在方法中判断列表选择事件参数的 getValueIsAdjusting()方法的返回值为假时再处理，为假时表明在列表组件中的选择操作已经结束）。

　　当在组合框中选择或当组合框可编辑时我们手动输入完毕按 Enter 键时都会引发ActionEvent（动作事件），可以通过 addActionListener()方法在组合框中注册动作事件监听器并在监听器的 actionPerform()方法中处理事件。另外，当用户在组合框中选中或取消选中某项时会引发 ItemEvent（项事件）（因为组合框中只能选择一个选项，所以选择了其他选项会取消选中原来的选项，从而引发两次 ItemEvent）。我们可以使用 addItemListener()方法把项事件监听器向 JComboBox 类的对象注册，再将事件处理的程序代码编写在监听器的 itemStateChanged()方法里，但这种事件处理方式不如直接处理组合框的动作事件。

　　【例 10.17】列表组件和组合框组件的综合程序示例。

```
(01)import java.awt.*;
(02)import java.awt.event.*;
(03)import java.util.Iterator;
(04)import javax.swing.*;
(05)import javax.swing.border.*;
(06)import javax.swing.event.*;
(07)public class JavaDemo10_17 extends JFrame {
(08)        private JPanel contentPane;
(09)        private JTextField textField;
(10)        private JList<String> list;
(11)        private JTextArea textArea;
(12)        private JComboBox<String> comboBox;
(13)        private JButton btnAdd,btnRemove;
(14)        private JLabel lblNewLabel_1,lblNewLabel_2, lblPrice;
(15)        private DefaultListModel<String> listModel;
```

```
(16)        public static void main(String[] args) {
(17)            EventQueue.invokeLater(new Runnable() {
(18)                public void run() {
(19)                    try {
(20)                        JavaDemo10_17 frame = new JavaDemo10_17();
(21)                        frame.setVisible(true);
(22)                    } catch (Exception e) {
(23)                        e.printStackTrace();
(24)                    }
(25)                }
(26)            });
(27)        }
(28)        public JavaDemo10_17() {
(29)            setTitle("在列表中选择");
(30)            setDefaultCloseOperation(JFrame.EXIT_ON_CLOSE);
(31)            setBounds(100, 100, 446, 416);
(32)            contentPane = new JPanel();
(33)            contentPane.setBorder(new EmptyBorder(5, 5, 5, 5));
(34)            setContentPane(contentPane);
(35)            contentPane.setLayout(null);
(36)            JLabel lblNewLabel = new JLabel("请选择你热爱的美食，可多选");
(37)            lblNewLabel.setBounds(10, 13, 184, 15);
(38)            contentPane.add(lblNewLabel);
(39)            textArea = new JTextArea();
(40)            textArea.setWrapStyleWord(true);
(41)            textArea.setLineWrap(true);
(42)            textArea.setEnabled(false);
(43)            textArea.setEditable(false);
(44)            textArea.setBounds(20, 268, 184, 68);
(45)            contentPane.add(textArea);
(46)            lblNewLabel_1 = new JLabel("请选择你所接受的价格，可输入");
(47)            lblNewLabel_1.setBounds(228, 98, 192, 15);
(48)            contentPane.add(lblNewLabel_1);
(49)            lblPrice = new JLabel("输入新的美食");
(50)            lblPrice.setBounds(220, 156, 155, 29);
(51)            contentPane.add(lblPrice);
(52)            comboBox = new JComboBox<String>();
(53)            comboBox.addActionListener(new ActionListener() {
(54)                public void actionPerformed(ActionEvent arg0) {
(55)                    String s1;
(56)                    s1="aa";
(57)                    if (comboBox.getSelectedIndex()==-1) {
(58)                        s1="你输入的是：";
(59)                    } else {
(60)                        s1="你选择的是：";
(61)                    }
```

```
(62)                    s1+=comboBox.getSelectedItem().toString();
(63)                    lblPrice.setText(s1);
(64)                }
(65)            });
(66)        comboBox.setModel(new DefaultComboBoxModel<String>( new String[]
(67)                {"每人 10 元以下", "每人 10～30 元", "每人 30～50 元",
(68)                "每人 50～100 元", "每人 100 元以上"}));
(69)        comboBox.setSelectedIndex(0);
(70)        comboBox.setEditable(true);
(71)        comboBox.setBounds(220, 123, 155, 23);
(72)        contentPane.add(comboBox);
(73)        btnAdd = new JButton("添加");
(74)        btnAdd.addActionListener(new ActionListener() {
(75)            public void actionPerformed(ActionEvent arg0) {
(76)                String newfood = textField.getText().trim();
(77)                if (newfood.equals("") || alreadyInList(newfood)) {
(78)                    return;
(79)                }
(80)                listModel.addElement(newfood);
(81)            }
(82)        });
(83)        btnAdd.setBounds(220, 67, 73, 23);
(84)        contentPane.add(btnAdd);
(85)        btnRemove = new JButton("移除");
(86)        btnRemove.addActionListener(new ActionListener() {
(87)            public void actionPerformed(ActionEvent arg0) {
(88)                int[] index = list.getSelectedIndices();
(89)                for (int li = index.length-1; li >= 0;li--)
(90)                    { listModel.remove(index[li]); }
(91)            }
(92)        });
(93)        btnRemove.setBounds(303, 67, 73, 23);
(94)        contentPane.add(btnRemove);
(95)        lblNewLabel_2 = new JLabel("输入新的美食");
(96)        lblNewLabel_2.setBounds(220, 9, 117, 23);
(97)        contentPane.add(lblNewLabel_2);
(98)        textField = new JTextField();
(99)        textField.setBounds(220, 36, 130, 21);
(100)        contentPane.add(textField);
(101)        textField.setColumns(10);
(102)        JScrollPane scrollPane = new JScrollPane();
(103)        scrollPane.setBounds(20, 38, 184, 220);
(104)        contentPane.add(scrollPane);
(105)        listModel = new DefaultListModel<String>();
(106)        listModel.addElement("粤菜");
(107)        listModel.addElement("川菜");
```

```
(108)        listModel.addElement("鲁菜");
(109)        listModel.addElement("淮扬菜");
(110)        listModel.addElement("意大利菜");
(111)        listModel.addElement("甜品");
(112)        listModel.addElement("烧烤");
(113)        listModel.addElement("法国菜");
(114)        listModel.addElement("日本菜");
(115)        list = new JList<String>(listModel);
(116)        list.addListSelectionListener(new ListSelectionListener() {
(117)            public void valueChanged(ListSelectionEvent arg0) {
(118)                if (arg0.getValueIsAdjusting() == false) {
(119)                    if (list.getSelectedIndex()==-1) {
(120)                        textArea.setText("你不热爱任何食物");
(121)                    }else {
(122)                        String s1 ="你热爱的是：";
(123)                        (Iterator<String> iterator = list.getSelectedValuesList().iterator();
(124)                        iterator.hasNext();) {
(125)                            s1=s1+ iterator.next()+"   ";
(126)                        }
(127)                        textArea.setText(s1);
(128)                    }
(129)                }
(130)            }
(131)        });
(132)        scrollPane.setViewportView(list);
(133)    }
(134)    protected boolean alreadyInList(String name) {
(135)        return listModel.contains(name);
(136)    }
(137)}
```

程序运行结果如图 10.30 所示。

图 10.30　例 10.17 的程序运行结果

程序分析：窗体左上方是一个列表组件，可以多选，如果列表组件中的选项数量太多超出组件的大小则会出现滚动条；窗体左下方是一个文本域，显示在列表组件中的选择结果；窗体右上方是一个文本框，可以在其中输入美食后按其下方的"添加"按钮将美食加入到左上方的列表组件选项的尾部；"添加"按钮的右边是"移除"按钮，单击"移除"按钮会将列表组件中选中的项全部从列表组件中移除；按钮下方是一个可编辑组合框，可以在组合框中输入或选择并在组合框下面的标签中显示输入或选择的结果。

代码 105～133 行描述了列表组件及其事件处理；105 行创建了一个 DefaultListModel<String>；106～114 行往 DefaultListModel<String>中添加选项；115 行以 DefaultListModel<String>为内容模型创建了一个列表组件；116～133 行是列表组件的列表选择变化事件的处理代码，用于将列表组件中选择的选项加入到文本域中。

代码 52～72 行描述了组合框组件及其事件处理；52 行创建了一个组合框；66～68 行创建了一个 DefaultComboBoxModel<String>并将其设置为组合框的内容模型；69 行设置组合框选中第一项；70 行设置组合框可编辑；53～65 行是组合框的动作事件处理代码，用于将选中的项或输入的值显示到组合框下方的标签中。

代码 86～92 行是"移除"按钮的事件处理代码，用于将列表组件中选中的项全部从列表组件中移除。代码 74～82 行是"添加"按钮的事件处理代码，用于将"添加"按钮上方的文本框中输入但不包含在左上方列表组件中的内容加入到列表组件的末尾。

10.5.5　其他组件

Swing 中包含方便用户拖拽来设置数值或滚动画面的 JScrollBar 组件（滚动条），JScrollBar 中包含用于获取当前值的 getValue()方法和设置当前值的 setValue(int)方法、获取滚动条方向的 getOrientation 方法和设置滚动条方向的 setOrientation(int)方法。滚动条（JScrollBar）是 Swing 中常用的组件，方便用户拖拽滚动条来设置数值或滚动画面。在滚动条上滚动时会引发 AdjustmentEvent（调整事件），该事件需要 AdjustmentListener（调整监听器）来处理，该监听器接口只有一个 adjustmentValueChanged(AdjustmentEvent e)方法，方法中的参数是当滚动条滚动时触发的调整事件。

Swing 中还包含用于显示二维表格的 JTable 组件、用于显示树形结构的 JTree 组件、用于微调输入数字和日期的 JSpinner 组件（微调器）、用于指示进度的 JProgressBar（进度条）和 ProgressMonitor（进度监视器）、用于将一个组件分割成两部分并且让这两部分之间具有可调整边界的 JsplitPane（分割面板）、用于扩展可视化界面空间的 JtabbedPane（选项卡面板）、用于向应用程序中提供多文档界面能力的 JDesktopPane（桌面面板）和 JInternalFrame（内部窗体）等。

Swing 中提供 JOptionPane 类来实现类似 Windows 平台下消息框的功能，使用 JOptionPane 类可以快速生成各种标准的模式对话框，实现信息提示、问题确定、警告、用户输入参数等功能。虽然由于方法众多使 JOptionPane 类显得复杂，但几乎所有此类的使用都是对表 10.20 中静态 showXxxDialog 方法之一的调用。

表 10.20　JOptionPane 类的方法

方法	主要功能
static int showConfirmDialog(Component parentComponent, Object message, String title, int optionType , int messageType)	显示带有选项 Yes、No 和 Cancel 的对话框，询问一个确认问题
static String showInputDialog (Component parentComponent, Object message, String title, int messageType)	显示请求用户输入内容的问题消息对话框
static void showMessageDialog (Component parentComponent, Object message, String title, int messageType)	显示信息的对话框，告知用户某事已发生
static int showOptionDialog (Component parentComponent, Object message, String title, int optionType, int messageType, Icon icon, Object[] options, Object initialValue)	上述 3 项的统一，显示选择性的对话框

它们所使用的参数说明如下：

（1）parentComponent：指示对话框的父窗口对象，一般为当前窗口，也可以为 null 即采用默认的 Frame 作为父窗口，此时对话框设置在屏幕的正中。

（2）message：指示要在对话框内显示的描述性文字。

（3）title：对话框的标题。

（4）options：对将在对话框底部显示的选项按钮集合的更详细描述。

（5）icon：在对话框内要显示的装饰性图标。

（6）messageType：一般可以为 ERROR_MESSAGE、INFORMATION_MESSAGE、WARNING_MESSAGE、QUESTION_MESSAGE、PLAIN_MESSAGE。

（7）optionType：决定在对话框底部所要显示的按钮选项，一般可以为 DEFAULT_OPTION、YES_NO_OPTION、YES_NO_CANCEL_OPTION、OK_CANCEL_OPTION。

（8）initialValue：默认选择（输入值）。

本章小结

本章主要介绍了 Java 图形界面设计与事件处理程序。Java 的图形界面设计主要基于 AWT 和 Swing 两个包，包括 Swing 框架容器、Swing 窗口、标签、按钮、菜单、文本框等各类组件。Java 图形界面可以通过布局管理器设计窗口布局，包括流布局、边框布局、网格布局、网格包布局等多种形式。Java 还可以通过事件处理机制为图形界面设置用户交互事件，包括鼠标事件、动作事件、按键事件等。

第 11 章 多线程

现代操作系统不仅支持多进程，还支持多线程，Java 语言支持多线程编程。Java 程序中各个部分通常按顺序依次执行，但由于某些原因，可以将顺序执行的程序段转成并发执行，每一个程序段是一个逻辑上相对完整的程序代码段。多线程的主要目的就是将一个程序中的各个程序段并发化。值得注意的是，并发执行并不等同于并行执行，并行执行需要 CPU 等硬件的支持，而并发执行可以理解为，在单处理器上，同一时刻只能执行一个代码段，但在一个时间段内，这些代码交替执行，即所谓的"微观串行，宏观并行"。

11.1 线程的概念

线程的概念

在计算机领域中，程序、进程和线程是几个非常容易混淆的概念，要理解多线程机制，有必要搞清楚这些概念及其之间的区别。

程序是指含有指令的数据的文件，程序被存储在磁盘或其他的存储设备中，是静态的代码。进程是程序在数据集合上的一次执行过程，是一个程序及其数据在处理机上顺序执行所发生的活动，是系统进行资源分配和调度的一个独立单位。

当运行一个进程时，程序内部的代码都是按顺序先后执行的。如果能够将一个进程划分成更小的运行单位，则程序中一些彼此相对独立的代码段就可以同时运行，从而获得更高的执行效率。线程就提供了这种同时执行的办法。

线程是一个比进程小的基本单位，一个进程包括多个线程，每个线程代表一项系统需要执行的任务。线程是一段完成某个特定功能的代码，是程序中单个顺序的流控制。但与进程不同，线程共享地址空间。也就是说，多个线程能够读/写相同的变量或数据结构。

单线程就是当程序执行时，进程中的线程顺序是连续的。在单线程的程序设计语言里，运行的程序总是必须顺着程序的流程走，遇到 if-else 语句就进行判断，遇到 for、while 等循环就多绕几个圈，最后程序还是按着一定的顺序运行，且一次只能运行一个程序块。

多线程技术使单个程序内部也可以在同一时刻执行多个代码段，完成不同的任务，这种机制称为多线程。Java 语言利用多线程实现了一个异步的执行环境。例如，在一个网络应用程序里，可以在后台运行一个下载网络数据的线程，在前台则运行一个线程来显示当前下载的进度，以及一个用于处理用户输入数据的线程。浏览器本身就是一个典型的多线程例子，它可以在浏览页面的同时播放动画和声音、打印文件等。

多线程是实现并发的一种有效手段。Java 在语言级上提供了对多线程的有效支持。多线程提高了程序运行的效率，也克服了单线程程序设计语言所无法涉及的问题。

综上所述，多线程就是同时执行一个以上的线程，一个线程的执行不必等待另一个线程执行完后才执行，所有线程都可以发生在同一时刻。但操作系统并没有将多个线程看作多个独立的应用去实现线程的调度、管理和资源分配。

11.2　线程的状态与生命周期

11.2.1　线程的 5 种状态

每个 Java 程序都有一个默认的主线程，对于应用程序来说，main()方法执行的线程就是主线程，要想实现多线程，就必须在主线程中创建新的线程对象。Java 多线程机制是通过包 java.lang 中的 Thread 类实现的，Thread 类封装了对线程进行控制所必需的方法。线程的实例化对象定义了很多方法来控制一个线程的行为。每一个线程在它的一个完整的生命周期内通常要经历 5 种状态，通过线程的控制与调试方法可以实现线程在这 5 种状态之间的转化。线程的生命周期与状态转化如图 11.1 所示。

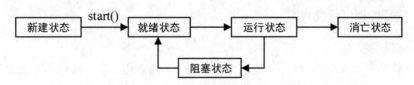

图 11.1　线程的生命周期与状态转化

1. 新建状态（newborn）

在一个 Thread 类或其子类的对象被声明并创建，但还未被执行的这段时间里，线程处于新建状态。此时，线程对象已经被分配了内存空间和其他资源，并已被初始化，但是该线程尚未被调度。此时的线程一旦被调度，就会变成就绪状态。

2. 就绪状态（runnable）

就绪状态也称为可运行状态。处于新建状态的线程被启动后，将进入线程队列排队等待 CPU 时间片，此时它已具备了运行的条件，即处于就绪状态。一旦轮到它来享用 CPU 资源，就可以脱离创建它的主线程独立开始自己的生命周期了。另外，原来处于阻塞状态的线程被解除阻塞后也将进入就绪状态。

3. 运行状态（running）

当就绪状态的线程被调度并获得 CPU 资源时，就进入运行状态，拥有了对 CPU 的控制权。每一个 Thread 类及其子类的对象都有一个重要的 run()方法，该方法定义了线程类的操作和功能。当线程对象被调度执行时，它将自动调用本对象的 run()方法，从该方法的第一条语句开始执行，一直到运行完毕，除非该线程主动让出 CPU 的控制权或者 CPU 的控制权被优先级更高的线程抢占。处于运行状态的线程在出现线程运行结束、线程主动睡眠、线程等待资源、优先级更高的线程进入就绪状态 4 种情况时会让出 CPU 的控制权。

4. 阻塞状态（blocked）

一个正在执行的线程如果在某些特殊情况下让出 CPU 并暂时中止自己的执行，线程所处的这种不可运行的状态被称为阻塞状态。阻塞状态是因为某种原因系统不能执行线程的状态，在这种状态下即使 CPU 空闲也不能执行线程。当线程等待某一资源时、当线程调用 sleep()方法时、当线程与另一线程 join()在一起时，可使得一个线程进入阻塞状态。当一个线程被阻塞时，它不能进入队列，只有当引起阻塞的原因被消除时，线程才可以转入就绪状态，重新进到线程队列中排队等待 CPU 资源，以便从原来的暂停处继续运行。

处于阻塞状态的线程通常需要由某些事件唤醒，至于由什么事件唤醒该线程则取决于其阻塞的原因。如果线程是由于调用对象的 wait()方法所阻塞，则该对象的 notify()方法被调用时可解除阻塞。notify()方法用来通知被 wait()阻塞的线程开始运行。如果线程是由于调用对象的 sleep()方法所阻塞，处于睡眠状态的线程必须被阻塞一段固定的时间，直到睡眠时间结束才可以解除阻塞状态。如果线程是因为等待某一资源或信息而被阻塞，则需要由一个外来事件唤醒。

5．消亡状态（dead）

处于消亡状态的线程不具有继续运行的能力。导致线程消亡的原因有两个：一是正常运行的线程完成了它的全部工作，即执行完了 run()方法的最后一条语句并退出；二是当进程因故停止运行时，该进程中的所有线程被强行终止。当线程处于消亡状态，并且没有该线程对象的引用时，垃圾回收器会从内存中删除该线程对象。

11.2.2　线程的调度与优先级

1．线程的调度

线程调度就是在各个线程之间分配 CPU 资源。多个线程的并发执行实际上是通过一个调度来进行的。线程调度有两种模型：分时模型和抢占模型。在分时模型中，CPU 资源是按照时间片来分配的，获得 CPU 资源的线程只能在指定的时间片内执行，一旦时间片使用完毕，就必须把 CPU 让给另一个处于就绪状态的线程。在分时模型中线程本身不会主动让出 CPU 资源。在抢占模型中，当前活动的线程一旦获得执行权，将一直执行下去，直到执行完成或由于某种原因主动放弃执行权。Java 语言支持的是抢占模型，所以在设计线程时，为了使低优先级的线程有机会运行，高优先级的线程会不时地主动进入"睡眠"状态，从而暂时让出 CPU 的控制权。

2．线程的优先级

在多线程系统中，每个线程都被赋予了一个执行优先级。该执行优先级决定子线程被 CPU 执行的优先顺序。优先级高的线程可以在一段时间内获得比优先级低的线程更多的执行时间。在 Java 语言中，线程的优先级从低到高以整数 1～10 表示，共分为 10 级。Thread 类有 3 个关于线程优先级的静态变量：MIN_PRIORITY 表示最小优先级，通常为 1；MAX_PRIORITY 表示最高优先级，通常为 10；NORM_PRIORITY 表示普通优先级，默认值为 5。如果要改变线程的优先级，可以通过调用线程对象的 setPriority()方法来进行设置。

对应一个新建的线程，系统会遵循如下原则为其指定优先级：

（1）新建线程将继承创建它的父线程的优先级。父线程是指执行创建新线程对象语句所在的线程，它可能是程序的主线程，也可能是某一个用户自定义的线程。

（2）一般情况下，主线程具有普通优先级。

11.3　多线程的实现

多线程的实现

Java 实现多线程的方法有两种：一是通过继承 java.lang 包中的 Thread 类来实现，二是通过用户在自己定义的类中实现 Runnable 接口来实现。但不管采用哪种方法，都要用到 Java 语言类库中的 Thread 类及相关的方法。

　　由于 Java 语言支持多线程的功能，所以只要发现程序的工作可以同时并发执行，就应该考虑产生一个新的线程分头去做。在一般情况下，如果程序中把工作分开同时进行，而执行程序的机器只有一个 CPU 在工作，那么实际上程序的运算时间并不会因为采用多线程的解决方式而减少，但整体的使用感受可能会比较好。

11.3.1　利用 Thread 类实现多线程

　　Java 语言中定义了一个 Thread 类专门用于处理多线程，Thread 类中内置了一组方法，使得程序可以利用该类提供的方法去完成创建线程、执行线程、终止线程的工作。继承 Thread 类是实现多线程编程的方法之一。

　　Thread 类定义的几种常用构造方法如下：

　　（1）public Thread()：创建一个线程对象，此线程对象的名称是 "Thread-n" 的形式，其中 n 是一个整数。使用这个构造方法，必须创建 Thread 类的一个子类并覆盖其 run()方法。

　　（2）public Thread(String name)：创建名称为 name 的线程。

　　（3）public Thread(Runnable target)：创建一个线程对象，此线程对象的名称是 "Thread-n" 的形式，其中 n 是一个整数。参数 target 的 run()方法将被线程对象调用，作为其执行代码。

　　（4）public Thread(Runnable target, String name)：创建一个线程对象，线程的名称由参数 name 指定，参数 target 的 run()方法将被线程对象调用，作为其执行代码。

　　Thread 类的常用方法如下：

　　（1）public static Thread currentThread()：返回当前正在运行的线程对象。

　　（2）public final String getName()：返回线程的名称。

　　（3）public void start()：使该线程由新建状态变为就绪状态。如果该线程已经是就绪状态，则产生一个 IllegalStateException 异常。

　　（4）public void run()：执行线程任务。

　　（5）public final boolean isAlive()：判断当前线程是否正在运行，若是则返回 true，否则返回 false。

　　（6）public void interrupt()：中断当前线程的运行。

　　（7）public static boolean isInterrupted()：判断该线程的运行是否被中断，若是则返回 true，否则返回 false。

　　（8）public final void join()：暂停当前线程的执行，等待调用该方法的线程结束后再继续执行本线程。

　　（9）public final int getPriority()：返回线程的优先级。

　　（10）public final void setPriority(int newPriority)：设置线程优先级。如果当前线程不能修改这个线程，则产生 SecurityException 异常。如果参数不在所要求的优先级范围内，则产生 IllegalArgumentException 异常。

　　（11）public static void sleep(long millis)：为当前执行的线程指定睡眠时间。参数 millis 是线程睡眠的毫秒数。如果这个线程已经被其他线程中断，则产生 InterruptedException 异常。

　　（12）public static void yield()：暂停当前线程的执行，但该线程仍处于就绪状态，不转为阻塞状态。该方法只给同优先级线程以运行的机会。

Thread 类的子类可以激活成为一个线程，它所要执行的代码必须写在 run()方法内。run()方法是定义在 Thread 类中的方法，所以程序员需要在 Thread 类的子类中覆盖这个方法。在线程类中，run()方法是线程执行的起点，但 run()方法一般是不能直接调用的，而是通过线程的start()方法来启动。

【例 11.1】用 Thread 类实现多线程程序示例。

```java
public class JavaDemo11_1 {
    public static void main(String[] args) {
        MyThread t1 = new MyThread("Thread one");
        MyThread t2 = new MyThread("Thread two");
        t1.start();
        t2.start();
        System.out.println("主方法 main()运行结束！");
    }
}
class MyThread extends Thread{
    private String name;
    public MyThread(String name) {
        this.name = name;
    }
    public void run() {
        for(int i=0;i<5;i++) {
            try {
                sleep((int)(1000*Math.random()));
            } catch(InterruptedException e) {
                e.printStackTrace();
            }
            System.out.println(name+"正在运行！！");
        }
    }
}
```

运行结果：

```
主方法 main()运行结束！
Thread two 正在运行！！
Thread one 正在运行！！
Thread two 正在运行！！
Thread one 正在运行！！
Thread one 正在运行！！
Thread two 正在运行！！
Thread two 正在运行！！
Thread one 正在运行！！
Thread two 正在运行！！
Thread one 正在运行！！
```

程序分析：从该程序的运行结果可知，两个线程几乎是同时激活的，由于 sleep()方法睡眠的时间是一个随机时间，故两个线程输出的顺序是不确定的，每一次执行程序得到的结果也是不唯一的。需要注意的有两点：一是 sleep()方法会抛出 InterruptedException 类型的异常，所以必须将 sleep()写在 try-catch 块内来进行处理；二是 main()方法本身也是一个线程，我们发现程序先输出了"主方法 main()运行结束！"，预期中这一句输出会在最后，但结果却在第一行输出，这是因为主线程是顺序执行下去的，另外两个线程的启动毕竟是要花费时间的。

11.3.2 利用 Runnable 接口实现多线程

前面介绍了如何用Thread类的方式来创建线程。但是如果类本身已经继承了某个父类，现在又要继承Thread类来创建线程，就违背了Java不支持多继承的原则，解决这个问题的方法是使用接口。多线程也可以通过Runnable接口来实现。Runnable接口里声明了抽象的run()方法，因此只要在类里实现run()方法，也就是把处理线程的程序代码放在run()里就可以创建线程了。下面介绍Java语言是如何通过实现Runnable接口实现多线程的。

Runnable接口被定义在java.lang包中，该接口只提供了一个抽象方法run()的声明。Runnable是Java语言中实现线程的接口，从本质上说，任何实现线程的类都必须实现该接口。其实，Thread类就是直接继承了Object类并实现了Runnable接口，所以其子类才具有线程的功能。当使用实现Runnable接口的对象创建一个线程时，启动该线程将导致在独立执行的线程中调用对象的run()方法。

其实，使用Runnable接口的好处不仅在于间接地解决了多重继承问题，与Thread类相比，Runnable接口更适合于多个线程处理同一资源。事实上，几乎所有的多线程应用都可以用实现Runnable接口的方式来实现。

【例 11.2】用 Runnable 接口实现多线程程序示例。

```java
public class JavaDemo11_2 {
    public static void main(String[] args) {
        MyThread r1 = new MyThread("Thread one");
        MyThread r2 = new MyThread("Thread two");
        Thread t1 = new Thread(r1);
        Thread t2 = new Thread(r2);
        t1.start();
        t2.start();
        System.out.println("主方法 main()运行结束！ ");
    }
}
class MyThread implements Runnable{
    private String name;
    public MyThread(String name) {
        this.name = name;
    }
    public void run() {
        for(int i=0;i<5;i++) {
            try {
                Thread.sleep((int)(1000*Math.random()));
            } catch(InterruptedException e) {
                e.printStackTrace();
            }
```

```
            System.out.println(name+"正在运行！！");
        }
    }
}
```

运行结果：

```
主方法 main()运行结束！
Thread one 正在运行！！
Thread two 正在运行！！
Thread one 正在运行！！
Thread one 正在运行！！
Thread two 正在运行！！
Thread one 正在运行！！
Thread two 正在运行！！
Thread one 正在运行！！
Thread two 正在运行！！
Thread two 正在运行！！
```

程序分析：程序功能与例 11.1 基本相同。需要注意两点：一是线程的启动是利用 Thread 类来实现的，在实现多线程时用 MyThread 的对象作为参数构造了 Thread 类的对象；二是睡眠依然是调用 Thread 的 sleep()方法来实现的，所以 sleep()方法前要加前缀 Thread。

在前面的例子中可以看出，程序中被同时激活的多个线程将同时执行，但有时需要有序执行，这时可以使用 Thread 类的 join()方法。当某一线程调用 join()方法时，其他线程会等到该线程结束后才开始执行。接下来修改一下例 11.2，让线程 t1、t2 和主线程 main 按顺序执行。

【例 11.3】在多线程中使用 join()方法程序示例。

```java
public class JavaDemo11_3 {
    public static void main(String[] args) {
        MyThread r1 = new MyThread("Thread one");
        MyThread r2 = new MyThread("Thread two");
        Thread t1 = new Thread(r1);
        Thread t2 = new Thread(r2);
        t1.start();
        try {
            t1.join();
        } catch (InterruptedException e) {
            e.printStackTrace();
        }
        t2.start();
        try {
            t2.join();
        } catch (InterruptedException e) {
            e.printStackTrace();
        }
        System.out.println("主方法 main()运行结束！");
    }
}
```

运行结果:

```
Thread one 正在运行!!
Thread one 正在运行!!
Thread one 正在运行!!
Thread one 正在运行!!
Thread one 正在运行!!
Thread two 正在运行!!
Thread two 正在运行!!
Thread two 正在运行!!
Thread two 正在运行!!
Thread two 正在运行!!
主方法 main()运行结束!
```

程序分析:程序运行中,当 t1 线程被激活后遇到了 join()方法时,程序的流程会暂停,直到 t1 线程结束后才会继续执行下一个线程 t2。同样的原因,主线程 main 会在 t2 执行完成后才能继续执行。

两种创建线程对象的方式各有优缺点,具体如下:

(1)直接继承 Thread 类创建线程的优点是编写简单,可以直接操纵线程;缺点是线程是通过继承 Thread 类实现的,就不能再继承其他类。

(2)使用 Runnable 接口的优点是可以将 Thread 类与所要处理的任务类分开,形成清晰的模型,而且可以从其他类继承,从而实现多重继承的功能。

另外,若直接使用 Thread 类,在类中 this 即指当前线程;若使用 Runnable 接口,则要在此类中获得当前线程必须使用 Thread.currentThread()方法。

11.4　线程间的数据共享

线程间的数据共享

当多个线程的执行代码来自同一个类的 run()方法时,称它们共享代码,当共享访问相同的对象时,称它们共享数据。创建 Thread 子类和实现 Runnable 接口都可以创建多线程,但它们的主要区别就在于对数据的共享上。使用 Runnable 接口可以轻松实现多个线程共享数据,只要用同一个实现了 Runnable 接口的类的对象作为参数创建多个线程即可。下面通过例子来比较这两种实现多线程的方式。

【例 11.4】利用 Thread 类模拟售票系统的程序示例。

```java
public class JavaDemo11_4 {
    public static void main(String[] args) {
        Sell s1 = new Sell();
        Sell s2 = new Sell();
        Sell s3 = new Sell();
        s1.start();
        s2.start();
        s3.start();
    }
}
class Sell extends Thread {
    private int tickets = 5;
```

```
        public void run() {
            while(true) {
                if(tickets>0)
                    System.out.println(Thread.currentThread().getName()
                        +"线程在销售第"+tickets--+"号票");
                else
                    System.exit(0);
            }
        }
    }
```

运行结果：

Thread-0 线程在销售第 5 号票
Thread-1 线程在销售第 5 号票
Thread-1 线程在销售第 4 号票
Thread-2 线程在销售第 5 号票
Thread-2 线程在销售第 4 号票
Thread-1 线程在销售第 3 号票
Thread-0 线程在销售第 4 号票
Thread-1 线程在销售第 2 号票
Thread-2 线程在销售第 3 号票
Thread-1 线程在销售第 1 号票
Thread-0 线程在销售第 3 号票
Thread-0 线程在销售第 2 号票
Thread-0 线程在销售第 1 号票
Thread-2 线程在销售第 2 号票
Thread-2 线程在销售第 1 号票

程序分析：从程序执行结果可知，虽然每次运行的结果不一样，但每张票均被销售了 3 次，也就是说，每个线程各自销售了 5 张票，而不是销售共同的 5 张票。在程序的开始创建了 3 个 Sell 线程对象，每个线程对象都拥有各自的方法和变量，每个线程对象都独立运行，所以每个线程各自有 5 张票可以用来销售。如果想要达到只销售 5 张票的目的，则可以用下面的程序来实现。

【例 11.5】利用 Runnable 接口模拟售票系统的程序示例。

```
public class JavaDemo11_5 {
    public static void main(String[] args) {
        Sell s = new Sell();
        Thread t1 = new Thread(s, "1 号售票机器");
        Thread t2 = new Thread(s, "2 号售票机器");
        Thread t3 = new Thread(s, "3 号售票机器");
        t1.start();
        t2.start();
        t3.start();
    }
}
class Sell implements Runnable {
    private int tickets = 5;
    public void run() {
```

```
        while(true) {
            if(tickets>0)
                System.out.println(Thread.currentThread().getName()
                    +"线程在销售第"+tickets--+"号票");
            else
                System.exit(0);
        }
    }
}
```

运行结果：

    1 号售票机器线程在销售第 5 号票

    1 号售票机器线程在销售第 2 号票

    2 号售票机器线程在销售第 3 号票

    3 号售票机器线程在销售第 4 号票

    1 号售票机器线程在销售第 1 号票

程序分析：程序虽然也创建了 3 个线程，但 3 个线程执行的却是同一个对象 s 中的内容，即每个线程调用的是同一个 Sell 对象中的 run()方法，访问的也是同一个对象中的变量 tickets，虽然程序每次运行的结果可能不同，但每一张票只销售 1 次，3 个线程共同销售 5 张票。

通过上面两个例子的比较可知，Runnable 接口相对于 Thread 类来说更适合处理多线程访问同一资源的情况，并且还可以避免由于 Java 语言的单继承性带来的局限性。

11.5　线程间的同步

多线程机制虽然给我们提供了方便，但如果程序一次激活多个线程，并且多个线程共享同一资源时，它们可能彼此发生冲突，这种情况可以使用线程的同步来解决。

线程的同步与并发是两个不同的概念，多线程的同步是指处理数据的线程不能处理其他线程正在处理的数据，但是可以处理其他的数据。多线程的同步无法利用 Runnable 接口来解决，因为线程在运行过程中可能会处于阻塞状态，一旦出现阻塞，系统会将 CPU 资源交给其他线程，其他线程就有可能对数据进行修改。所以说，多线程的共享数据在同一时刻只允许一个线程拥有操作权力，其他线程需要等待，这就是线程同步控制中的互斥问题。如果对共享数据处理不当就可能造成程序运行的不确定性和其他错误。下面模拟两个用户取票的例子中就出现了数据混乱。

【例 11.6】模拟两个用户取票的程序示例。每个用户共取票 5 次，每次取走 1 张票，假设票的初始总数为 10 张。

```
public class JavaDemo11_6 {
    public static void main(String[] args) {
        Customer c1 = new Customer();
        Customer c2 = new Customer();
        c1.start();
        c2.start();

    }
}
```

```java
class SalesMachine {
    private static int ticket = 10;
    public static void sell(int k) {
        int temp = ticket;
        temp -= k;
        try{
            Thread.sleep((int)(1000*Math.random()));
        } catch(InterruptedException e){
        }
        ticket =temp;
        System.out.println("剩余票数： "+ticket);
    }
}
class Customer extends Thread {
    public void run() {
        for(int i=1;i<=5;i++)
            SalesMachine.sell(1);
    }
}
```

运行结果：

剩余票数：9

剩余票数：9

剩余票数：8

剩余票数：7

剩余票数：8

剩余票数：7

剩余票数：6

剩余票数：6

剩余票数：5

剩余票数：5

程序分析：这个程序的本意是通过两个线程分别取走 5 张票，剩余票数最终应该为 0，而事实上剩余票数为 5，与原来的设想不相符。之所以会出现这样的结果是由于线程 c1 和 c2 的并发运行。例如，当 c1 取票时，c1 中的临时变量 temp 的值由 10 变为 9，接下来 c1 休眠了一段时间，正好在这个时间段，c2 读取了 ticket 的值 10，然后 c2 中的临时变量 temp 的值再次由 10 变为 9。假设此时 c2 进入休眠，而 c1 休眠结束，ticket 的值将更改为 9，如果 c2 休眠期间 c1 再完成一次取票，ticket 的值将更改为 8，无论 c1 完成几次取票操作，当 c2 休眠结束后 ticket 的值都将更改为 9，如此继续。这个程序的运行结果是随机的，每次都可能不同。

该程序出现错误结果的原因是两个并发线程共享同一内存变量，后一线程对变量的更改结果覆盖了前一线程对变量的更改结果，从而造成数据的混乱。通过例 11.6 可知，上述错误是因为在线程的执行过程中，在执行有关的若干代码段时没有能够保证独占相关的资源，而在对该资源进行处理时又被其他线程的操作打断或干扰。因此，要防止这样的情况发生，就必须保证线程在一个完整的代码段运行过程中都占有相关的资源而不被打断，这就是线程同步的概念。

在并发程序设计中，将多线程共享的资源或数据称为临界资源或同步资源，而每个线程中访问临界资源的那一段代码称为临界代码或临界区。简单地说，在一个时刻只能被一个线程访问的资源就是临界资源，而访问临界资源的那段代码就是临界区。临界区必须互斥地使用，即当一个线程执行临界区中的代码时，其他线程不准进入临界区，直至该线程退出。为了使临界代码对临界资源的访问成为一个不可被中断的原子操作，Java 利用对象"互斥锁"机制来实现线程间的互斥操作。在 Java 语言中，每个对象都有一个"互斥锁"与之相连。当线程 A 获得了一个对象的互斥锁后，线程 B 若也想获得该对象的互斥锁，就必须等待线程 A 完成规定的操作并释放出互斥锁后，才能获得该对象的互斥锁并执行线程 B 中的操作。一个对象的互斥锁只有一个，所以利用对一个对象互斥锁的争夺可以实现不同线程的互斥效果。当一个线程获得互斥锁后，则需要该互斥锁的其他线程只能处于等待状态。在编写多线程的程序时，利用这种互斥锁机制就可以实现不同线程间的互斥操作。

为了保证互斥，Java 语言使用 synchronized 关键字来标识同步的资源，这里的资源既可以是一种类型的数据，也可以是一个方法，还可以是一段代码。synchronized 的语法格式有下述两种。

格式一：同步语句。

    Synchronized (对象)
    {
        临界代码段
    }

其中的"对象"是多个线程共同操作的公共变量，即需要锁定的临界资源，它将被互斥地使用。

格式二：同步方法。

    public synchronized 返回类型 方法名 (参数)
    {
        方法体
    }

synchronized 的功能是先判断对象或方法的互斥锁是否存在，若存在就获得互斥锁，然后就可以执行紧随其后的临界代码段或方法体，如果对象或方法的互斥锁已被其他线程占有，就进入等待状态，直到获得互斥锁。

接下来修改例 11.6 的程序，通过线程同步的设计来防止前面出现的错误。

【例 11.7】线程同步的程序示例。

```java
public class JavaDemo11_7 {
    public static void main(String[] args) {
        Customer c1 = new Customer();
        Customer c2 = new Customer();
        c1.start();
        c2.start();
    }
}
class SalesMachine {
    private static int ticket = 10;
```

```java
public synchronized static void sell(int k) {
    int temp = ticket;
    temp -= k;
    try{
        Thread.sleep((int)(1000*Math.random()));
    } catch(InterruptedException e){
    }
    ticket =temp;
    System.out.println("剩余票数： "+ticket);
    }
}
class Customer extends Thread {
    public void run() {
        for(int i=1;i<=5;i++)
            SalesMachine.sell(1);
    }
}
```

运行结果：

剩余票数：9

剩余票数：8

剩余票数：7

剩余票数：6

剩余票数：5

剩余票数：4

剩余票数：3

剩余票数：2

剩余票数：1

剩余票数：0

程序分析：从程序的执行结果可知，程序按预期输出了结果。相对于例 11.6 的程序而言，例 11.7 仅仅是在 sell()方法前加了一个关键字 synchronized，当 sell()方法成为同步方法之后临界资源 ticket 被加上了互斥锁，从而保证了程序的运行结果。

下面对 synchronized 做进一步的说明。

（1）synchronized 锁定的通常是临界代码。所有锁定同一个临界代码的线程之间在 synchronized 代码块上是互斥的，也就是说，这些线程的 synchronized 代码块之间是串行执行的，不再是互相交替穿插并发执行，这就保证了 synchronized 代码块操作的原子性。

（2）synchronized 代码块中的代码数量越少越好，包含的范围越小越好，如果 synchronized 代码块中的代码数量过多就失去了多线程并发执行的很多优势。

（3）一个对象的互斥锁只能被一个线程所拥有。若两个或多个线程锁定的不是同一个对象，那么它们的 synchronized 代码块可以相互交替穿插并发执行。只有当一个线程执行完它所调用对象的所有 synchronized 代码块或方法时，该线程才会释放这个对象的互斥锁。

（4）所有的非 synchronized 代码块或方法都可自由调用，如线程 A 获得了对象的互斥锁就可以调用对象的 synchronized 代码块，而其他线程仍然可以自由调用该对象的所有非

synchronized 方法和代码块。

（5）临界代码中的共享变量应定义为 private 类型，否则其他类的方法可能直接访问和操作该共享变量，这样 synchronized 的保护就失去了意义。一定要保证，所有对临界代码中共享变量的访问与操作均在 synchronized 代码块中完成。

（6）对于一个静态方法，要么整个方法是 synchronized，要么整个方法都不是 synchronized。如果 synchronized 用在类声明中，则该类中的所有方法都是 synchronized。

11.6　线程间的通信

多线程在执行期间往往需要相互之间的配合，为了有效地协调不同线程之间的工作，需要在线程之间建立通信机制，通过线程之间的通信来解决同步问题，而不仅仅是依靠互斥机制。

java.lang.Object 类的 wait()、notify()、notifyAll()等方法为线程之间的通信提供了有效手段。

（1）wait()方法：该方法使当前线程进入到阻塞状态直到其他线程通过 notify()或 notifyAll()来唤醒。

（2）wait(long timeout)方法：该方法在 wait()方法的基础上设置了一个超时时间，超过这个时间会自动唤醒。

（3）notify()方法：该方法唤醒在同步锁对象上等待的单个线程。如果有多个线程都在此同步锁对象上等待，则会任意选择其中某个线程进行唤醒操作，只有当前线程放弃对同步锁对象的锁定，才有可能执行被唤醒的线程。

（4）notifyAll()方法：该方法唤醒同步锁对象上等待的所有线程。

下面通过一个例子来说明 wait()和 notify()方法的应用。

【例 11.8】线程之间通信的程序示例。

```java
public class JavaDemo11_8 {
    public static void main(String[] args) {
        Tickets t = new Tickets(5);
        Producer p = new Producer(t);
        Consumer c = new Consumer(t);
        p.start();
        c.start();
    }
}
class Tickets {
    protected int size;
    int number = 0;
    boolean flag = false;
    public Tickets(int size) {
        this.size = size;
    }
    public synchronized void put() {
        if(flag)
```

```java
                    try{
                        wait();
                    }catch(Exception e){
                        e.printStackTrace();
                    }
                System.out.println("生产出第"+(++number)+"张车票");
                flag = true;
                notify();
        }
        public synchronized void sell() {
            if(!flag)
                try{
                    wait();
                }catch(Exception e){
                    e.printStackTrace();
                }
            System.out.println("销售了第"+(number)+"张车票");
            flag = false;
            notify();
            if(number==size)
                number=size+1;
        }
    }
    //生产车票的线程类
    class Producer extends Thread {
        Tickets t = null;
        public Producer(Tickets t) {
            this.t = t;
        }
        public void run() {
            while(t.number<t.size)
                t.put();
        }
    }
    //销售车票的线程类
    class Consumer extends Thread {
        Tickets t = null;
        public Consumer(Tickets t) {
            this.t = t;
        }
        public void run() {
            while(t.number<=t.size)
                t.sell();
        }
    }
```

运行结果：

　　生产出第 1 张车票
　　销售了第 1 张车票
　　生产出第 2 张车票
　　销售了第 2 张车票
　　生产出第 3 张车票
　　销售了第 3 张车票
　　生产出第 4 张车票
　　销售了第 4 张车票
　　生产出第 5 张车票
　　销售了第 5 张车票

　　程序分析：程序中定义了一个变量 number 表示当前是第几张票，布尔型变量 flag 用于表示当前是否有票可售。当 Consumer 线程售出票后，flag 值变为 false，当 Producer 线程生产了票后，flag 值变为 true。当 flag 为 true 时，生产车票的线程将调用 wait()方法，线程进入阻塞状态，只有当车票销售之后，销售车票的线程通过调用 notify()方法让生产车票的线程转为就绪状态，开始新的生产过程。当 flag 为 false 时的情况请读者自行分析。

本章小结

　　多线程是 Java 语言的重要特性之一，通过继承 Thread 类或者实现 Runnable 接口都可以实现多线程编程，两种实现方式各有利弊。线程之间如果需要数据共享，则可以采用 Runnable 接口的方式来创建线程，线程之间如果需要同步控制，则可以使用 synchronized 关键字来标识同步资源。线程之间如果需要通信，则可以使用 wait()方法、notify()方法或者 notifyAll()方法来实现。

第 12 章　泛型与容器类

泛型从 JDK 5 开始引入。泛型技术可以通过一种类型或方法操纵不同类型的对象，同时又提供了编译时的类型安全保证。容器是以类库形式提供的多种数据结构，用户在编程时可以直接使用。泛型通常与容器一起使用。

12.1　泛型

泛型的实质就是将数据的类型参数化，通过为类、接口及方法设置类型参数来定义泛型。泛型使一个类或一个方法可在多种不同类型的对象上操作。运用泛型意味着编写的代码可以被多种类型不同的对象所重用，从而减少数据类型转换的潜在错误。引入泛型后，为了兼容已有代码，JDK 5 之后的编译器并不认为不使用泛型的代码存在语法错误，只不过在编译时会给出一些警告信息，提醒用户使用了 raw（原始的）类型，但代码还是可以运行的。

12.1.1　泛型的概念

泛型的概念

为了让程序具有通用性，可以在编写代码时使传入的值与返回的值都以 Object 类型为主，当需要使用相应实例时，必须正确地将该实例转换为原来的类型，否则在程序运行时将会发生类型强制转换异常（ClassCastException），因此这种处理方式存在安全隐患。有了泛型技术后，这个问题就得到了很好的解决。泛型实际上是在定义类、接口或方法时通过为其增加"类型参数"来实现的，即泛型所操作的数据类型被指定为一个参数，这个参数称为类型参数（type parameters），也可以理解为泛型的实质是将数据的类型参数化。当这种类型参数用在类、接口或方法的声明中时，分别称为泛型类、泛型接口和泛型方法。

泛型定义的格式是在一般类、一般接口和一般方法定义的基础上加一个或多个用尖括号括起来的"类型参数"，类型参数其实就是一种"类型形式参数"。按照惯例，用 T 或 E 这样的单个大写字母来表示类型参数。泛型类的定义是在类名后面加上<T>，泛型接口的定义是在接口名后面加上<T>，泛型方法的定义是在方法的返回值类型前面加上<T>，格式如下：

（1）泛型类的定义：[修饰符] class 类名<T>

（2）泛型接口的定义：[public] interface 接口名<T>

（3）泛型方法的定义：[public] [static] <T> 返回值类型 方法名(T 参数)

定义泛型之后，就可以在代码中使用类型参数 T 来表示某一种数据的类型而非数据的值，即 T 可以看作是泛型类的一种"类型形式参数"。在定义类型参数后，就可以在类体或接口体中定义的各个部分直接使用这些类型参数。而在应用这些具有泛型特性的类或接口时，需要指明实际的具体类型，即用"类型实际参数"来替换"类型形式参数"，也就是说用泛型类创建的对象就是在类体内的每个类型参数 T 处分别用这个具体的实际类型替代。泛型的实际参数必须是类类型，利用泛型类创建的对象称为泛型对象，这个过程也称为泛型实例化，所以说泛型的概念实际上是基于"类型也可以像变量一样实现参数化"这一设计理念实现的，因此泛型也称为参数多态。

12.1.2　泛型类

在使用泛型定义的类创建对象时，即泛型类实例化时，可以根据不同的需求给出类型参数 T 的具体类型。而在调用泛型类的方法传递或返回数据类型时可以不用进行类型转换，而是直接用 T 作为类型来代替参数类型或返回值的类型。在泛型类实例化的过程中，实际类型必须是引用类型，即必须是类类型，不能用如 int、double 或 char 等基本类型来替换类型参数 T。

【例 12.1】泛型类定义和使用的程序示例。

```
public class JavaDemo12_1<T> {
    private T obj;
    public T getObj() {
        return obj;
    }
    public void setObj(T obj) {
        this.obj=obj;
    }
    public static void main(String[] args) {
        JavaDemo12_1<String> strObj = new JavaDemo12_1<String>();
        JavaDemo12_1<Integer> intObj = new JavaDemo12_1<Integer>();
        strObj.setObj("zhangsan");
        String name = strObj.getObj();
        System.out.println(name);
        intObj.setObj(30);
        int age = intObj.getObj();
        System.out.println(age);
    }
}
```

运行结果：

```
zhangsan
30
```

程序分析：程序首先定义了一个泛型类 JavaDemo12_1<T>，其中尖括号里的 T 就是类型参数，因为类型参数 T 所表示的数据类型不是固定的，所以 T 可以代表任意一种数据类型，而且还可以用 T 表示的数据类型来声明类的成员变量、成员方法、参数和返回值，如 getObj() 方法的返回值就是 T 表示的数据类型，setObj(T obj)方法的参数也是 T 表示的数据类型。在创建 JavaDemo12_1 类的对象实例时，分别使用 String 和 Integer 来代替类型参数 T，这里的 String 和 Integer 相当于类型实参，在类体中出现 T 的地方均被 String 和 Integer 替换。泛型的定义并不复杂，我们可以将参数 T 看作一种特殊的变量，该变量的"值"在创建泛型对象时指定，它可以是除了基本类型之外的任意类型。

Java 程序有自动包装和自动解包功能。当编译器发现程序在应该使用包装类对象的地方却使用基本数据类型的数据时，编译器将自动把该数据包装为该基本类型对应的包装类的对象，这个过程称为自动包装。例如，当类型参数 T 接收的是 int、double 或 char 等基本类型时，T 所代表的类型自动包装成 Integer、Double 或 Character 等类型。当编译器发现在应该使用基本类型数据的地方却使用了包装类的对象，则会把该包装类对象解包，从中取出所包含的基本

类型数据,这个过程称为自动解包。例如,当一个对象是包装类型 Integer、Double 或 Character
等时,那么可以直接将这个对象赋给一个基本类型的变量。

当一个泛型有多个类型参数时,每个类型参数在该泛型中都应该是唯一的。例如,我们
不能定义 ClassName<T,T>形式的泛型,但可以定义 ClassName<T,U>形式的泛型。下面是一个
多参数的泛型类定义和使用的例子。

【例 12.2】多参数泛型类定义和使用的程序示例。

```java
public class JavaDemo12_2<T,U> {
    private T objt;
    private U obju;
    public void show(T objt, U obju) {
        System.out.println(objt+"   "+obju);
    }
    public static void main(String[] args) {
        JavaDemo12_2<String,Integer> obj1 = new JavaDemo12_2<String,Integer>();
        JavaDemo12_2<Integer,String> obj2 = new JavaDemo12_2<Integer,String>();
        obj1.show("zhangsan", 100);
        obj2.show(200, "lisi");
    }
}
```

运行结果:

```
zhangsan   100
200   lisi
```

程序运行结果请读者自行分析。

泛型方法

12.1.3 泛型方法

在 12.1.2 节中,我们定义并使用了泛型类,事实上我们还可以定义和使用泛型方法。定
义泛型方法,只需将泛型的类型参数<T>置于方法返回值类型前。在 Java 语言中,无论是普
通方法还是静态方法,都可定义为泛型方法。一个方法是否是泛型方法与其所在的类是否是泛
型类没有关系,也就是说,泛型类中可以定义泛型方法,普通类中也可以定义泛型方法。另外,
泛型方法除了定义与普通方法不同外,调用时与普通方法一样。

【例 12.3】普通类中定义泛型方法的程序示例。

```java
public class JavaDemo12_3 {
    public static <T> void showArray(T[] t) {
        for(int i=0;i<t.length;i++)
            System.out.print(t[i]+"   ");
        System.out.println();
    }
    public static void main(String[] args){
        Integer[] a= {1,2,3,4,5,6};
        Character[] c= {'a','b','c','d','e','f'};
        JavaDemo12_3.<Integer>showArray(a);
        JavaDemo12_3.<Character>showArray(c);
    }
}
```

运行结果：

```
1  2  3  4  5  6
a  b  c  d  e  f
```

程序分析：普通类 JavaDemo12_3 中定义了一个泛型方法 showArray()，所以在返回值类型前给出了一个类型参数 T，同时该方法的参数是一个 T 类型的数组。在调用泛型方法时，为了强调是泛型方法，程序将实际类型放在尖括号内作为方法名的前缀进行方法调用，当然，也可以直接调用而不加实际类型的指定。例如，"JavaDemo12_3.<Integer>showArray(a);"改为"JavaDemo12_3. showArray(a);"也是可以的。

一般来说，编写 Java 泛型方法时，返回值类型和至少一个参数类型应该是泛型，而且类型应该是一致的，如果只有返回值类型或参数类型之一使用了泛型，则这个泛型方法的使用就会极大地受到限制，所以推荐使用返回值类型和参数类型一致的泛型方法。设计泛型方法的目的主要是针对具有容器类型参数的方法，如果编写的代码并不接受和处理容器类型，则不需要使用泛型方法。

如果泛型方法的多个形式参数使用了相同的类型参数，并且对应的多个类型实参具有不同的类型，则编译器会将该类型参数指定为这多个类型实参所具有的"最近"共同父类直至Object。此外，一个静态方法无法访问泛型类的类型参数，所以如果静态方法需要使用泛型能力，则必须使其成为泛型方法。

普通类中可以定义泛型方法，泛型类中同样可以定义泛型方法。

【例 12.4】泛型类中定义泛型方法的程序示例。

```java
class GenericsClass <T> {
    private T t;
    public T getObj() {
        return t;
    }
    public void setObj(T t) {
        this.t=t;
    }
    public <U> void show(U u){
        System.out.println("泛型类的类型参数："+t.getClass().getName());
        System.out.println("泛型方法的类型参数："+u.getClass().getName());
    }
}
public class JavaDemo12_4 {
    public static void main(String[] args){
        GenericsClass<Integer> gc = new GenericsClass<Integer>();
        gc.setObj(Integer.valueOf(10));
        gc.show(Double.valueOf(9.99));
        gc.show(new String("Hello"));
    }
}
```

运行结果：

```
泛型类的类型参数：java.lang.Integer
泛型方法的类型参数：java.lang.Double
泛型类的类型参数：java.lang.Integer
泛型方法的类型参数：java.lang.String
```

程序分析：泛型类 GenericsClass 中定义了泛型方法 show()，该方法分别输出了泛型类的类型参数的类型和泛型方法的类型参数的类型。main()方法中声明泛型类对象 gc 时指定类型参数为 Integer，在调用 show()方法时分别接收了 Double 和 String 类型的参数。从泛型方法的调用可知，在调用泛型方法 show()时，并没有显式地传入实参的类型，而是像普通方法调用一样用实参的值去调用该方法。

当使用泛型类时，必须在创建泛型对象的时候指定类型参数的实际值，而调用泛型方法时，通常不必指明参数的类型，因为编译器有个功能为类型参数推断，此时编译器会找出具体的类型。在程序中，泛型方法会根据传入的实参类型去推断得出被调用方法类型参数的具体类型，并检查方法调用中类型的正确性。泛型方法与泛型类在传递类型实参方面的一个重要区别是：对于泛型方法，不需要把实际的类型传递给泛型方法；但泛型类却恰恰相反，必须把实际的类型参数传递给泛型类。

12.1.4　限制泛型的可用类型

限制泛型的可用类型

在定义泛型类时，默认可以使用任何类型来实例化一个泛型类对象，但 Java 语言也可以在使用泛型类创建对象时对数据类型作出限制。其语法如下：

```
class ClassName<T extends anyClass>
```

其中，anyClass 是指某个类或接口。

该语句表示 T 是 ClassName 类的类型参数，且 T 有一个限制，即 T 必须是 anyClass 类，或是继承了 anyClass 类的子类，又或是实现了 anyClass 接口的类。也就是说，使用 ClassName 类来创建对象时，类型实际参数必须是 anyClass 类或其子类，或是实现了 ClassName 类接口的类，无论 anyClass 是类还是接口，在进行泛型限制时都必须使用关键字 extends。对于实现了某接口的受限制泛型，也是使用关键字 extends，而不是使用关键字 implements。

【例 12.5】受限制泛型类的程序示例。

```
class GenericsClass <T extends Number> {
    private T t;
    public T getObj() {
        return t;
    }
    public void setObj(T t) {
        this.t=t;
    }
}
public class JavaDemo12_5 {
    public static void main(String[] args)    {
    GenericsClass<Integer> gc1 = new GenericsClass<Integer>();
        gc1.setObj(Integer.valueOf(10));
        System.out.println(gc1. getObj());
    }
}
```

运行结果：

10

程序分析：泛型类 GenericsClass 在定义时限制了类型参数 T 只能是 Number 类或者是

Number 类的子类，如果使用"GenericsClass<String> gc2 = new GenericsClass<String>();"来创建对象将会是非法的。

Java 中父类的对象可以指向子类的对象，因为子类被认为是与父类兼容的类型。但在使用泛型时，要注意它们之间的关系。例如，我们创建了 GenericsClass<Integer> gc1 和 GenericsClass<Number> gc2 两个对象，虽然 Integer 和 Number 之间存在父子关系，但是 gc1 和 gc2 之间没有父子关系。也就是说，利用泛型进行实例化时，如果泛型的实际参数的类之间有父子关系，则参数化后得到的泛型类之间并不会具有同样的父子关系。

在定义泛型类时若没有使用关键字 extends 限制泛型的类型参数，则默认是 Object 类下的所有子类，即<T>和<T extends Object>是等价的。

在使用<T extends anyClass>定义泛型类时，如果 anyClass 是接口，那么在创建泛型对象时给出的类型实参若不是实现接口 anyClass 的类，则程序编译不能通过。

12.1.5　类型通配符

在泛型机制中还有通配符"?"的概念，通配符的作用包括两个方面：一是用于创建可重新赋值但不可修改其内容的泛型对象；二是用在方法的参数中，限制传入不想要的类型实参。在一个程序中当需要使用同一个泛型对象名去引用不同的泛型对象时，就需要使用通配符"?"来创建泛型类对象，条件是被创建的这些不同泛型对象的类型实参必须是某个类或是继承该类的子类又或者是实现某个接口的类。通配符"?"表示该泛型对象是某个类或者是继承这个类的子类又或者是实现某个接口的类，但具体是什么类型不能确定。

创建泛型类对象的格式如下：

　　泛型类名<? extends T> obj = null;

这里的"?"表示该泛型类的类型实参是 T 或 T 的未知子类，又或者是实现接口 T 的类。所以在创建泛型对象时，如果给出的类型实参不是类 T 或 T 的子类，又或者是实现接口 T 的类，则编译时报告出错。

【例 12.6】泛型类的类型通配符应用程序示例。

```
class GenericsClass <T> {
    private T t;
    public T getObj() {
        return t;
    }
    public void setObj(T t) {
        this.t=t;
    }
    public static void show(GenericsClass<? extends String> g){
        System.out.println(g.getObj());
    }
}
public class JavaDemo12_6{
    public static void main(String[] args){
        GenericsClass<String> gc1 = new GenericsClass<String>();
        gc1.setObj("zhangsan");
        GenericsClass.show(gc1);
```

```
                GenericsClass<Integer> gc2 = new GenericsClass<Integer>();
                gc2.setObj(10);
            }
        }
```

运行结果：

zhangsan

程序分析：GenericsClass 类中定义了一个 show()方法，该方法的形参定义使用了类型通配符"?"，所以 show()方法只能接收 String 类或 String 类的子类作为类型实参。在 JavaDemo12_6 类中我们定义了两个对象 gc1 和 gc2，gc1 的类型实参是 String 类型，所以可以调用 show()方法输出 String 类型的值，而 gc2 的类型实参是 Integer 类型，虽然可以调用 setObj()方法为 t 赋值，但却不可以调用 show()方法输出 Integer 类型的值，如果执行"GenericsClass.show(gc2);"将抛出异常。

12.2　容器类

容器类是 Java 以类库的形式提供给用户开发程序时可直接使用的各种数据结构。这些数据结构以某种方式将数据组织在一起，并存储在计算机中。数据结构不仅可以存储数据，还支持访问和处理数据的操作。在面向对象程序设计中，一种数据结构被认为是一个容器。数组是一种简单的数据结构，除数组外 Java 还以类库的形式提供了许多其他数据结构，这些数据结构通常称为容器类或集合类。

容器框架与列表接口

12.2.1　Java 容器框架

Java 容器框架包含两个接口，分别是 Collection（容器）和 Set（集合），这两个接口还提供了一些数据结构供程序员使用。从 JDK 5 开始，容器框架全部采用泛型实现，且都存放在 java.util 包中。容器框架中的类与接口如图 12.1 所示。

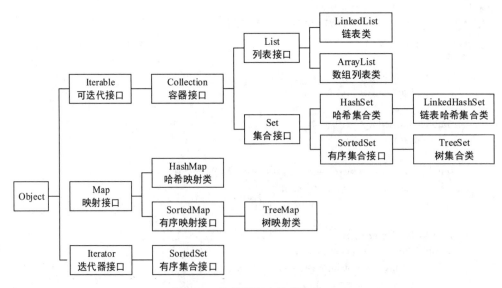

图 12.1　容器框架中的类与接口

12.2.2　Collection 容器接口

Collection 容器接口通常不能直接使用，但该接口提供了添加元素、删除元素、管理数据的方法。由于 Set 接口和 List 接口都继承了 Collection 接口，因此这些方法对集合 Set 和列表 List 是通用的。由于容器框架全部采用泛型实现，所以我们以泛型的形式给出相应的方法，即带类型参数。Collection <E>接口的常用方法如下：

（1）public abstract int size()：返回容器中元素的个数。

（2）public abstract boolean isEmpty()：判断容器是否为空。

（3）public abstract boolean equals(Object obj)：比较两个 collection 对象是否相等。

（4）public abstract boolean add(E element)：向容器中添加元素 element，如果包含重复元素则返回 false。

（5）public abstract boolean remove(Object obj)：从容器中删除元素 obj，如果容器不包含 obj 则返回 false。

（6）public abstract void clear()：删除容器中的所有元素。

（7）public abstract Iterator<E> iterator()：返回容器的迭代器。

（8）public abstract Object[] toArray()：将容器转换为数组，返回的数组包含容器的所有元素。

（9）public abstract int hashCode()：返回容器的哈希码值。

（10）public abstract void shuffle(List<?> list)：以随机方式重排 list 中的元素。

（11）public abstract boolean contains(Object obj)：判断容器是否包含元素 obj。

（12）public abstract boolean containsAll<Collection<?> c)：判断当前容器是否包含容器 c 中的所有元素。

（13）public abstract boolean addAll(Collection<? extends E> c)：将容器 c 中的所有元素添加到当前容器中。

（14）public abstract boolean removeAll(Collection<?> c)：删除当前容器中包含在容器 c 中的所有元素。

（15）public abstract boolean retainAll (Collection<?> c)：保留当前容器中也被容器 c 包含的元素。

12.2.3　列表接口 List

列表接口 List 是一种包含有序元素的线性表，它是 Collection 的子接口，其中的元素必须按顺序存放，可以重复，也可以是空值 null。元素之间的顺序关系可以由添加到列表的先后顺序决定，也可以由元素值的大小决定，使用下标来访问元素。List 接口包含许多方法，使之能够在列表中根据具体位置添加和删除元素。List<E>接口的主要方法如下：

（1）public abstract E get(int index)：返回列表中指定位置的元素。

（2）public abstract E set(int index, E element)：用元素 element 取代 index 位置的元素，并返回被取代的元素。

（3）public abstract int indexOf(Object o)：返回元素 o 首次出现的序号，如果不存元素 o 则返回-1。

（4）public abstract int lastlndexOf(Object o)：返回元素 o 最后出现的序号。

（5）public abstract void add(int index, E element)：在 index 位置插入元素 element。

（6）public abstract boolean add(E element)：在列表的最后添加元素 element。

（7）public abstract E remove(int index)：在列表中删除 index 位置的元素。

（8）public abstract boolean addAll(Collection<?extends E> c)：在列表的最后添加容器 c 中的所有元素。

（9）public abstract boolean addAll(int index, Collection<? extends E> c)：在 index 位置按照容器 c 中元素的原有次序插入所有元素。

（10）public abstract Listlterator<E>listIterator()：返回列表中元素的列表迭代器。

（11）public abstract ListIterator<E> listIterator(int index)：返回从 index 位置开始的列表迭代器。

实现 List 接口的类主要有两个：链表类 LinkedList 和数组列表类 ArrayList，它们都代表线性表。LinkedList 链表类采用链表结构保存对象，使用循环双链表实现 List。这种结构向链表中任意位置插入、删除元素时不需要移动其他元素，链表的大小是可以动态增大或减小的，但不具有随机存取特性。如果线性表的常规操作是需要在线性表的任意位置上进行插入或删除操作，则应选择 LinkedList 类。LinkedList 类的构造方法有以下两个：

（1）public LinkedList()：创建一个空的链表。

（2）public LinkedList(Collection<? extends E> c)：创建包含容器 c 中所有元素的链表。

LinkedList 类的常用方法如下：

（1）public void addFirst(E e)：将元素 e 插入到列表的开头。

（2）public void addLast(E e)：将元素 e 添加到列表的末尾。

（3）public E getFirst()：返回列表中的第一个元素。

（4）public E getLast()：返回列表中的最后一个元素。

（5）public E removeFirst()：删除并返回列表中的第一个元素。

（6）public E removeLast()：删除并返回列表中的最后一个元素。

ArrayList 数组列表类使用一维数组实现 List，该类实现的是可变数组，允许所有元素，包括 null。具有随机存取特性，插入、删除元素时需要移动其他元素，当元素很多时插入、删除操作的速度较慢。在向 ArrayList 中添加元素时，其容量会自动增大，不能自动缩小。但可以使用 trimToSize()方法将数组的容量减小到数组列表的大小。如果线性表的常规操作是通过下标随机访问元素，除了末尾之外，不在其他位置插入或删除元素，则应该选择 ArrayList 类。ArrayList 类的构造方法有以下 3 个：

（1）public ArrayList()：创建初始容量为 10 的空数组列表。

（2）public ArrayList(int initialCapacity)：创建初始容量为 initialCapacity 的空数组列表。

（3）public ArrayList(Collection<? extends E> c)：创建包含容器 c 所有元素的数组列表。

ArrayList 类的常用方法有以下两个：

（1）public void trimToSize()：将 ArrayList 对象的容量缩小到该列表的当前大小。

（2）public void forEach(Consumer<? super E> action)：遍历 action 对象。

LinkedList<E>类与 ArrayList<E>类的大部分方法是继承其父类或祖先类。使用线性表时通常声明为 List<E>类型，然后通过不同的实现类来实例化列表。语句格式如下：

```
List<String> list1 = new LinkedList<String>();
List<String> list1 = new ArrayList<String>();
```

【例 12.7】列表接口 List 程序示例。

```java
import java.util.LinkedList;
import java.util.Scanner;
public class JavaDemo12_7 {
    public static void main(String[] args) {
        Scanner scan = new Scanner(System.in);
        IntStack stack = new IntStack();
        System.out.println("请输入整型数据，以#号键结束");
        while(true) {
            String str = scan.next();
            if(str.equals("#"))
                break;
            stack.push(Integer.parseInt(str));
        }
        System.out.println("栈中包括以下元素：");
        while(!stack.isEmpty())
            System.out.println(stack.pop());
    }
}
class IntStack {
    private LinkedList<Integer> li = new LinkedList<Integer>();
    public void push(int i) {
        li.addFirst(i);
    }
    public Integer pop() {
        return li.removeFirst();
    }
    public boolean isEmpty() {
        return li.isEmpty();
    }
}
```

运行结果：

```
请输入整型数据，以#号键结束
23
45
67
#
栈中包括以下元素：
67
45
23
```

程序分析：程序定义了一个整型栈 IntStack，其中的 push()、pop()和 isEmpty()方法分别实现了入栈、出栈和判栈空操作。JavaDemo12_7 类依次接受键盘输入的 3 个整数和一个 "#"，程序在接收到"#"时结束。

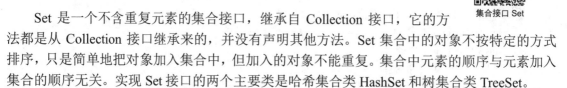

集合接口 Set

12.2.4 集合接口 Set

Set 是一个不含重复元素的集合接口，继承自 Collection 接口，它的方法都是从 Collection 接口继承来的，并没有声明其他方法。Set 集合中的对象不按特定的方式排序，只是简单地把对象加入集合中，但加入的对象不能重复。集合中元素的顺序与元素加入集合的顺序无关。实现 Set 接口的两个主要类是哈希集合类 HashSet 和树集合类 TreeSet。

1. 哈希集合类 HashSet

HashSet 类是基于哈希表的 Set 接口实现的。HashSet 根据哈希码来确定元素在集合中的存储位置，因此可以根据哈希码快速地找到集合中的元素。HashSet 集合不保证迭代顺序，但允许元素值为 null。在比较两个加入哈希集合 HashSet 中的元素是否相同时，会先比较哈希码方法 hashCode()的返回值是否相同，若相同则再使用 equals()方法比较其存储位置，若两者都相同则视为相同的元素，原因在于不同元素计算出的哈希码可能相同。对于哈希集合来说，如果重写了元素对应类的 equals()方法或 hashCode()方法中的某一个，则必须重写另一个，以保证其判断的一致性。HashSet 类的构造方法有以下 4 个：

（1）public HashSet()：创建默认初始容量为 16，且默认上座率为 0.75 的空哈希集合。

（2）public HashSet (int initialCapacity)：创建默认初始容量为 initialCapacity，且默认上座率为 0.75 的空哈希集合。

（3）public HashSet(int initialCapacity, float loadFactor)：创建默认初始容量为 initialCapacity，且默认上座率为 loadFactor 的空哈希集合。

（4）public HashSet (Collection<? extends E> c)：创建包含容器 c 中的所有元素，且默认上座率为 0.75 的空哈希集合。

HashSet 类构造方法中的上座率也称为装填因子，上座率的取值范围是 0～1，表示集合的饱和度。当集合中的元素个数超过了容量与上座率的乘积时，容量就会自动翻倍。

HashSet 类的常用方法有如下 4 个：

（1）public boolean add(E e)：在集合中增加一个元素 e，如果集合中尚未包含该元素，则添加该元素并返回 true；如果集合中已包含该元素，则不添加该元素并返回 false。

（2）public void clear()：删除集合中的所有元素。

（3）public boolean contains(Object o)：查找元素 o，如果集合中包含该元素，则返回 true，否则返回 false。

（4）public int size()：返回集合中所包含元素的个数，即返回集合的容量。

2. 树集合类 TreeSet

树集合类 TreeSet 不仅实现了 Set 接口，还实现了 SortedSet 接口。对于 HashSet 而言，输出集合中的元素时不一定是按元素的存储顺序输出，也可能是按系统中约定的某一特定顺序输出，这种顺序并不是我们所熟知的。TreeSet 的工作原理与 HashSet 相似，但是 TreeSet 增加了一个额外步骤，以保证集合中的元素总是处于有序状态。当集合的顺序很重要时，程序应该选择 TreeSet 接口，其他情况则可以选择 HashSet 接口。TreeSet 类的大多数方法继承自其父类或祖先类，TreeSet 类的构造方法有如下两个：

（1）public TreeSet()：创建新的空树集合，其元素按自然顺序进行排序。

（2）public TreeSet (Collection<? extends E> c)：创建包含容器 c 中所有元素的新树集合，按其元素的自然顺序进行排序。

TreeSet 的常用方法如下：

（1）public E first()：返回集合中的第一个元素。

（2）public E last()：返回集合中的最后一个元素。

（3）public E lower(E e)：返回严格小于给定元素 e 的最大元素，如果不存在这样的元素，则返回 null。

（4）public E higher(E e)：返回严格大于给定元素 e 的最小元素，如果不存在这样的元素，则返回 null。

（5）public E floor(E e)：返回小于或等于给定元素 e 的最大元素，如果不存在这样的元素，则返回 null。

（6）public E ceiling(E e)：返回大于或等于给定元素 e 的最小元素，如果不存在这样的元素，则返回 null。

（7）public SortedSet<E> headSet(E toElement)：返回一个新集合，新集合元素是 toElement（不包含 toElement）之前的所有元素。

（8）public SortedSet<E> tailSet(E fromElement)：返回一个新集合，新集合元素包含 fromElemen 及 fromElemem 之后的所有元素。

（9）public SortedSet<E> subSet(E fromElement, E toElement)：返回一个新集合，新集合包含从 fromElement 到 toElement（不包含 toElement）之间的所有元素。

访问容器中的元素一般称为容器的遍历，也称为容器的迭代，是指按照某种次序将容器中的每个元素访问一次，且仅访问一次。在对容器进行遍历时，我们经常会用到 Java 提供的迭代功能。Java 的迭代功能由可迭代接口 Iterable 和迭代器接口 Iterator、ListIterator 来实现，迭代器是一种允许对容器中的元素进行遍历并有选择地删除元素的对象。

由于 Collection 接口声明继承了 Iterator 接口，因此每个实现了 Colleaction 接口的容器对象都可以调用 iterator()方法返回一个迭代器，然后通过调用 hasNext()、next()和 remove()方法对迭代器进行判断、返回和删除元素。

使用迭代器遍历容器的程序语句如下：

```
Iterator it = c.iterator();
while(it.hasNext()){
    Object obj = it.next();
    …
}
```

这里的 c 是指重写了 iterator()方法的容器类对象。我们来看下面的例子。

【例 12.8】HashSet 和 TreeSet 应用示例。

```
public class JavaDemo12_8{
    public static void main(String[] args){
        HashSet<String> hs = new HashSet<String>();
        hs.add("语文");
        hs.add("数学");
        hs.add("英语");
        hs.add("地理");
```

```
                hs.add("历史");
                Iterator<String> it = hs.iterator();
                while(it.hasNext())
                    System.out.print(it.next()+"   ");
                System.out.print("\n");
                TreeSet<String> ts = new TreeSet<String>(hs);
                it = ts.iterator();
                while(it.hasNext())
                    System.out.print(it.next()+"   ");
                System.out.print("\n");
                System.out.println("集合包含元素个数是: "+ts.size());
                System.out.println("集合的第一个元素是: "+ts.first());
                System.out.println("集合最后一个元素是: "+ts.last());
            }
        }
```

运行结果：

历史　数学　语文　英语　地理
历史　地理　数学　英语　语文
集合包含元素个数是：5
集合的第一个元素是：历史
集合最后一个元素是：语文

程序分析：程序首先创建了一个哈希集合对象 hs，向 hs 中添加了 5 个元素，然后创建哈希集合 hs 的迭代器 it，通过 hasNext()方法判断集合中是否还有后续元素，并依次输出哈希集合中的元素。利用 hs 创建 TreeSet 对象 ts，再次输出树集合中的元素，最后输出树集合的元素个数、第一个元素和最后一个元素。

12.2.5　映射接口 Map

映射接口 Map

Map 是另一种存储数据结构的对象，Map 接口与 List 接口和 Set 接口不同，Map 中的元素都是成对出现的，它提供了键（key）到值（value）的映射。值是指要存入 Map 中的元素（对象），在将元素存入 Map 对象时，需要同时给定一个键，这个键决定了元素在 Map 中的存储位置。一个键和它对应的值构成一条记录，真正在 Map 中存储的是这条记录。键就像下标，在 List 中下标是整数，而在 Map 中键可以是任意类型的对象。如果要在 Map 中检索一个元素，必须提供相应的键，这样就可以通过键访问到其对应元素的值。Map 中的每个键都是唯一的，且每个键最多只能映射到一个值。由于 Map 中存储元素的形式较为特殊，所以 Map 没有继承 Collection 接口。Map 接口的常用方法如下：

（1）public abstract V put(K key, V value)：以 key 为键向集合中添加值为 value 的元素，其中 key 必须唯一，否则新添加的值会取代已有的值。

（2）public abstract V get(Object key)：返回键 key 所映射的值，若不存在则返回 null。

（3）public abstract void putAll(Map<? extends K, ? extends V> m)：将映射 m 中的所有映射关系复制到调用此方法的 Map 中。

（4）public abstract Set<K> keySet()：返回 Map 中所有键对象形成的 Set 集合。

（5）public abstract V remove(Object key)：将键为 key 的记录从 Map 对象中删除。

（6）public abstract boolean containsKey(Object key)：判断是否包含指定的键 key。

（7）public abstract boolean containsValue(Object value)：判断是否包含指定的值 value。

（8）public abstract Collection<V> values()：返问 Map 中所有值对象形成 Collection 集合。

在这些方法中，K 表示键的类型，V 表示值的类型。

映射接口 Map 常用的实现类有哈希映射 HashMap 和树映射 TreeMap。HashMap 映射是基于哈希表的 Map 接口的实现类，所以 HashMap 通过哈希码对其内部的映射关系进行快速查找，因此添加和删除映射关系效率较高，并且允许使用 null 值和 null 键，但必须保证键的唯一性。HashMap<K,V>映射的构造方法有以下 3 个：

（1）public HashMap()：构造一个初始容量为 16，默认上座率为 0.75 的空 HashMap 对象。

（2）public HashMap(int initialCapacity)：构造一个初始容量为 initialCapacity，默认上座率为 0.75 的空 HashMap 对象。

（3）public HashMap(Map <? extends K, ? extends V> m)：创建一个映射关系与指定 Map 相同的新 HashMap 对象。

树映射 TreeMap 中的映射关系存在一定的顺序，如果希望 Map 映射中的元素也存在一定的顺序，则应该使用 TreeMap 类实现的 Map 映射，由于 TreeMap 类实现的 Map 映射中的映射关系是根据键对象按照一定的顺序排列的，因此不允许键对象是 null。TreeMap<K,V>映射的构造方法如下：

（1）public TreeMap()：使用键的自然顺序创建一个新的空树映射。

（2）public TreeMap(Map<? extends K, ? extends V> m)：创建一个与给定映射具有相同映射关系的新树映射，该映射根据其键的自然顺序进行排序。

TreeMap <K, V>映射的常用方法如下：

（1）public K firstKey()：返回映射中的第一个键。

（2）public K lastKey()：返回映射中最后一个键。

（3）public K lowerKey(K key)：返回小于给定键 key 的最大值，如果不存在这样的键，则返回 null。

（4）public K floorKey(K key)：返回小于或等于给定键 key 的最大值，如果不存在这样的键，则返回 null。

（5）public K higherKey(K key)：返回大于给定键 key 的最小值，如果不存在这样的键，则返回 null。

（6）public K ceilingKey(K key)：返回大于或等于给定键 key 的最小值，如果不存在这样的键，则返回 null。

（7）public SortedMap <K,V> headMap(K toKey)：返回键值小于 toKey 的那部分映射。

（8）public SortedMap <K,V> tailMap(K fromKey)：返回键值大于或等于 fromKey 的那部分映射。

【例 12.9】HashMap 映射和 TreeMap 映射的应用示例。

```
public class JavaDemo12_9{
    public static void main(String[] args) {
        Map<String,String> hm = new HashMap<String,String>();
        hm.put("10","语文");
```

```
        hm.put("11","数学");
        hm.put("12","英语");
        Set<String> keys = hm.keySet();
        Iterator<String> it = keys.iterator();
        System.out.println("HashMap 类中的元素");
        while(it.hasNext()) {
            String key = (String)it.next();
            String name = (String)hm.get(key);
            System.out.println(key+"    "+ name);
        }
        Map<String,String> tm = new TreeMap<String,String>();
        tm.putAll(hm);
        keys = tm.keySet();
        it = keys.iterator();
        System.out.println("TreeMap 类中的元素");
        while(it.hasNext()) {
            String key = (String)it.next();
            String name = (String)hm.get(key);
            System.out.println(key+"    "+ name);
        }
        //不迭代直接输出集合内容
        System.out.println(hm);
        System.out.println(tm);
    }
}
```

运行结果:

```
HashMap 类中的元素
11    数学
12    英语
10    语文
TreeMap 类中的元素
10    语文
11    数学
12    英语
{11=数学, 12=英语, 10=语文}
{10=语文, 11=数学, 12=英语}
```

程序分析：程序首先创建了一个 HashMap 对象 hm，将 3 个元素添加到 hm 当中，通过 keySet()方法获取 hm 的键对象集合 keys，然后获取 keys 集合的迭代器 it，通过 while 循环依次输出 hm 中的元素。我们发现输出的顺序并不是我们输入的顺序。程序在创建 TreeMap 对象并将 hm 中的元素添加进去后再次迭代输出，这时输出的结果是按顺序排列的。程序的最后没有通过迭代直接用"System.out.println();"语句同样可以输出集合中的内容。

本章小结

本章主要介绍了泛型和容器。利用数据的类型参数化，通过为类、接口和方法设置类型参数来定义泛型类，泛型方法可以通过关键字 extends 来限制泛型的可用类型，也可以通过"?"来限制传入的类型实参。Java 的容器框架中主要包括列表接口 List、集合接口 Set 和映射接口 Map，程序员可以通过使用这些容器类来保存对象并完成对对象的各种操作。

第 13 章　数据库程序设计

数据库系统无处不在，学生管理系统、图书管理系统和人事管理系统都是数据库系统，对数据库的操作是系统实现的核心。数据库系统不仅存储数据，还提供访问、更新、处理和分析数据的方法，数据库系统在社会各个领域的应用十分广泛。在计算机的大部分应用系统中都涉及对数据库的操作，Java 语言同样支持对数据库的访问和操作。在 Java 语言中，连接数据库采用 JDBC（Java Database Connectivity）技术。JDBC 是 Sun 公司提供的与平台无关的数据库连接标准，有了 JDBC，向各种关系数据库发送 SQL 语句就是一件很容易的事。

13.1　JDBC 概述

JDBC 是实现 Java 程序与数据库系统连接的标准 API，由一组 Java 语言编写的类和接口组成。通过 JDBC API，用 Java 语言编写的应用程序能够执行 SQL 语句、获取结果、显示数据等，并且可以将所做的修改传回数据库。一般来说，JDBC 做 3 件事：建立与数据库的连接、发送 SQL 语句、处理 SQL 语句执行结果。

由于 JDBC 是一个标准数据库访问接口，各大数据库厂商基本都提供 JDBC 驱动程序，这使得 Java 程序能与这些生产商的数据库系统进行连接通信。使用 JDBC API 编写的程序可以很容易实现对不同数据库的访问，JDBC 驱动程序负责将其转换为特定的数据库操作。图 13.1 所示为 Java 程序、JDBC API、JDBC 驱动程序和数据库之间的关系。

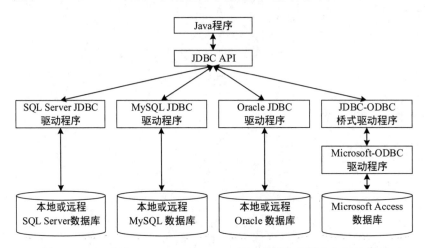

图 13.1　Java 程序、JDBC API、JDBC 驱动程序和数据库之间的关系

JDBC API 是一个 Java 接口和类的集合，用于编写访问和操纵关系数据库的 Java 程序。JDBC 驱动程序起着接口的作用，但对不同的数据库需要使用不同的 JDBC 驱动程序。访问 SQL Server 数据库需要使用 SQL Server JDBC 驱动程序，访问 MySQL 数据库需要使用 MySQL JDBC 驱动程序，而访问 Oracle 数据库需要使用 Oracle JDBC 驱动程序，对于 Access 数据库需要使用包含在 JDK 中的 JDBC-ODBC 桥式驱动程序。ODBC 是 Microsoft 开发的一种技术，用于访

问 Windows 平台的数据库。Windows 中预装了 ODBC 驱动程序。JDBC-ODBC 桥式驱动程序使 Java 程序可以访问任何 ODBC 数据源。

JDBC 不能直接访问数据库，必须依赖于数据库厂商或第三方提供的 JDBC 驱动程序。下面介绍 JDBC 驱动程序的 4 种类型。

1. JDBC-ODBC 桥加 ODBC 驱动程序

JDBC-ODBC 是一种 JDBC 驱动程序，目的是将 JDBC 中的方法调用转换成 ODBC 中相应的方法调用，再通过 ODBC 访问数据库系统。这种方法借用了 ODBC 的部分技术，使用起来较容易，但是由于 ODBC 只有 Microsoft Windows 操作系统支持，所以 JDBC-ODBC 桥驱动程序最终只能运行在 Windows 操作系统中，失去了 Java 跨平台的优势。另外，在每台需要访问数据库的机器上都要安装 ODBC 驱动程序，不适合 Internet 应用。

2. 本地 API 部分用 Java 编写的驱动程序

这种类型的驱动程序是部分使用 Java 语言编写和部分使用本机代码编写的驱动程序，它将 JDBC 的调用直接转换成对特定 DBMS（如 MySQL、SQL Server、Oracle 等）客户端 API 的调用后再去访问数据库。这与 JDBC-ODBC 桥相同，也需要调用本地驱动程序代码，是用特定的 DBMS 客户端取代 JDBC-ODBC 桥和 ODBC，因此也具有与 JDBC-ODBC 桥相类似的局限性。

3. JDBC 网络协议纯 Java 驱动程序

这种类型的驱动程序是面向数据库中间件的纯 Java 驱动程序，将 JDBC API 方法调用按照一个独立于数据库系统生产厂商的网络协议发送到一个中间服务器上，这台服务器将这些方法调用转换成针对特定数据库系统的方法调用。这种驱动程序一般由与数据库产品无关的公司开发。另外，此类驱动程序用纯 Java 编写，充分体现了 Java 跨平台的优势。但是运行这样的程序需要购买第三方厂商开发的中间件和协议解释器。

4. 本地协议纯 Java 驱动程序

这种类型的驱动程序是用纯 Java 语言编写的，它将 JDBC API 的方法调用转换成具体数据库系统能直接使用的内部协议，这将允许从客户机上直接调用 DBMS 服务器，访问速度快。这种类型的驱动程序完全由 Java 语言实现，实现了平台的独立性。这种方法的优点是程序效率高，在实际编程中最常用。后面主要以此种驱动程序为例进行介绍。

13.2　JDBC 数据库编程

JDBC API 主要位于 Java 的 java.sql 包和 javax.sql 包中，表 13.1 给出了 JDBC 中主要的类与接口。

表 13.1　JDBC 中主要的类与接口

类或接口	功能说明
DriverManager	负责加载各种不同的驱动程序（Driver），并根据不同的请求向调用者返回相应的数据库连接（Connection）
Connection	数据库连接，负责与数据库进行通信，SQL 执行及事务处理都是在某个特定的 Connection 环境中进行的，可以产生用于执行 SQL 的 Statement 对象

类或接口	功能说明
Statement	用来执行不含参数的静态 SQL 查询和更新并返回执行结果
PreparedStatement	用来执行包含参数的动态 SQL 查询和更新（在服务器端编译，允许重复执行以提高效率）
CallableStatement	用来调用数据库中的存储过程
ResultSet	用来获得 SQL 查询结果
SQLExecption	代表在数据库连接的建立、关闭或 SQL 语句的执行过程中发生的异常

在表 13.1 中，DriverManager 和 SQLExecption 是类，Connection、Statement、PreparedStatement、CallableStatement、ResultSet 是接口。

说明：JDBC 驱动程序开发商已提供了对这些接口的实现，所以使用这些接口中的方法实际上是调用这些接口实现类中的方法。

使用 JDBC 访问数据库的基本步骤如下：

（1）加载驱动程序。

（2）建立与数据库的连接。

（3）建立 SQL 语句对象。

（4）执行 SQL 语句。

（5）处理返回结果。

（6）关闭创建的各种对象。

1. 加载驱动程序

加载驱动程序就是将驱动程序类装入 JVM。JDBC 驱动程序类是一个 Java 类，它在表示驱动程序的 JAR 文件中已经包括。加载 JDBC 驱动程序的语句格式如下：

```
Class.forName(<JDBC 驱动程序类名>)
```

JDBC 使用 Class 类的 forName()方法指明加载哪个数据库系统的 JDBC 驱动程序。forName()方法的参数为代表不同数据库系统的一个字符串。不同数据库系统的驱动程序类名写法各不相同。例如，MySQL 数据库加载驱动的语句如下：

```
Class.forName("com.mysql.jdbc.Driver");
```

Oracle 数据库加载驱动的语句如下：

```
Class.forName("oracle.jdbc.driver.OracleDriver");
```

如果采用 JDBC-ODBC 桥的方式，则不同的数据库系统，加载驱动的语句均如下：

```
Class.forName("sun.jdbc.odbc.JdbcOdbcDriver");
```

不同的数据库厂商提供了相应的驱动程序类名，表 13.2 列出了 Access、SQL Server、MySQL 和 Oracle 常见的驱动程序类。如果读者采用其他数据库，可以到各数据库的官方网站查阅。

表 13.2　数据库常见驱动程序类

数据库	驱动程序类
Access	sun.jdbc.odbc.JdbcOdbcDriver
SQL Server	com.microsoft.sqlserver.jdbc.SQLServerDriver

续表

数据库	驱动程序类
MySQL	com.mysql.jdbc.Driver
Oracle	oracle.jdbc.driver.OracleDriver

说明：为了使用 SQL Server、MySQL 和 Oracle 驱动程序，还必须将它们对应的 jar 文件添加到类路径 ClassPath 中。

2．建立与数据库的连接

驱动程序加载成功后，就可以和数据库管理系统建立连接了。在正确加载 JDBC 驱动程序后，使用 DriverManager.getConnection()方法建立驱动程序和数据库的连接，语句格式如下：

    Connection conn=DriverManager.getConnection(url,user,password);

getConnection()方法有 3 个参数，第一个参数是 JDBC URL，第二个和第三个参数分别是登录数据库系统的用户名和密码，指定连接数据库的身份。后面两个参数是可选的。

数据库系统的 URL 均由数据库厂商提供，表 13.3 给出了几种数据库常见 URL。

表 13.3　数据库常见 URL

数据库	驱动程序类
Access	jdbc:odbc:dataSource
SQL Server	jdbc:sqlserver://hostname:1433;DatabaseName=dbname
MySQL	jdbc:mysql://hostname:3306/dbname
Oracle	jdbc:oracle:thin:@hostname:1521:dbname

说明：上面列出的 JDBC URL，其中 dbname 是数据库的名称。

以 MySQL 数据库为例，假设数据库的名称是 MyDataBase，登录数据库的用户名为 root，密码是 root，客户端和数据库服务器是同一台机器，则建立驱动程序和数据库连接的程序语句如下：

    String url="jdbc:mysql://localhost:3306/MyDataBase";
    Connection conn=DriverManager.getConnection(url,"root","root");

注意：Java 是大小写敏感的，JDBC URL 中的协议部分所有字符必须是小写的。

3．建立 SQL 语句对象

建立了到特定数据库的连接之后，即可用该连接发送 SQL 语句。Statement 对象用于将 SQL 语句发送到数据库中，有 3 种 Statement 对象：Statement、PreparedStatement 和 CallableStatement，其中 PreparedStatement 是 Statement 的子类，CallableStatement 又是 PreparedStatement 的子类。Statement 对象用于执行不带参数的简单 SQL 语句，PreparedStatement 对象用于执行带或不带 IN 参数的预编译 SQL 语句，CallableStatement 对象用于执行对数据库已有存储过程的调用。

SQL 语句对象将 SQL 语句发送到相应的数据库并获得执行结果。在获取连接后，可以通过下列语句创建 Statement 对象：

    Statement stmt = conn.createStatement( );

4．执行 SQL 语句

创建了 Statement 对象 stmt 后即可使用 Statement 接口中的方法执行 SQL 语句。Statement

接口提供了 3 种执行 SQL 语句的方法：executeQuery、executeUpdate 和 execute。使用哪一种方法由 SQL 语句所产生的内容决定。

在数据库操作中涉及的 SQL 语句主要有两种类型：查询和更新。查询使用 executeQuery 方法，该方法用于产生单个结果集的语句，返回结果集 ResultSet，例如：

```
ResultSet rs=stmt.executeQuery("select *from user");
```

executeUpdate()方法用于执行 INSERT、UPDATE、DELETE 语句以及 SQL DDL（数据定义语言）语句，如 CREATE TABLE 和 DROP TABLE。executeUpdate()返回的是所影响的记录的个数。例如：

```
stmt.executeUpdate("update person set age=35");
```

execute()方法用于执行返回多个结果集、多个更新计数或两者组合的语句。

注意：Statement 对象本身不包含 SQL 语句，因而必须给 Statement.execute 方法提供 SQL 语句作为参数。

5．处理返回结果

对于有返回结果集的要进行结果处理，一般用在执行 SQL 查询语句后得到的数据列表。下面介绍 ResultSet 中较为常用的两个方法。

（1）getXxx()系列方法用于访问当前行的数据。ResultSet 对象使用这些方法都存在两个重载方法，一个方法根据列的序号（即列索引）访问数据，另一个方法根据字段名访问数据，即方法 getInt(int columnIndex)和 getInt(String columnName)，可以获取当前行指定列的整型数据，方法 getString()为获取当前行指定列的字符串型数据，其他的依此类推。

例如，表 user 的第一个属性名称为 name，类型为字符串，获取结果集 rs 的第一个属性的值可以使用语句"rs.getString(1);"或者"rs.getString("name");"。

（2）ResultSet 对象的 next()方法用于将游标从当前位置向下移动一行，返回值为 boolean。在数据处理时，通常用于判断是否有符合条件的记录。

6．关闭创建的各种对象

完成数据库相应的操作后要将数据库连接对象关闭，这样不仅释放了资源，而且能够避免数据库长期连接造成的安全隐患。

关闭数据库操作的顺序与打开数据库操作的顺序相反，即先关闭结果集 ResultSet，再关闭操作 Statement，最后关闭连接 Connection。主要语句如下：

```
rs.close();
stmt.close();
con.close();
```

下面给出一个实例及其完整代码，实现访问数据库的功能。

【例 13.1】JDBC 程序示例。

```
import java.sql.Connection;
import java.sql.DriverManager;
import java.sql.ResultSet;
import java.sql.SQLException;
import java.sql.Statement;
public class JavaDemo13_1 {
    public static void main(String[] args) {
        Connection conn = null;
```

```
            Statement stat = null;
            ResultSet rs = null;
            try {
                //1. 加载驱动程序
                Class.forName("com.mysql.jdbc.Driver");
                //2. 获取数据库连接
                conn = DriverManager.getConnection
                    ("jdbc:mysql://localhost:3306/test", "root", "root");
                //3. 创建 SQL 语句对象
                stat = conn.createStatement();
                //4. 执行 SQL 语句对象
                rs = stat.executeQuery("select * from student");
                //5. 处理执行结果
                while(rs.next()) {
                    System.out.print(rs.getString("name")+"        ");
                    System.out.println(rs.getInt("age"));
                }
            } catch (ClassNotFoundException e) {
                e.printStackTrace();
            } catch (SQLException e) {
                e.printStackTrace();
            } finally {
                //6. 关闭数据库连接
                try {
                    if(rs!=null)
                        rs.close();
                    if(stat!=null)
                        stat.close();
                    if(conn!=null)
                        conn.close();
                } catch (SQLException e) {
                    e.printStackTrace();
                }
            }
        }
    }
```

运行结果：

```
13414934589
lisi     40
wangwu      50
zhangsan    30
```

程序分析：在 main()方法中利用 Class 类的方法 forName()显式加载一个驱动程序，本例加载了 MySQL 的驱动程序，并由该驱动程序负责向 DriverManager 登记；然后利用 DriverManager 类的 getConnection()方法建立与数据源 mydatabase 的连接，并进行相应的用户名和密码验证；接着执行查询语句，使用 next()方法判断符合条件的记录，使用 getInt()和

getString()方法获取 student 表中相应字段的记录数据，并输出该表中的记录；最后关闭所有对象，结束 JDBC 应用。注意程序中关闭数据库连接、SQL 语句对象和结果集的语句是写在 finally 块中的，在关闭之前还需要判断值是否为空。

在使用 JDBC 编程时需要加载对应数据库的连接驱动程序包，这里连接的是 MySQL 数据库。右击工程项目并选择 Properties 选项，弹出工程项目属性配置对话框（如图 13.2 所示），单击 Java Build Path 项目，在 Libraries 选项卡中单击 Add External JARs 按钮，弹出文件选择对话框，选择 MySQL 连接 JAR 包，这里选择 mysql-connector-java-5.1.26-bin.jar，这个 JAR 包最好是放在本工程文件夹下，最后单击 Apply and Close 按钮完成导入。

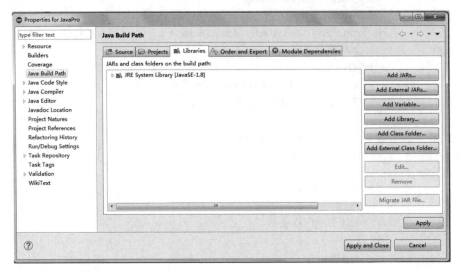

图 13.2　工程项目属性配置对话框

在对数据库操作之前需要先创建对应的数据，例 13.1 对应的数据建表语句如下：

```
create table student(
    name varchar(10) primary key,
    age int(3) not null
);
```

预编译 SQL 语句接口

13.3　PreparedStatement 接口

PreparedStatement 是 SQL 语句中用于处理预编译语句的接口。PreparedStatement 接口的特点是可用于执行动态的 SQL 语句。所谓动态 SQL 语句，就是可以在 SQL 语句中提供参数，这使得我们可以对相同的 SQL 语句替换参数从而多次使用。PreparedStatement 是 Statement 的子接口，所以 PreparedStatement 对象也可用于执行不带参数的预编译 SQL 语句。当一个 SQL 语句需要执行多次时，使用预编译语句可以减少执行时间。如果不采用预编译机制，则数据库管理系统每次执行这些 SQL 语句时都需要将它编译成内部指令然后执行。预编译语句的机制就是先让数据库管理系统在内部通过预先编译形成带参数的内部指令，并保存在接口 PreparedStatement 的对象中。这样以后在执行这类 SQL 语句时，只需修改该对象中的参数值，再由数据库管理系统直接修改内部指令并执行，即可节省数据库管理系统编译 SQL 语句的时间，从而提高程序的执行效率。一般在需要反复使用一个 SQL 语句时使用预编译语句，因此预编译语句常常被放在一个 for 或 while 循环中使用，通过反复设置参数来多次使用该 SQL 语句。SQL 语句是预编译的，所以其执行速度要快于 Statement 对象，因此使用该功能时必须利用 PreparedStatement 接口对象，而不能使用 Statement 对象。PreparedStatement 接口的常用方法如表 13.4 所示。

表 13.4 PreparedStatement 接口的常用方法

方法名称	功能说明
public boolean execute()	执行任何种类的 SQL 语句
public ResultSet executeQuery()	执行 SQL 查询指令并返回结果集
public int executeUpdate()	执行 SQL 修改指令并返回结果集
public ResultSetMetaData getMetaData()	返回结果集 ResultSet 的元数据信息
public void clearParameters()	清除当前所有参数的值
public void setString(int index,String x)	给第 index 个参数设置 String 型值 x
public void setInt(int index,int x)	给第 index 个参数设置 int 型值 x
public void setBoolean(int index,Boolean x)	给第 index 个参数设置 Boolean 型值
public void setDouble(int index,Double x)	给第 index 个参数设置 Double 型值 x
public void setDate(int index,Date x)	给第 index 个参数设置 Date 型值 x
public void setObject(int index,Object x)	给第 index 个参数设置 Object 型值 x

　　PreparedStatement 对象的创建可通过 Connection 的 prepareStatement()方法来完成，在创建用于 PreparedStatement 对象的动态 SQL 语句时可以使用 "?" 作为动态参数的占位符。从表 13.4 中可知，execute()方法、executeQuery()方法和 executeUpdate()方法都不再需要 SQL 语句作为参数。我们来看下面的语句：

```
PreparedStatement prep = conn.prepareStatement("insert into student values(?,?)");
```

　　这里的 insert 语句中有两个问号，就表示有两个用作参数的占位符，如例 13.2 所示，分别表示 student 表中的 name 字段和 age 字段。在执行带参数的 SQL 语句前，必须对 "?" 进行赋值。这可以使用 setXxx()方法，通过占位符的下标完成对输入参数的赋值，占位符的下标从 1 开始，Xxx 根据不同的数据类型选择，可以参看表 13.4。

　　【例 13.2】PreparedStatement 接口使用程序示例。

```
import java.sql.Connection;
import java.sql.DriverManager;
import java.sql.PreparedStatement;
import java.sql.SQLException;
public class JavaDemo13_2 {
    public static void main(String[] args) {
        Connection conn = null;
        PreparedStatement prep = null;
        try {
            Class.forName("com.mysql.jdbc.Driver");
```

```
        conn = DriverManager.getConnection
            ("jdbc:mysql://localhost:3306/test", "root", "root");
        prep = conn.prepareStatement("insert into student values(?,?)");
        prep.setString(1, "zhaoliu");
        prep.setInt(2, 20);
        prep.executeUpdate();
    } catch (ClassNotFoundException e) {
        e.printStackTrace();
    } catch (SQLException e) {
        e.printStackTrace();
    } finally {
        try {
            if(prep!=null)
                prep.close();
            if(conn!=null)
                conn.close();
        } catch (SQLException e) {
            e.printStackTrace();
        }
    }
    }
}
```

程序运行结果如图 13.3 所示。

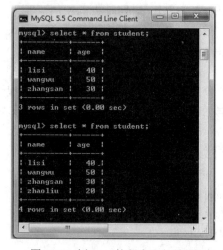

图 13.3 例 13.2 的程序运行结果

程序分析：程序在 main()方法中通过数据库连接的 prepareStatement()创建了一个带参数的 SQL 语句对象，然后通过 setString()和 setInt()方法分别对 name 属性和 age 属性的值进行了设置，最后调用 PreparedStatement 接口的 executeUpdate()方法完成数据更新操作。程序运行后两次执行了数据库查询语句。

13.4　元数据处理

元数据（Meta Data）就是有关数据库和表结构的信息，如数据库中的表、表的字段、表的索引、数据类型、对 SQL 的支持程度等。JDBC 提供了 DatabaseMetaData 接口用来获取数据库范围的信息，同时提供了 ResultSetMetaData 接口用来获取特定结果集 ResultSet 的信息，如字段名和字段个数等。

1．DatabaseMetaData 接口

DatabaseMetaData 接口主要用于获取数据库的信息，如数据库中的所有表名、关键字、数据库产品名和数据库支持的 JDBC 驱动程序名等。DatabaseMetaData 对象是通过 Connection 接口的 getMetaData()方法创建的，语句格式如下：

> DatabaseMetaData dbmd = conn.getMetaData();

DatabaseMetaData 接口提供了大量获取信息的方法，这些方法可分为两大类：一类返回值为 boolean 型，多用于判断数据库或驱动程序是否支持某项功能；另一类用来获取数据库或驱动程序本身的某些特征值。表 13.5 给出了 DatabaseMetaData 接口的常用方法。

表 13.5　DatabaseMetaData 接口的常用方法

方法名称	功能说明
public Boolean supportsOuterJoins()	判断数据库是否支持外部连接
public Boolean supportsStoredProcedures()	判断数据库是否支持存储过程
public String getURL()	返回用于连接数据库的 URL 地址
public String getUserName()	返回当前用户名
public String getDatabaseProductName()	返回使用的数据库产品名
public String getDatabaseProductVersion()	返回使用的数据库版本号
public String getDriverName()	返回用于连接的驱动程序名称
public String getDriverVersion()	返回用于连接的驱动程序版本号
public ResultSet getTypeInfo()	返回当前数据库中支持的所有数据类型的描述

【例 13.3】DatabaseMetaData 接口使用程序示例。

```
import java.sql.Connection;
import java.sql.DatabaseMetaData;
import java.sql.DriverManager;
import java.sql.SQLException;
public class JavaDemo13_3 {
    public static void main(String[] args) {
        Connection conn = null;
        try {
            Class.forName("com.mysql.jdbc.Driver");
            conn = DriverManager.getConnection
                ("jdbc:mysql://localhost:3306/test", "root", "root");
            DatabaseMetaData md = conn.getMetaData();
```

```
                    System.out.println(md.getDatabaseProductName());
                    System.out.println(md.getDatabaseProductVersion());
                    System.out.println(md.getDriverName());
                    System.out.println(md.getURL());
                    System.out.println(md.getUserName());
            } catch (ClassNotFoundException e) {
                    e.printStackTrace();
            } catch (SQLException e) {
                    e.printStackTrace();
            } finally {
                    try {
                        if(conn!=null)
                            conn.close();
                    } catch (SQLException e) {
                        e.printStackTrace();
                    }
            }
        }
    }
```

运行结果:

MySQL

5.5.32

MySQL Connector Java

jdbc:mysql://localhost:3306/test

root@localhost

程序分析: 程序通过 Connection 对象获取了数据库的元数据, 分别通过 getDatabaseProductName()、getDatabaseProductVersion()、getDriverName()、getURL()和 getUserName()方法输出了数据库产品名、数据库版本号、数据库驱动程序名、数据库连接 URL 和数据库用户名等信息。

2. ResultSetMetaData 接口

ResultSetMetaData 接口主要用于获取结果集的结构, 如结果集字段的数量、字段的名称等。可以通过 ResultSet 的 getMetaData()方法来获得对应的 ResultSetMetaData 对象。例如:

```
ResultSetMetaData    rsmd = rs.getMetaData();
```

ResultSetMetaData 接口的常用方法如表 13.6 所示。

表 13.6　ResultSetMetaData 接口的常用方法

方法名称	功能说明
public int getColumnCount()	返回此结果集对象中的字段数
public String getColumnName(int column)	返回指定列的名称
public int getColumnType(int column)	返回指定列的 SQL 数据类型
public int getColumnDisplaySize(int column)	以字符为单位返回指定字段的最大宽度
public boolean isAutoIncrement(int column)	判断是否自动为指定字段进行编号
public int isNullable(int column)	判断给定字段是否可以为 null

方法名称	功能说明
public boolean isSearchable(int column)	判断是否可以在 where 子句中使用指定的字段
public boolean isReadOnly(int column)	判断指定的字段是否为只读

【例 13.4】ResultSetMetaData 接口使用程序示例。

```java
import java.sql.Connection;
import java.sql.DriverManager;
import java.sql.ResultSet;
import java.sql.ResultSetMetaData;
import java.sql.SQLException;
import java.sql.Statement;
public class JavaDemo13_4 {
    public static void main(String[] args) {
        Connection conn = null;
        Statement stat = null;
        ResultSet rs = null;
        try {
            Class.forName("com.mysql.jdbc.Driver");
            conn = DriverManager.getConnection
                ("jdbc:mysql://localhost:3306/test", "root", "root");
            stat = conn.createStatement();
            rs = stat.executeQuery("select * from student");
            ResultSetMetaData md = rs.getMetaData();
            for(int i=1; i<=md.getColumnCount(); i++) {
                System.out.print(md.getColumnName(i)+"\t");
                System.out.print(md.getColumnTypeName(i)+"\t");
                System.out.print(md.getColumnDisplaySize(i)+"\t");
                System.out.println(md.isNullable(i));
            }
        } catch (ClassNotFoundException e) {
            e.printStackTrace();
        } catch (SQLException e) {
            e.printStackTrace();
        } finally {
            try {
                if(rs!=null)
                    rs.close();
                if(stat!=null)
                    stat.close();
                if(conn!=null)
                    conn.close();
            } catch (SQLException e) {
                e.printStackTrace();
            }
```

```
            }
        }
    }
```

运行结果：

```
    name        VARCHAR    10    0
    age         INT         3    1
```

程序分析：程序通过 ResultSet 对象获取了结果集的元数据，通过 getColumnName()、getColumnTypeName()、getColumnDisplaySize()和 isNullable()方法分别输出结果集中每一列的列名、SQL 数据类型、最大宽度和该列是否允许为空，其中 getColumnCount()方法用于输出结果集的列数。

13.5　事务处理

事务是保证数据库数据完整性与一致性的重要机制。事务处理由一组 SQL 语句组成，这组语句要么都执行，要么都不执行，即事务具有原子性。已提交事务是指成功执行完成的事务，未能成功执行完成的事务称为中止事务，对中止事务造成的变更需要进行撤消处理，称为事务回滚。

JDBC 中实现事务操作，关键是 Connection 接口中的 3 个方法，下面详细介绍。

1. setAutoCommit()

在 JDBC 中，事务操作默认是自动提交的，即一个连接被创建后就采用一种默认提交模式。也就是说，每一条 SQL 语句都被看作是一个事务，对数据库的更新操作成功后，系统将自动调用 commit()方法提交。如果把多个 SQL 语句作为一个事务就要关闭这种自动提交模式，可以通过调用当前连接的 setAutoCommit(false)方法实现。

2. commit()

当连接的自动提交模式被关闭后，SOL 语句的执行结果将不被提交，直到用户显式调用连接的 commit()方法，从上一次 commit()方法调用后到本次 commit()方法调用之间的 SQL 语句被作为一个事务进行提交。

3. rollback()

当调用 commit()方法进行事务处理时，只要事务中的任何一条 SQL 语句没有生效，就会抛出 SQLException 异常。也就是说，当一个事务执行过程中出现异常而失败时，为了保证数据的一致性，在处理 SQLExecption 异常时，必须将该事务回滚。JDBC 中事务的回滚是调用连接的 rollback()方法来完成的。这个方法将取消事务，并将该事务已执行部分对数据的修改恢复到事务执行前的值。如果一个事务中包含多个 SQL 语句，则在事务执行过程中一旦出现 SQLException 异常，就调用 rollback()方法，将事务取消并对数据进行恢复。

【例 13.5】数据库事务处理程序示例。

```java
import java.sql.Connection;
import java.sql.DriverManager;
import java.sql.SQLException;
import java.sql.Statement;
public class JavaDemo13_5 {
```

```java
public static void main(String[] args) {
    Connection conn = null;
    Statement stat = null;
    String sql1 = "insert into student values('stu01',10)";
    String sql2 = "insert into student values('stu02',20)";
    String sql3 = "insert into student values('stu02',30)";
    try {
        Class.forName("com.mysql.jdbc.Driver");
        conn = DriverManager.getConnection
            ("jdbc:mysql://localhost:3306/test", "root", "root");
        stat = conn.createStatement();
        conn.setAutoCommit(false);
        stat.executeUpdate(sql1);
        stat.executeUpdate(sql2);
        stat.executeUpdate(sql3);
        conn.commit();
        conn.setAutoCommit(true);
    } catch (ClassNotFoundException e) {
        e.printStackTrace();
    } catch (SQLException e) {
        e.printStackTrace();
        try {
            if(conn!=null)
                conn.rollback();
        } catch (SQLException e1) {
            e1.printStackTrace();
        }
    } finally {
        try {
            if(stat!=null)
                stat.close();
            if(conn!=null)
                conn.close();
        } catch (SQLException e) {
            e.printStackTrace();
        }
    }
}
```

程序分析：在程序运行之前创建了表 student，包含两个字段：name 和 age，其中 name 是主码，注意程序中的 sql2 和 sql3 两条插入语句，name 的值均为 stu02，因为主码相同，所以该程序运行时会抛出 MySQLIntegrityConstraintViolationException 异常。然后在执行 sql3 语句之前，sql1 和 sql2 语句是没有问题的，但查询数据库会发现，sql1 和 sql2 语句并没有执行成功，这是因为事务处理中采用了回滚操作。值得注意的是，rollback()回滚方法同样要进行异常处理，数据库自动提交模式也需要还原。

JDBC 不仅支持回滚操作，还支持部分回滚的保存点操作。保存点是指标记需要回滚的位置。通过保存点，可以更好地控制事务回滚操作。

本章小结

JDBC 是为在 Java 程序中访问数据库而设计的一组 Java API，包含有一组类和接口，用于与数据库的连接、把 SQL 语句发送到数据库、处理 SQL 语句的结果、获取数据库的元数据等。使用 Statement 接口和 PreparedStatement 接口都可以创建 SQL 语句对象并执行，数据库操作的结果集存放在 ResultSet 接口对象中。JDBC 通过 DatabaseMetaData 接口获取关于数据库的信息，通过 ResultSetMetaData 接口获取结果集的信息。JDBC 默认的事务提交方式是自动提交，可以通过 setAutoCommit()方法控制事务提交方式，使用 rollback()方法可实现事务回滚。

第 14 章　网络编程

在 Internet 被广泛使用的今天，网络编程显得越来越重要，网络应用是 Java 语言取得成功的重要原因之一，Java 现在已经成为 Internet 上最流行的一种编程语言。Java 语言的内置网络功能非常强大。它能够使用网络上的各种资源和数据，与服务器建立传输通道，将数据传送到网络的各个地方，使我们可以像访问本地资源一样访问网络资源。Java 专门为网络通信提供了系统包 java.net，该包屏蔽了网络底层的实现细节，使编程者不必关心数据是如何在网络中传输的，而将精力集中在功能的实现上，简化了 Java 网络编程过程。

14.1　网络编程基础

在进行网络编程之前，编程者应该掌握与网络相关的基础知识，对细节也应有一定的了解。由于篇幅所限，本章只介绍必备的网络基础知识，详细内容读者可以参阅相关书籍。

14.1.1　TCP/IP

TCP/IP 即传输控制/网络协议，也称为网络通信协议。它是网络使用中最基本的通信协议。TCP/IP 对互联网中各部分进行通信的标准和方法进行了规定，是保证网络数据信息及时、完整传输的两个重要协议。TCP/IP 是一个四层体系结构，应用层、传输层、网络层和数据链路层都包含其中。应用层的主要协议有 Telnet、FTP、SMTP 等，用来接收来自传输层的数据或者按不同的应用要求和方式将数据传输至传输层；传输层的主要协议有 UDP、TCP，是使用者使用平台和计算机信息网内部数据结合的通道，可以实现数据传输与数据共享；网络层的主要协议有 ICMP、IP、IGMP，负责网络中数据包的传送等；而网络访问层，也称为网络接口层或数据链路层，主要协议有 ARP、RARP，功能是提供链路管理错误检测、对不同通信媒介有关信息细节问题进行有效处理等。

14.1.2　通信端口

随着计算机网络技术的发展，原来物理上的接口（如键盘、鼠标、网卡、显卡等输入/输出接口）已不能满足网络通信的要求，TCP/IP 作为网络通信的标准协议就解决了这个通信难题。TCP/IP 集成到操作系统的内核中，这就相当于在操作系统中引入了一种新的输入/输出接口技术，因为在 TCP/IP 中引入了一种称之为 Socket（套接字）的应用程序接口。有了这样一种接口技术，一台计算机就可以通过软件的方式与任何一台具有 Socket 接口的计算机进行通信。端口在计算机编程上也就是"Socket 接口"。

一台机器只能通过一条链路连接到网络上，但一台机器中往往有很多应用程序需要进行网络通信。网络端口号（port）就是用于区分一台主机中的不同应用程序。端口号不是物理实体，而是一个标记计算机逻辑通信信道的正整数。端口号是用一个 16 位的二进制数来表示的，如果用十进制数来表示，其范围为 0～65535，其中，0～1023 被系统保留，专门用于那些通用的服务，所以这类端口又被称为熟知端口。例如，HTTP 服务的端口号为 80，Telnet 服务的端口号为 21，FTP 服务的端口号为 23 等。因此，当用户编写通信程序时，应选择一个大于 1023 的数作为端口号，以免发生冲突。IP 协议使用 IP 地址把数据投递到正确的计算机上，TCP 和 UDP 协议使用端口号将数据投递给正确的应用程序。IP 地址和端口号组成了 Socket 接口。Socket 接口是网络上运行的程序之间双向通信链路的最后终结点，是 TCP 和 UDP 的基础。

14.1.3 URL 的概念

统一资源定位系统（Uniform Resource Locator，URL）是万维网服务程序上用于指定信息位置的表示方法。它最初是由蒂姆·伯纳斯·李发明用来作为万维网的地址，现在已经被万维网联盟编制为互联网标准——RFC1738。

URL 表示 Internet 上某一资源的地址。Internet 上的资源包括 HTML 文件、图像文件、音频文件、视频文件及其他任何内容（并不完全是指文件，也包括诸如数据库的一个查询等）；只要按 URL 规则定义某个资源，那么网络上的其他程序就可以通过这个 URL 来访问它。也就是说，通过 URL 访问 Internet 时浏览器或其他程序通过解析给定的 URL 就可以在网络上查找到相应的文件或资源。实际上，我们上网时在浏览器的地址栏中输入的网络地址就是一个 URL。

URL 的基本结构由 5 部分组成，但并不要求每个 URL 必须包含所有的 5 个部分。URL 的基本格式如下：

传输协议://主机名:端口号/文件名 #引用

（1）传输协议（protocol）：是指所使用的协议名，如 HTTP、FTP 等。

（2）主机名（hostname）：是指资源所在的计算机，可以是 IP 地址，也可以是计算机的名称或域名。

（3）端口号（port number）：一个计算机中可能有多种服务，如 Web 服务、FTP 服务或自己建立的服务等。为了区分这些服务，就需要使用端口号，每一种服务用一个端口号。

（4）文件名（file name）：包括该文件的完整路径。

（5）引用（reference）：是指资源内部的某个参考点。

14.1.4 Java 语言的网络编程

Java 语言的网络编程分为 3 个层次：第一层（最高级）的网络通信是指 Applet 小程序。客户端浏览器通过 HTML 文件中的<applet>标记来识别小程序，并解析小程序的属性，通过网络获取小程序的字节码文件；第二层的网络通信是指 URL 编程，通过 URL 类的对象指明文件所在的位置，并从网络上下载图像、音频和视频文件等，然后显示图像，播放音频和视频文件；第三层（最低级）的网络通信是指利用 java.net 包中提供的类直接在程序中实现网络通信。

针对不同层次的网络通信，Java 语言提供的网络功能有 4 类：URL、InetAddress、Socket、Datagram。

（1）URL：面向应用层，通过 URL，Java 程序可以直接读取或输出网络上的数据。

（2）InetAddress：面向的是 IP 层，用于标识网络上的硬件资源。

（3）Socket 和 Datagram：面向的是传输层。Socket 使用 TCP 协议，这是传统网络程序最常用的方式，Datagram 使用 UDP 协议，它把数据的目的地址记录在数据包中，然后直接放在网络上。

14.2 URL 编程

URL 地址包括两部分内容：协议名和资源名，中间用冒号分开，如下：

    <protocol>://<hostname>:<port>/<filename>#<anchor>

其中 protocol 指明获取资源所使用的传输协议，如 http、ftp、file 等，"//"后面指出资源的地址，包括主机名、端口号、文件名或文件内部的一个引用。主机名是指资源所在的计算机，可以是 IP 地址，也可以是计算机的名称或域名。对于多数协议，其中的主机名和文件名是必需的，而端口号和文件内部的引用则是可选的。例如：

    http://www.qq.com（协议名://主机名）

    http://www.sina.com.cn/index.htm（协议名://机器名+文件名）

下面介绍 URL 类及相关的 URLConnection 类的主要方法及应用。

1. URL 类

为了表示 URL，java.net 中实现了 URL 类。表 14.1 所示为 URL 类的构造方法。

表 14.1 URL 类的构造方法

构造方法	功能说明
public URL(String spec);	使用 URL 形式的字符串创建一个 URL 对象
public URL(String protocol, String host, int port, String file)	使用协议名、主机名、端口号和文件名创建一个 URL 对象
public URL(String protocol, String host, int port, String file, URLStreamHandler handler)	使用协议名、主机名、端口号、文件名和流句柄创建一个 URL 对象
public URL(String protocol, String host, String file)	使用协议名、主机名和文件名创建一个 URL 对象
public URL(URL context,String spec)	使用已有的 URL 对象和 URL 形式的字符串创建一个 URL 对象
public URL(URL context, String spec, URLStreamHandler handler)	使用已有的 URL 对象、URL 形式的字符串和流句柄创建一个 URL 对象

注意，URL 类的构造方法都要声明抛出异常（MalformedURLException），因此生成 URL 对象时必须要对这一异常进行处理，通常是用 try-catch 语句进行捕获。例如：

```
try{
    URL url= new URL(…)
}catch (MalformedURLException e){
    …
}
```

除了最基本的构造方法外，URL 类中还有一些简单实用的方法，利用这些方法可以得到 URL 位置本身的数据或是将 URL 对象转换成表示 URL 位置的字符串。表 14.2 所示为 URL 类的常用方法。

表 14.2　URL 类的常用方法

方法名称	功能说明
public String getProtocol()	获取该 URL 的协议名
public String getHost()	获取该 URL 的主机名
public int getPort()	获取该 URL 的端口号
public int getDefaultPort()	获取默认的端口号
public String getFile()	获取该 URL 的文件名
public String getRef()	获取该 URL 在文件中的相对位置
public String getQuery()	获取该 URL 的查询信息
public String getPath()	获取该 URL 的路径
public String getAuthority()	获取该 URL 的权限信息
public String getUserInfo()	获取使用者的信息
public String getRef()	获取该 URL 中的 HTML 文档标记
public String toString()	获取完整的 URL 字符串

2．URLConnection 类

URLConnection 类在 java.net 包中，用来表示与 URL 建立的通信连接。当与一个 URL 建立连接时，首先创建 URL 对象，然后调用 URL 对象的 openConnection()方法实现连接。URLConnection 类的常用方法如表 14.3 所示。

表 14.3　URLConnection 类的常用方法

方法名称	功能说明
void addRequestProperty(String key, String value)	添加由键值对指定的请求属性
abstract void connect()	打开到此 URL 引用的资源的通信连接
Object getContent()	检索此 URL 连接的内容
long getDate()	返回 date 头字段的值
boolean getDefaultUseCaches()	返回 URLConnection 的 useCaches 标志的默认值
InputStream getInputStream()	返回从此打开的连接读取的输入流
OutputStream getOutputStream()	返回写入到此连接的输出流
URL getURL()	返回此 URLConnection 的 URL 字段的值
boolean getUseCaches()	返回此 URLConnection 的 useCaches 字段的值

【例 14.1】URL 类和 URLConnection 类程序示例。

```
import java.io.BufferedReader;
import java.io.IOException;
import java.io.InputStreamReader;
import java.net.MalformedURLException;
import java.net.URL;
```

```java
import java.net.URLConnection;
public class JavaDemo14_1 {
    public static void main(String[] args) {
        BufferedReader br = null;
        try {
            URL url = new URL("http://www.qq.com");
            System.out.println("the host:"+url.getHost());        //打印主机名称
            System.out.println("the port:"+url.getPort());        //打印主机端口号
            URLConnection uc = url.openConnection();
            br = new BufferedReader(new InputStreamReader(uc.getInputStream()));
            String line = null;
            while ((line = br.readLine()) != null) {
                System.out.println(line);
            }
        } catch (MalformedURLException e) {
            e.printStackTrace();
        } catch (IOException e) {
            e.printStackTrace();
        } finally {
            try {
                if(br!=null)
                    br.close();
            } catch (IOException e) {
                e.printStackTrace();
            }
        }
    }
}
```

运行结果：程序运行后将输出主机名称、主机端口号和访问的 URL 页面的内容。

程序分析：在 main()方法中创建一个 URL 对象 url，通过 getHost()和 getPort()方法获得主机名和端口号，使用 openConnection()方法实现与 URL 对象的通信，读取 URL 连接的网络资源，最后关闭相应的连接。

14.3　InetAddress 编程

Internet 上的主机有两种地址表示方式，即域名和 IP 地址。java.net 包中的 InetAddress 类的对象包含一个 Internet 主机的域名和 IP 地址，如 www.lingnan.edu.cn/202.192.128.101（域名/IP 地址）。如果已知一个 InetAddress 对象，就可以通过一定的方法从中获取 Internet 上主机的地址（域名或 IP 地址）。由于每个 InetAddress 对象都包括了 IP 地址、主机名等信息，所以使用 InetAddress 类可以在程序中用主机名代替 IP 地址，从而使程序更加灵活，可读性更好。

InetAddress 类没有构造方法，因此不能用 new 运算符来创建 InetAddress 对象。通常是用它提供的静态方法来获取，表 14.4 所示为 InetAddress 类的常用方法。

表 14.4　InetAddress 类的常用方法

构造方法	功能说明
public static InetAddress getByName(String host)	通过给定的主机名 host 获取 InetAddress 对象的 IP 地址
public static InetAddress getByAddress(byte[] addr)	通过存放在字节数组中的 IP 地址返回一个 InetAddress 对象
public static InetAddress getLocalHost()	获取本地主机的 IP 地址
public byte[] getAddress()	获取本对象的 IP 地址并存放在字节数组中
public String toString()	将 IP 地址转换成字符串形式的域名

【例 14.2】InetAddress 类程序示例。

```java
import java.net.InetAddress;
import java.net.UnknownHostException;
public class JavaDemo14_2 {
    public static void main(String[] args) {
        try {
            InetAddress myIP = InetAddress.getLocalHost();
            InetAddress serverIP=InetAddress.getByName("www.lingnan.edu.cn");
            System.out.println("您主机的 IP 地址为：" + myIP);
            System.out.println("服务器的 IP 地址为：" + serverIP);
        } catch (UnknownHostException e) {
            e.printStackTrace();
        }
    }
}
```

程序运行结果请读者自行分析。

Socket 编程

14.4　Socket 编程

Socket（套接字）的概念是在 UNIX 操作系统的基础上发展起来的，目的是将套接字间的联机看作文件的输入与输出，也就是将 Socket 看作数据流。Socket 编程也是编制传统网络程序最常用的一种方法。

Socket 通信属于网络底层通信，它是网络上运行的两个程序之间双向通信的一端，它既可以接受请求，也可以发送请求，利用它可以方便地进行网络上的数据传输。Sobket 是实现客户与服务器（Client/Server）模式的通信方式，它首先需要建立稳定的连接，然后以流的方式传输数据，实现网络通信。Socket 的原意为"插座"，在通信领域中译为"套接字"，意思是将两个物品套在一起，在网络通信里的含义就是建立一个连接。

Socket 的通信机制涉及通信双方，通常称为"客户机"和"服务器"。它们的通信模式是网络应用中常用的，称为"客户/服务器（C/S）模式"。服务器用来提供服务和共享资源，如WWW 服务、邮件服务等。客户是指能够访问任何服务器的实体，如 WWW 浏览器。在 Socket通信中，服务器和客户分别指向一个程序，完成服务器和客户的功能。

Socket 可以看作两个不同的应用程序通过网络的沟通管道，它们分别为基于 TCP/IP 协议的 Socket 编程和基于 UDP 协议的编程。TCP 是面向连接的可靠数据传输协议，它重发一切没有收到的数据，并进行数据准确性检查。IP 协议是面向无连接的数据报通信，它具有数据包路由选择和差错控制功能，但是它不进行正确检验。UDP 是一种基于数据包套接字的通信协议。本节主要介绍基于 TCP/IP 协议的 C/S 模式下的 Socket 编程。

14.4.1　Socket 的通信过程

对于一个功能齐全的 Socket，其工作过程包含以下 4 个基本的步骤：

（1）创建通信双方的 Socket 连接，即分别为服务器和客户端创建 Socket 对象，建立 Socket 连接。

（2）打开连接到 Socket 的输入流和输出流。

（3）按照一定的协议对 Socket 进行读/写操作。在本节里指的是基于 TCP/IP 协议。

（4）读/写操作结束后关闭 Socket 连接。

基于 TCP/IP 协议的 Socket 编程中有两个重要的类：Socket 和 ServerSocket，这两个类属于 java.net 包，分别提供了用来表示客户端和服务器端的 Socket。这两个类具有良好的封装性，使用起来比较方便。Socket 类和 ServerSocket 类的构造方法如表 14.5 和表 14.6 所示。

表 14.5　Socket 类的构造方法

构造方法	功能说明
public Socket(String host, int port)	在客户端以指定的服务器地址 host 和端口号 port 创建一个 Socket 对象，并向服务器端发出连接请求
public Socket(InetAddress address, int port)	同上，但 IP 地址由 address 指定
public Socket(String host, int port, boolean stream)	同上，如果 stream 为真，则创建流 Socket 对象，否则创建数据报 Socket 对象
public Socket(InetAddress host, int port, boolean stream)	同上，但 IP 地址由 host 指定

表 14.6　ServerSocket 类的构造方法

构造方法	功能说明
public ServerSocket(int port)	以指定的端口 port 创建 ServerSocket 对象，并等候客户端的连接请求
public ServerSocket(int port, int backlog)	同上，但以 backlog 指定最大的连接数，即可同时连接的客户端数量

Socket 类和 ServerSocket 类的常用方法如表 14.7 和表 14.8 所示。

表 14.7　Socket 类的常用方法

构造方法	功能说明
public InetAddress getInetAddress()	获取创建 Socket 对象时指定的计算机 IP 地址
public InetAddress getLocalAddress()	获取创建 Socket 对象时客户计算机的 IP 地址
public InputStream getInputStream()	为当前的 Socket 对象创建输入流

续表

构造方法	功能说明
public OutputStream getOutputStream()	为当前的 Socket 对象创建输出流
public int getPort()	获取创建 Socket 时指定远程主机的端口号
public void setReceiveBufferSize(int size)	设置接收缓冲区的大小
public int getReceiveBufferSize()	返回接收缓冲区的大小
public void setSendlBufferSize(int size)	设置发送缓冲区的大小
public int getSendBufferSize()	返回发送缓冲区的大小
public void close()	关闭建立的 Socket 连接

表 14.8　ServerSocket 类的常用方法

构造方法	功能说明
public Socket accept()	在服务器端的指定端口监听客户端发来的连接请求，并与之连接
public InetAddress getInetAddress()	返回服务器的 IP 地址
public int getLocalPort()	取得服务器的端口号
public void close()	关闭服务器端建立的套接字

14.4.2　基于 TCP/IP 协议的 Socket 编程

开发一个基于 TCP/IP 协议的 Socket 网络通信程序，需要编写服务器端和客户端两个应用程序。

编写服务器端应用程序的过程如下：

（1）调用 ServerSocket 对象的 accept()方法侦听接受客户端的连接请求。

（2）创建与 Socket 对象绑定的输入/输出流，并建立相应的数据输入/输出流。

（3）通过数据输入/输出流与客户端进行数据读/写，完成双向通信。

（4）当客户端断开连接时关闭各个流对象。

编写客户端应用程序的过程如下：

（1）创建指定服务器上指定端口号的 Socket 对象。

（2）创建与 Socket 对象绑定的输入/输出流，并建立相应的数据输入/输出流。

（3）通过数据输入/输出流与服务器端进行数据读/写，完成双向通信。

（4）关闭与服务器端的连接，关闭各个流对象，结束通信。

下面编写一个点对点的聊天程序示例来说明 Socket 通信中服务器端与客户端程序的设计方法。

【例 14.3】服务器端的程序代码示例。

```java
import java.io.BufferedReader;
import java.io.DataOutputStream;
import java.io.InputStream;
import java.io.InputStreamReader;
import java.io.OutputStream;
```

```
import java.net.ServerSocket;
import java.net.Socket;
public class JavaDemo14_3 implements Runnable{
    boolean flag = true;
    DataOutputStream sout = null;
    public static void main(String[] args) {
        new JavaDemo14_3().serverStart();
    }
    public void serverStart() {
        try {
            ServerSocket server = new ServerSocket(8080);
            while(flag){
                Socket cs = server.accept();
                System.out.println("服务器端 Socket 已建立连接！");
                InputStream is = cs.getInputStream();
                BufferedReader br = new BufferedReader(new InputStreamReader(is));
                OutputStream os = cs.getOutputStream();
                sout = new DataOutputStream(os);
                Thread serverThread = new Thread(this);
                serverThread.start();
                String aLine;
                while((aLine=br.readLine())!=null){
                    System.out.println(aLine);
                    if(aLine.equals("over")){
                        flag=false;
                        serverThread.interrupt();
                        break;
                    }
                }
                sout.close();
                os.close();
                br.close();
                is.close();
                cs.close();
                server.close();
                System.exit(0);
            }
        }catch(Exception e){
            e.printStackTrace();
        }
    }
    public void run(){
        while(true){
            try{
                int ch;
                while((ch=System.in.read())!=-1) {
```

```
                sout.write((byte)ch);
                if(ch=='\n')
                    sout.flush();
            }
        }catch(Exception e){
            e.printStackTrace();
        }
    }
}
```

程序分析：该程序的功能是由服务器端线程提供实时的信息服务。程序首先通过 new ServerSocket(8080)方法在服务器端的 8080 端口建立监听服务，然后在服务器端调用 accept() 方法在 8080 端口等待客户的连接请求。当客户连接到指定的 8080 端口时，服务器端就通过建立线程来处理与客户端的通信，即向客户端写入字符串信息，并从客户端读取这段信息打印出来。该程序包括两个线程，主线程 main 用于接收客户端的数据，另一个线程用于向客户端发送数据。需要注意的是，在接收到客户端发送的"over"信息后，应及时关闭流和 Socket 连接，否则会产生异常错误。由于服务器端程序运行时要等待客户端程序的连接请求，所以必须与客户端程序同时运行才能看见结果。

【例 14.4】客户端的程序代码示例。

```
import java.io.BufferedReader;
import java.io.DataOutputStream;
import java.io.InputStream;
import java.io.InputStreamReader;
import java.io.OutputStream;
import java.net.Socket;
public class JavaDemo14_4    implements Runnable {
    boolean flag=true;
    DataOutputStream cout;
    public static void main(String[] args) {
        new JavaDemo14_4().clientStart();
    }
    public void clientStart() {
        try{
            Socket clientSocket = new Socket("localhost",8080);
            System.out.println("客户端 Socket 已建立连接！ ");
            while(flag) {
                InputStream is = clientSocket.getInputStream();
                BufferedReader cin = new BufferedReader(new InputStreamReader(is));
                OutputStream os = clientSocket.getOutputStream();
                cout = new DataOutputStream(os);
                Thread clientThread = new Thread(this);
                clientThread.start();
                String aLine;
                while((aLine=cin.readLine())!=null) {
                    System.out.println(aLine);
```

```
                    if(aLine.equals("over")) {
                        flag = false;
                        clientThread.interrupt();
                        break;
                    }
                }
                cout.close();
                os.close();
                cin.close();
                is.close();
                clientSocket.close();
                System.exit(0);
            }
        }catch(Exception e) {
            printStackTrace();
        }
    }
    public void run() {
        while(true) {
            try {
                int ch;
                while((ch=System.in.read())!=-1){
                    cout.write((byte)ch);
                    if(ch=='\n')
                        cout.flush();
                }
            }catch(Exception e){
                e.printStackTrace();
            }
        }
    }
}
```

　　程序分析：程序在客户端先要指定服务器端地址和端口号，创建一个 Socket 对象，向服务器端发送连接请求，当服务器端获得请求并建立连接后即可进行数据通信。在进行通信时先要启动线程，使用输出流对象将从键盘输入的一行字符串发送到服务器端，同时使用输入流对象按行显示接收到的字符串。当服务器端或客户端接收到"over"字符串时表示数据传输结束，关闭相应的流和 Socket 连接，程序运行结束。

　　注意：在 Eclipse 中是可以同时启动服务器端和客户端两个程序的，单击 Console 控制台右上角的 Display Selected Console 按钮可以切换服务器端程序和客户端程序的运行界面。如果是在两台计算机上分别运行服务器端程序和客户端程序，则需要修改客户端程序的服务器地址。

14.4.3　基于 UDP 协议的 Socket 编程

UDP（用户数据报协议）是一个无连接、不可靠的、发送独立数据报的协议，所以基于

UDP 编程不提供可靠性保证，即数据在传输时，用户无法知道数据能否正确到达目的主机，也不能确定数据到达目的主机的顺序是否和发送的顺序相同。但是有时人们需要快速传输信息，并能容忍小的错误，这时就可以考虑使用 UDP 协议。

1. DatagramPacket 类和 DatagramSocket 类

DatagramPacket 类和 DatagramSocket 类是 Java 用来实现无连接的数据报通信的。DatagramPacket 类负责读取数据等信息，其主要构造方法如下：

```
public DatagramPacket(byte buf[],int length);
public DatagramPacket(byte buf[],int length,InetAddress add,int port);
```

第一个构造方法主要用来创建接收数据报的对象，其中字节数组 buf[]用来接收数据报的数据，length 指明所要接收的数据报的长度。第二个构造方法创建发送数据报给远程节点的对象，其中字节数组 buf[]存放要发送的数据报，length 指定字节数组的长度，add 指定发送的目的主机地址，port 指定目标主机接收数据报的端口号。

DatagramSocket 类负责数据报的发送与接收，其主要构造方法如下：

```
public DatagramSocket();
public DatagramSocket(int port);
```

第一个构造方法主要创建一个数据报 Socket 对象，并将它连接到本地主机的任何一个可用的端口上。第二个构造方法在指定的端口处创建一个数据报 Socket 对象。但这两个构造方法都可能抛出异常。

DatagramSocket 类还提供了 receive()和 send()两个方法分别用来实现数据报的发送和接收。

2. UDP 的编程实现过程

UDP 编程包括数据报的发送过程和接收过程。

数据报的发送过程如下：

（1）创建一个 DatagramPacket 对象，其中包含要发送的数据、数据分组长度及目标主机的 IP 地址和端口号。

（2）在指定的本机端口创建 DatagramSocket 对象。

（3）调用 DatagramSocket 对象的 send()方法，以 DatagramPacket 对象为参数发送数据报。

数据报的接收过程如下：

（1）创建一个用于接收数据报的 DatagramPacket 对象，其中包含空数据缓冲区和指定数据报分组长度。

（2）在指定的本地端口创建 DatagramSocket 对象。

（3）调用 DatagramSocket 对象的 receive()方法，以 DatagramPacket 对象为参数接收数据报，接收到的信息包括数据报内容、发送端的 IP 地址及发送端主机的发送端口号。

下面编写一个数据报通信程序示例，客户端向服务器端发送消息，服务器端接收消息并显示出来。

【例 14.5】客户端的程序代码示例。

```
import java.io.BufferedReader;
import java.io.IOException;
import java.io.InputStreamReader;
import java.net.DatagramPacket;
import java.net.DatagramSocket;
```

```
import java.net.InetAddress;
public class JavaDemo14_5 {
    public static void main(String[] args) {
        ClientThread ct = new ClientThread();
        ct.start();
    }
}
class ClientThread extends Thread {
    public void run() {
        DatagramSocket ds = null;
        String serverName="DESKTOP-L68750F";
        try {
            ds = new DatagramSocket();
            DatagramPacket dp;
            while(true) {
                BufferedReader buf;
                buf = new BufferedReader(new InputStreamReader(System.in));
                System.out.println("请输入信息： ");
                String str = buf.readLine();
                byte[] b = new byte[str.length()];
                b = str.getBytes();
                InetAddress address = InetAddress.getByName(serverName);
                dp = new DatagramPacket(b,b.length,address,8000);
                ds.send(dp);
            }
        }catch(IOException e) {
            e.printStackTrace();
        }finally {
            ds.close();
        }
    }
}
```

程序分析：客户端程序先创建一个用来发送数据报的 DatagramSocket 对象 ds 和一个用来存放待发送数据报的 DatagramPacket 对象 dp，其中 dp 指定的地址是本地地址，这里的 DESKTOP-L68750F 为本机的机器名，程序使用 send()方法发送数据报信息，最后关闭 Socket 连接。

【例 14.6】服务器端的程序代码示例。

```
import java.io.IOException;
import java.net.DatagramPacket;
import java.net.DatagramSocket;
public class JavaDemo14_6 {
    public static void main(String[] args) {
        ServerThread st = new ServerThread();
        st.start();
    }
```

```
        }
class ServerThread extends Thread {
    public void run() {
        DatagramSocket ds = null;
        try {
            ds = new DatagramSocket(8000);
            while(true) {
                byte[] b = new byte[256];
                DatagramPacket dp;
                dp = new DatagramPacket(b,b.length);
                ds.receive(dp);
                String str = (new String(dp.getData())).trim();
                if(str.length()>0) {
                    int port = dp.getPort();
                    System.out.println("远程端口为：  "+port);
                    System.out.println("接收到信息：  "+str);
                }
            }
        } catch (IOException e) {
            e.printStackTrace();
        } finally {
            ds.close();
        }
    }
}
```

　　程序分析：服务器端与客户端程序相似，主要区别在于服务器端使用 DatagramSocket 对象的 receive()方法来接收数据，并使用 DatagramPacket 对象的 getData()方法获取数据报中的内容。

本章小结

　　Java 语言使用 URL 来表示 Internet 上的资源，使用 InetAddress 对象来表示 Internet 资源的 IP 地址和域名。Socket 是实现客户/服务器模式的通信方式，既可以采用基于 TCP/IP 的 Socket 通信方式，也可以采用基于 UDP 的 Socket 通信方式。

参考文献

[1] 赵生慧. Java 面向对象程序设计[M]. 2 版. 北京：中国水利水电出版社，2010.

[2] 陈国君. Java 程序设计基础[M]. 6 版. 北京：清华大学出版社，2019.

[3] LIANG Y D. Java 语言程序设计（基础篇 原书第 10 版）[M]. 戴开宇译. 北京：机械工业出版社，2015.

[4] 董佑平，夏冰冰. Java 语言及其应用[M]. 2 版. 北京：清华大学出版社，2016.

[5] 谌卫军，王浩娟. Java 程序设计[M]. 北京：清华大学出版社，2016.

[6] Bruce Eckel. Java 编程思想[M]. 4 版. 陈昊鹏译. 北京：机械工业出版社，2007.

[7] Cay SH.Java 核心技术·卷 I （原书第 10 版）[M]. 周立新译. 北京：机械工业出版社，2016.